# 信息存储技术

## 原理分析

Analysis of Information Storage
Technology Principles

刘 洋◎著

经济管理出版社
ECONOMY & MANAGEMENT PUBLISHING HOUSE

图书在版编目（CIP）数据

信息存储技术原理分析/刘洋著. —北京：经济管理出版社，2014.9
ISBN 978-7-5096-3375-5

Ⅰ.①信… Ⅱ.①刘… Ⅲ.①信息存储 Ⅳ.①TP333

中国版本图书馆 CIP 数据核字（2014）第 205277 号

组稿编辑：侯春霞
责任编辑：申桂萍　侯春霞
责任印制：黄章平
责任校对：陈　颖

出版发行：经济管理出版社
　　　　　（北京市海淀区北蜂窝 8 号中雅大厦 A 座 11 层　100038）
网　　址：www. E-mp. com. cn
电　　话：（010）51915602
印　　刷：大恒数码印刷（北京）有限公司
经　　销：新华书店
开　　本：720mm×1000mm/16
印　　张：18.25
字　　数：311 千字
版　　次：2014 年 12 月第 1 版　　2014 年 12 月第 1 次印刷
书　　号：ISBN 978-7-5096-3375-5
定　　价：65.00 元

# 前　言

　　信息技术的日新月异使得社会对信息存储的需求逐日攀升，同时借力于大数据分析，信息存储为社会带来的价值也日益增大。如今，信息作为一种新型资产，作为与社会生产生活息息相关的关键性资产受到了全方位的重视。存储曾经是服务器的一种外围设备，然而这种情况已经不复存在。人们对信息中心的称谓从"计算中心"、"网络中心"到"数据中心"，形象地表明了处理、传输和存储三个要素在信息设施中的比重随时间而变化的趋势。作为信息管理的基石，信息存储技术已经发展成为一门既复杂又成熟的分支学科，它要满足信息管理的高性能、可扩展、可共享、高可用、高可靠、自适应和可管理等一系列需求，是关系到许多企业生死存亡的关键性技术。

　　目前，关于信息存储技术的基础性书籍并不多，本书填补了这个空缺。全书采用循序渐进的方法，引领读者逐步了解信息存储领域的相关技术，在力求保持通俗易懂的同时，适当讨论了一些存储技术的高级话题，兼顾了深度。

　　本书共分为八章。第一章讨论数据和信息的概念，回顾信息存储技术的发展历程，并简单地讨论了信息存储系统的需求和评价指标。第二章讨论一些主要的外部存储设备，包括磁盘驱动器、固态盘、磁带、光盘、微电子机械存储器和相变存储器，并分析不同存储设备内在的存储机理。第三章为磁盘阵列存储技术RAID，讨论了磁盘阵列的组成原理、分类等级以及不同级别的特点与区别，并对磁盘阵列相关的可靠性、可用性、高性能和绿色节能等话题进行了讨论。第四章为直连存储，介绍了直连存储的基本结构，进而讨论了连接的要素以及磁盘接口的分类，最后还分析了SCSI协议。第五章介绍了附网存储的相关概念、原理、特点等内容，并论述了附网存储的基本体系结构和组成，最后论述了提高附网存储系统性能及其可靠性的相关技术和方法。第六章介绍了存储区域网的要素和构成，并分析了其技术基础、特点及优势，最后分析了在应用过程中存在的问题和解决方法。第七章为数据保护，介绍了数据保护的基本概念和常见的数据保护技术，如备份、镜像和连续数据保护，并分析了不同的数据保护技术的联系和区别。第八章介绍了大规模存储系统中重复数据删除技术的相关概念和方法，讨论了重复数据的界定和删除效率的分析，并通过实例对一些关键技术进行了说明。

本书在编写过程中得到了史晓东博士和华中科技大学有关老师和同学的支持与帮助，在此表示衷心的感谢。

作者在此特别感谢经济管理出版社的各位老师对本书出版的大力支持，感谢家人在我多年科研工作中给予的最坚定的支持和无私奉献。由于作者水平有限，书中难免有错误和不妥之处，敬请读者批评指正，共同进步。

作　者

2014 年 6 月 24 日

# 目　录

# 第一章　信息存储技术概述

## 【本章导读】

在数据爆炸的时代，全球数据总量以指数速度增长，这对信息存储技术的发展带来了巨大的压力和挑战。存储是计算、传输的基础，是信息时代的核心，如何保证存储系统的高性能、可共享性、可扩展性、可靠性、可用性、自适应性和可管理性，是亟待解决的问题。本章首先介绍了数据和信息的概念，指出数据存储的重要意义和诸多挑战。其次对信息存储的发展进行全面深入的回顾和总结。最后梳理了信息存储的评价指标和功能需求。

## 【本章要点】

- 数据与信息
- 信息存储技术的发展
- 信息存储的功能需求
- 信息存储的评价指标

## 第一节　引　言

信息设施由三种要素构成，即处理、传输和存储。存储设施是数据所在之地，其存储量将随着数据的爆炸性增长而不断增长。当前，数据量单位由 GB 上升至 TB、PB、EB、ZB 级别，并且仍在持续呈爆炸式增长。2006 年个人用户刚刚迈进 TB 时代，全球一年就新增数据量 180EB；2007 年，全球新增数据量为

281EB，较 2006 年增长了约 75%，而所有可用存储介质总容量为 264EB，新增数据量已超过所有可用存储介质容量的 6%；2011 年，全球数据总量为 2006 年的 10 倍，达 1.8ZB。在国际数据公司 IDC（International Data Corporation）的"数字宇宙"（Digital Universe）报告中指出，2015 年最大数据仓库中的数据量将逼近 100PB；至 2020 年，全球数据总量将达到 35.2ZB（1ZB = 10 亿 TB）。在国内，据计世资讯统计，中国 500 强企业中，4.9% 的公司每天产生的数据超过 1TB，12.2% 的公司每天产生的数据超过 500GB。在国外，社交网站公司 Facebook，每周新增图片容量约 60TB，其图片累计总量已达到近 2600 亿张，数据量超过 20PB。在 60 秒之内，Google 会收到 200 万次搜索请求并极快地返回结果，Twitter 需要处理 100 万条 Tweets 信息，网购会产生 27.2 万美元的交易，苹果公司的 App Store 将有 4.7 万次下载记录。摩尔定律断言，CPU 的处理速度每 18 个月增加一倍，同样通过若干年的观察发现网络带宽和存储容量增长也都具有指数增长的规律。图灵奖获得者 Jim Gray 提出了一个新的经验定律：网络环境下每 18 个月产生的数据量等于有史以来数据量之和。迄今为止，数据量的增长基本满足这个规律。

伴随着数据总量的急剧增长，数据的重要性也与日俱增，它已成为人类最宝贵的财富之一。人们在日常生活和工作中越来越依赖信息技术，越来越多的重要数据被存储在计算机系统中，这在很大程度上促进了信息和数据管理的自动化，提高了工作效率。对于个人来说，最典型的数据可能是数日撰写的文稿，也可能是数月辛苦下载的多款游戏和数百集的珍藏电视剧，还可能是数年积累的珍贵的摄影照片或家庭摄像作品。个人数据产生时，通常存储在本地设备上，如手机、摄像机、笔记本电脑。共享这些数据，需要通过网络将其上传到数据中心。当由个人产生的数据被其他人共享时，该数据就会增值。随着数据获取设备数量的增长及数据的广泛应用，越来越多的数据由个人产生，超过了商业数据的产生量。

对于公司和企业用户，为了保证企业事务处理和业务运行的效率，必须为雇员和用户提供快速、可靠的数据访问。涉及信息处理的商业应用包括机票预订、电话收费系统、电子交易、自动取款机、产品设计、存货管理、邮件存档、门户网站、专利记录、信用卡、生命科学以及全球资本市场等。尤其在金融、通信、交通等行业中，数据代表着非常重要的商业机密，也可能是大量的设计资料和财务数据，还可能是集团公司庞大的人力资源数据库等。因此，企业对信息系统的依赖性已经到了关系企业存亡的程度。

数据的价值如此宝贵，一旦数据发生丢失或损坏，会给个人和企业带来不可估量的损失。对于个人用户，数据丢失将会给个人带来精神和物质的双重损失；对于企业和公司，一旦信息系统发生故障导致数据丢失并且不能得到及时恢复，其造成的损失可能是毁灭性的。根据 IDC 调查，美国在 2000 年以前的 10 年间发生过数据灾难的公司中，55% 当即倒闭，29% 在两年内倒闭，生存下来的仅占 16%。类似的大量调查报告也表明，40% 左右的企业在遭遇数据灾难之后没有恢复运营，由于缺少远程备份以及有效的数据恢复技术，剩下的也有 1/3 在两年内破产。

当前，人们对信息中心的称谓从"计算中心"、"网络中心"到"数据中心"，形象地表明了处理、传输和存储这三个要素在信息设施中的比重随时间而变化的趋势，而且存储系统在信息设施中的比重将越来越大。当前，云计算、物联网、大数据和高性能计算等新型服务和应用的蓬勃发展，更是进一步将数据访问的需求提升至 ZB 级。这给数据存储带来巨大挑战的同时，也加快了各种新型存储系统的研究和推广。

本章描述了信息存储系统技术的发展路径，即从简单的直连式模型到复杂的海量存储集群。除此之外，还介绍了信息存储系统的评价指标和功能需求。

# 第二节　数据与信息存储

## 一、数据

所谓数据，是指存储在某种媒体上可以加以鉴别的符号资料。这里所说的符号，不仅指文字、字母、数字，还包括图形、图像、音频与视频等多媒体数据。数据只是原始事实的集合。例如，手写的书信、打印的书籍、录像带上的电影、抵押字据的备份、银行账册、账户存折等都是数据。它是最原始的记录，未被加工解释，没有回答特定的问题；它反映了客观事物的某种运动状态，除此以外没有其他意义；它与其他数据之间没有建立相互联系，是分散和孤立的。数据是客观事物被大脑感知的最初的印象，是客观事物与大脑最浅层次相互作用的结果。

在计算机发明之前，数据的产生和共享仅限于很少的形式，如壁画、石碑、甲骨、竹简、羊皮卷、纸和胶卷。今天，相同的数据可以转换成更多更易于存储、传输和查看的便利格式，如一个邮件信息、一本电子书、一张位图图像或者一部数字电影。这些数据都可以用计算机生成并存储为 0 和 1 的字串。这种形式的数据称为数字数据，经过计算机处理之后可以给用户使用。

随着计算机和通信技术的发展，创建、收集和存储各种类型的数据变得廉价且更加容易，产生数据和共享数据的速率也是呈指数增长，这种现象被称为数据爆炸。下面是一些促进数字数据增长的重要因素。首先，数据处理能力大幅提升。当今计算机在存储能力和处理能力上有了显著提高，这促成了把不同类型的内容和介质从传统方式转换为数字格式。其次，数字存储技术的进步和存储成本的降低提供了低成本的解决方案，也促进了更低廉存储设备的开发。这种成本的减少提升了数据产生和存储的增长速度。最后，可负担的和更快的通信技术共享数字数据比传统方式更加快捷。一封手写的书信也许需要一周才能到达目的地，而一封电子邮件只需几秒钟就能抵达收件人。

数据有多种分类方法。根据数据的来源，它可分为个人数据和商业数据。商业数据具有较大的经济价值，可以从中抽取有意义的信息来获得经济利益。个人存储数据的介质则有多种不同类型，如硬盘、CD、DVD、U 盘和存储卡等。根据如何存储和管理数据，它可以被划分为结构化数据和非结构化数据。结构化数据按行和列这种严格的格式组织，以便能够被数据库管理系统更加高效地检索和处理。如果数据不是按行和列存储的，没有字段来唯一标识自己，那么它就是非结构化数据。这种数据比较难以被商业应用检索和查询。例如，客户联系信息可能会存储成不同的格式，像便签、邮件信息、商业名片或者数字格式的文件（DOC 文件、TXT 文本文件、PDF 文件）。非结构化数据的管理有很大难度，但是 80% 的企业数据都是非结构化的，它需要大量的存储空间和额外的努力来管理。

在这个数字爆炸的时代，人们身处数据的海洋，几乎所有事物都与数据有关，例如，互联网、环境科学、生物医药、金融和超级计算等行业每天都在产生大量的数据，个人用户每天都在产生数据，包括打电话、发短信、进地铁站安检、进办公楼刷卡、在 QQ 上聊天、上淘宝网购物等。这些工作、生活中产生的大量非结构化数据具有以下几个特点：

（1）数据体量巨大（Volume）。数据规模通常在 10TB 以上。之所以产生如此巨大的数据量，一是由于各种仪器的使用，使人类能够感知到更多的事物，这些事物的部分甚至全部数据都可以被存储；二是由于通信工具的使用，使人们能够全时段地联系，机器—机器（M2M）方式的出现，使得交流的数据量成倍增长；三是由于集成电路价格降低，使很多东西都有了智能的成分。

（2）数据种类繁多（Variety）。随着传感器种类的增多以及智能设备、社交网络等的流行，数据类型也变得更加复杂，不仅包括传统的关系数据类型，也包括以网页、视频、音频、E-mail、文档等形式存在的未加工的、半结构化的和非结构化的数据。

（3）流动速度快（Velocity）。现在处理的数据级别是 PB 级代替了 TB 级，考虑到"超大规模数据"和"海量数据"也有规模大的特点，强调数据是快速动态变化的，形成流式数据是大数据的重要特征，数据流动的速度快到难以用传统的系统去处理。

（4）价值密度低（Value）。数据量呈指数增长的同时，隐藏在海量数据中的有用信息却没有相应比例地增长，反而使获取有用信息的任务难度加大。以视频为例，在连续的监控过程中，可能有用的数据仅有一两秒。

大数据的"4V"特征表明其不仅仅是数据海量，对于大数据的分析将更加复杂、更追求速度、更注重实效。

## 二、信息

信息是对数据的集聚，使原本分散的数据之间建立相互联系。例如，一个杂货店收集和存储了有关顾客购物的交易数据，包括如下的数据元素：货物名称、数量、价格、日期等（见表 1-1）。收银系统存储了大量的相关数据，为更高层次的理解奠定了基础。通过对交易数据进行信息分析，能够计算每种货物的销售额，并进一步对货物销售额排序（见表 1-2），这就使数据集聚形成信息。

**表 1-1　交易数据实例**

| 货物名称 | 数量（个） | 价格（元） | 日　期 | 登记号 | 店员 ID | 会员卡 ED |
|---|---|---|---|---|---|---|
| 尿布 | 1 | 4.99 | 11/1/2000 | 001 | 213 | 1209 |

表 1-2 数据集聚形成信息

| 货物名称 | 数量（个） | 价格（元） | 销售总额（元） |
|---|---|---|---|
| 啤 酒 | 265 | 6.85 | 1815.25 |
| 谷 物 | 430 | 3.90 | 1677.00 |
| 面 包 | 850 | 1.59 | 1351.50 |
| 牛 奶 | 1100 | 1.20 | 1320.00 |
| 尿 布 | 200 | 4.99 | 998.00 |

随着经济的发展，数据量呈现出指数增长，大量的数据存在于社会，从而形成了数据大爆炸。数据量的增加，要求人们对数据进行专业化的储存和加工，从而最大限度地获取数据的价值，提取出智慧和知识，或者节约生产成本，取得规模经济和范围经济的效益。大数据产业通过对数据进行开发利用，加速物质、能源、资金和人员的合理高速流动，促使生产、科技等活动的增值，达到社会、经济和资源和谐的发展；通过合作效应，形成了收益递增的机制，通过发展规模经济和范围经济，从而降低配置资源的成本；通过发展成长经济，利用自身未利用的经营资源，从而获得更多的社会效益。数据的大爆炸，推动了大数据产业的发展，为人类社会带来了更多的社会效益，信息的经济价值也就间接地体现出来了。

由于信息对商业成功至关重要，因此商业数据是企业最宝贵的财富之一。这些数据包括用于电子商务活动、以数字格式存在于互联网的商业信息，如企业财务与经营决策信息、客户个人信息、交易记录等。对于商业数据进行分析可以找出有意义的趋势。基于这些基本趋势，公司可以制定和修改其策略。例如，只需通过分析客户的购买模式和维护客户的物品清单，零售商就可以辨认出客户喜欢的样式和品牌的名字。有效的数据分析不仅给现有的商业应用带来利益，而且采用创造性方式使用数据还能创造潜在的、新的商业机会。

由于信息对商业成功至关重要，数据泄密被称为企业管理者的梦魇。研究表明，仅企业数据丢失就可能导致公司 20%~25% 的总利润亏损。时下，各种数据泄露事件愈演愈烈，2009 年 3 月，谷歌大批用户的资料被窃；2011 年，韩国三大门户网站之一的 Nate 和社交网络"赛我网"遭到黑客攻击，致使 3500 万用户信息泄露；2011 年 4 月，索尼的系统漏洞导致 7700 万用户资料失窃；2011 年 12 月 21 日，国内最大的程序员社区 CSDN 上 600 万用户资料被公开，黑客公布的文件中包含有大量的用户邮箱账号和密码信息；2012 年 8 月，盛大云企业因云主机故障导致用户的大量数据丢失。这些突发问题不仅给企业带来严重的直接经济损失，而且在品牌价值、投资人关系、社会公众形象等多方面造成损害。因此，数据泄密防护是企业一直关心的问题。

## 三、信息存储

信息存储是将经过加工整理序化后的信息按照一定的格式和顺序存储在特定的载体中的一种信息活动。其目的是为了便于信息管理者和信息用户快速准确地识别、定位和检索信息。

传统的存储介质是纸张和胶卷。纸张作为一种存储介质，具有存量大、体积小、便宜的特点，永久保存性好，并有不易涂改性。除此之外，存储数字、文字和图像一样容易。但是，通过纸张传送信息慢，检索起来不方便。胶卷作为一种存储介质，优点是存储密度大。但是，在阅读胶片时必须借助幻灯机等接口设备，不方便且价格昂贵。

在计算机环境下，有多种类型的存储介质选择。例如，磁盘存储设备、磁带采用磁介质存储数据，U盘、固态盘、存储卡采用半导体介质存储数据，而DVD和CD-ROM则是光存储设备。数字化数据以0、1形式存储在存储介质中。商业应用中通常使用的几种存储设备包括内部硬盘、外部磁盘阵列、固态盘、磁带和光盘等。

# 第三节　信息存储技术的发展

## 一、直连存储阶段

### 1. 内部直连存储

20世纪80年代末期，高性能计算机系统采用内部直连存储模式（Direct Attached Storage，DAS），如图1-1所示。其峰值计算能力已达到每秒千万至数亿次操作，I/O系统的通道速率也已达到10MB/s量级，而当时最高性能的硬盘容量只有500MB左右，传输率约为1.2MB/s，这远不能满足高性能计算机系统的整体要求。

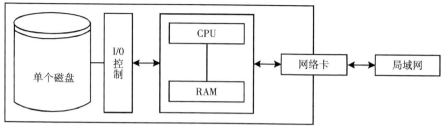

图 1-1　内部直连存储

## 2. DAS+JBOD

为缓解 I/O 瓶颈问题，许多研究者进行了关于并行存储的研究，其中包括对主机请求读写的数据进行分块使之分布存放在多台磁盘上的分块技术（Striping）；对存放在多台磁盘上的数据采取交叉读写的交叉存储技术（Interleaving）；对多台磁盘的存储空间进行全局编址，使数据按全局编址后的存储空间进行存放的分散技术（Declustering）等，这些技术的研究主要集中在提高存取速率和扩大存储容量等方面，均已用于单主机中，如图 1-2 所示。现在，硬盘的单台容量已超过 200GB，IDE 硬盘驱动器的峰值传输率已接近 133MB/s。但是，人们对存储系统除了在速度和容量方面有更高的要求之外，还在计算机系统的应用中不断提出新的要求。

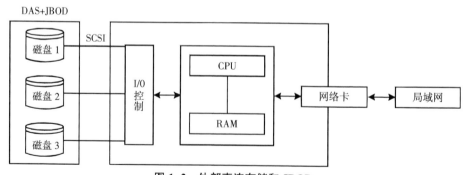

图 1-2　外部直连存储和 JBOD

## 3. DAS+RAID

随着计算机应用领域的拓展，金融、军事、大型企业等对计算机存储系统的可靠性提出了更高的要求，不允许出现任何不可恢复的灾难性故障。为此，人们在研究提高存储系统的容量和速度的同时，研发了一系列提高数据可靠性的技术以及数据管理方法。1988 年，美国加利福尼亚大学伯克利分校的 David A. Patterson 等人首先在磁盘阵列中使用了冗余容错技术，提出了廉价磁盘冗余阵列（Redundant Arrays of Inexpensive Disks，RAID），后又称为独立磁盘冗余阵列。如图 1-3 所示，磁盘阵列成为了一种重要的存储系统体系结构。

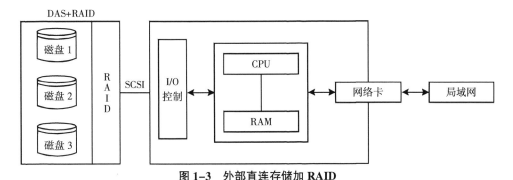

**图 1-3　外部直连存储加 RAID**

### 4. DAS 的问题

在传统的存储系统体系结构 DAS 下，存储设备连接在总线上并通过外设通道（SCSI 或 FC）挂接在文件服务器上，由文件服务器调度和管理。数据的存储与交换是以文件服务器为中心的。这种体系结构的优点在于能够集中管理和控制数据。但网络用户通过网络访问文件服务器上的数据资源时，被访问的数据必须在存储设备和文件服务器之间进行多次的存储转发。尽管文件服务器并不关心数据内容，通常也不对数据本身进行处理，但数据请求与传送都需要文件服务器的介入。在使用相对慢速的存储设备和网络时，服务器的制约作用还不太显著，但随着快速的存储设备和网络技术的出现以及网络用户进行大数据量访问时，服务器和多次存储转发的开销对系统性能的制约作用便趋向明显，并使得文件服务器成为整个系统的"瓶颈"。卡耐基—梅隆大学的研究表明，这种"瓶颈"效应甚至会导致系统的资源利用率降到 3%。

另外，在这种集中式的体系结构中，计算机系统的 I/O 速度远低于计算速度，数据的传输受到 I/O 通道的约束，I/O 通道成为整个系统的"瓶颈"。当存储资源被网络上多个用户共享时，在网上传输大量数据信息或进行实时数据收发所引发的 I/O "瓶颈"问题就尤为突出。文件服务器作为事实上的网络资源与控制中心，维系着网络的效率、性能、安全性和可靠性，而传统的 DAS 又以文件服务器为中心，面对庞大的数据量和数传率需求，系统的可用性和可扩展性都难以提高。因此，如何处理快速增长的网络用户请求，是研究人员关注的重要问题。从目前的研究方向看，主要归结为两个方面：一方面是从实现机制上入手。主要研究 Cache 技术，预取技术，调度策略，重叠 I/O 以及消除、隐藏和减小主存和辅存之间的速度差异并寻求新的存储技术等，达到缩小响应时间的目的。可以在现有文件服务器的基础上按照用户访问行为尽可能地提高系统的性能，但提高的程度有限。添加高性能存储设备（如 RAID）可以减少寻道时间，提高响应的速度，但是，由于磁盘、内存的发展速度远低于 CPU 的发展速度，依靠扩展单一系统的硬件性能终究会有上限，而且越是高端硬件，其性价比越是成指数下降。另一方面从存储系统的体系结构入手，试图从根本上解决这个问题。

## 二、网络存储技术阶段

随着通信技术的发展，高性能互联技术（如 Fast Ethernet、ATM、Gigabit Ethernet、Myrinet 和 ServerNet 等）不断涌现，10Gigabit Ethernet 也已经推向市场，传输线路的带宽已不再是造成网络"瓶颈"的主要原因。因此，存储系统的"瓶颈"将主要取决于网络设备和服务器的处理能力。当有突发的大量数据到达时，网络设备和服务器往往无法及时处理完所有收到的请求，从而造成应答的滞后、请求的丢失等情况，更严重的是这将导致一些请求报文由于超时而重发，这样不仅加重了传输线路的负载，也加重了网络设备和服务器的处理负担，严重的可能直接导致整个系统的崩溃。

在计算机网络技术以及 C/S 工作模式的影响下，存储系统层次发生了变化，存储服务和网络服务相结合成为一种必然的发展趋势。人们所面临的挑战将是开发适合"基于网络的存储"的新型硬件和软件体系结构，用以管理未来复杂的存储层次。随着分布式处理、网络通信技术的发展和相关应用技术的不断扩大，人们要求对相对集中存储的数据能实现共享访问。这种需求导致了网络存储技术的迅速发展，并由此进入了存储技术和应用发展的黄金时期。

在过去的几十年中，为了实现大容量、高带宽和高可扩展性，计算机领域的一个发展趋势便是将存储子系统和服务器通过存储网络进行物理上的分离。所谓存储网络，即在分布、异构的网络环境下将存储设备从服务器中分离出来，用区域网连接，使分散的信息得到集中管理，从而增加数据的有效利用率，降低成本，并对关键数据提供备份和保护机制。随着数字化信息存储需求的发展，网络存储因其具有结构灵活、性能较好、可扩展性强等优势，在存储技术中所发挥的作用日益增大。根据网络与存储系统结合的不同形式，网络存储正沿着几个主流技术方向发展，即附网存储（Network-Attached Storage，NAS）、存储局域网（Storage Area Network，SAN）和基于 IP 的存储，如图 1-4 所示。

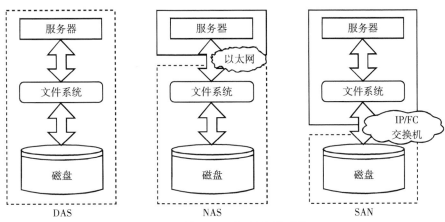

**图 1-4 从 DAS 到网络存储系统**

NAS 源于基于以太网的数据访问技术，并以网络文件服务器为模型。NAS 连接在公用的网络上，它提供预先配置好的存储空间、集成的文件服务系统和存储管理软件，它拥有唯一的 IP 地址。NAS 是从文件服务器发展起来的一种专有系统，它具有一个优化的文件系统（如 NFS 和 CIFS）和瘦操作系统，能提供网络文件访问。它安装简便，只需将它与网络相连，通过 Web 浏览器即可完成其配置和管理，用户可以立即使用它的存储空间。虽然不能将其合并成单个存储池或使用单一的逻辑视图，但可以在不中止操作下添加存储空间。对于用户端访问数据，NAS 比 DAS 迅速。NAS 的操作系统被优化设计为专门用于文件 I/O 操作和文件服务活动，其性能优于通用操作系统。若 NAS 出现故障，主服务器的其他操作不会受到影响，若主服务器出现故障，用户仍能向 NAS 检索数据。因为主服务器不再执行文件 I/O 操作，且也不再存放数据，所以主服务器的可靠性得到了提高。

SAN 产品根植于 SCSI 存储技术，包括主机 I/O 控制器、存储设备和存储子系统，在有些 SAN 系统中还使用交换机和集线器来代替并行的 SCSI 总线。SAN 的功能是将存储设备从局域网中分离出来，使其被看成是负责存储的"后端"网络，而"前端"网络则负责正常的 TCP/IP 传输，因而降低了拥堵，简化了数据存储和传输。

基于 IP 的存储是指在 IP 网络中实现类似 SAN 的块级数据处理，目前正处于广泛研究中，包括 FCIP（Fibre Channel over IP）、iFCP（Internet Fibre Channel）、mFCP（Metro Fibre Channel Protocol）、iSCSI（Internet SCSI）等技术。

IP 存储的优势主要表现在：①IP 存储系统在整个 IP 网络上创建了一个共享存储环境，很好地实现了数据共享和远程访问。②由于采用的是 SCSI、以太网、TCP/IP 等现有技术和设施，造价低，便于构建和维护。③互操作性好，且克服了基于光纤通道的 SAN 的距离限制，把共享存储系统扩展到 LAN 甚至互联网上。④在网络带宽可以保证的情况下，便于在线远程备份和灾难恢复，提高系统的可靠性。

网络存储使得网络技术和 I/O 技术的特性得以有机结合，尤其是网络具有灵活的可扩展性、分散性、完善的寻址能力，使网络存储与传统的 DAS 存储系统体系架构相比，能更有效地管理和访问数据。

## 三、海量存储系统

数字图书馆（Digital Library）、视频点播（Video On Demand，VOD）、新闻点播（News On Demand，NOD）、地理信息系统（Cadastral Information System，CIS）以及数据中心（Internet Data Center，IDC）等海量信息应用都需要海量存储系统的支持。只有通过对海量信息的有效存储和管理，人们才能从这些数字资源中获得高质高效的信息服务。

海量存储系统首先需要解决的问题就是存储容量和存储系统的 I/O 带宽问题。尽管现在磁盘存储器的存储容量和 I/O 带宽不断扩大，而且价格也日趋便宜，但单台设备依然无法满足日益增长的存储需求。磁盘阵列通过分块将数据分布到多个磁盘驱动器上，使多个磁盘驱动器可以并行操作，从而提高系统的 I/O 带宽并且增加系统的存储容量。但若以服务器为中心，则仅用磁盘驱动器来构造海量存储系统并不是一个合适的方案，因为面对庞大的数据量和高数传率需求，以服务器为中心的存储系统的可靠性、可用性和可扩展性都是受限的。

对于海量存储系统而言，只有进行体系结构上的创新才能实现对海量信息的有效存储和管理。因此，只有充分地利用网络存储技术，才有可能构造一个大容量、高带宽、高可扩展并且克服文件服务器"瓶颈"的海量存储系统，网络存储技术是构建海量存储系统的基础和前提条件。

国内外针对现有存储系统不能有效地存储海量数据的情况，进行了大量的研究。科学计算对海量数据的存储主要是使用以文件为基本存储粒度的层次存储结构，典型的系统有 HPSS 和 PTOOLS。然而，这种以文件为存储粒度的方式却并不适合信息处理的存储要求。多媒体领域对海量存储系统的研究多集中于存储在三级存储设备上的媒体对象的连续获取和连续播放。IEEE 的存储系统标准工作组提出了一个开放存储系统互联的参考模型（Open Storage Systems Interconnection，OSSI），它将一个完整的存储系统定义为若干个存储对象、若干个存储模块和一个完整的计算环境。海量存储系统参考模型（Mass Storage System Reference Model，MSSRM）建议控制路径与数据路径的分离，并使用高带宽的网络通道支持数据的直接传输，从而打破了主机系统的 I/O"瓶颈"，实现了较高的带宽和较好的可扩展性。另外，建立在光纤网基础上的 SAN 存储结构在物理上为建立一个高容量、高可扩的系统提供了基础。

存储海量数据的方式分为两种：分布式存储和集中式存储。

1. 分布式的海量存储系统

分布式存储指数据存放在多个不同的地点或数据存有多个备份。通常，分布式存储是为了提高系统的性能，但构造、维护和管理一个分布式存储系统的费用非常高。分布式存储系统最昂贵的花费在于高速、高带宽、长距离的冗余连接以及维护数据的一致性。

随着集群（Cluster）和网络工作站（Network of Workstation，NOW）的技术发展，人们提出了分布式 RAID 的概念。其基本构成单元是网络节点中的存储子系统，这些子系统既可以是单个磁盘驱动器，也可以是一个 RAID 系统。在这个系统中，一个文件分布存放在多个节点上，当用户对分布式 RAID 系统发出读写请求时，所有的节点一起协同工作。分布式 RAID 除了节点之间共享存储外没有其他约束，因为取消了阵列控制器瓶颈，它的并行度很高。它还使用容错结构来提高分布式 RAID 的可靠性，但该结构仍然存在可扩展性较差的问题。当有新节点加入系统时，必须将原有数据备份，重新配置存储系统，而且某个节点的失效会造成整个系统性能的严重下降。

附网安全磁盘（Network Attached Secure Disk，NASD）主要用于构成大容量

的层次存储管理系统，使用 NASD 的系统是一个异构的分布式系统，系统中的每个节点提供不同的服务。处理节点为用户提供计算服务，磁盘节点为用户提供可靠的信息存储，二者通常均由操作系统管理。NASD 不属于任何主机，它有完整的文件系统并在多个用户间共享，这样就使得分布式系统更有效、更透明。TickerTAIP 公司的分布式 RAID 便是由 NASD 构成。

### 2. 集中式的海量存储系统

SAN 提供了一个能存储大量数据且具有高可靠性和高升级能力的数据存储系统。SAN 支持更远距离的数据访问，具有高可用性，能够动态地分配存储资源；可扩展性好，支持较多的数据连接；存在单一的控制点，有利于数据的管理、共享、备份。因此，SAN 不失为一种不错的海量存储系统解决方案。

但由于 SAN 本身缺乏标准，而且构成 SAN 的设备种类繁多，包括光纤适配器、光缆及其接口、光纤 Hub、光纤 Switch、磁盘阵列和磁带库等，因此，存在各种存储设备的互操作性问题。而且还存在软件的兼容问题，包括操作系统、备份软件和存储管理模块等。除此以外，SAN 的价格也是影响其部署实施的一个重要因素，因为构建 SAN 需要在原有的网络设施外另外组建一个昂贵的光纤网络。根据统计，平均每 GB 数据 NAS 的费用为 20~50 美元，而 SAN 的费用为 150~200 美元。

## 四、存储虚拟化技术

随着信息化程度的提高，企业的关键信息呈指数级增长，存储系统的规模迅速扩展，存储体系结构日益复杂，存储管理越来越困难。对于一个由大量存储单元组成的海量存储系统，其存储管理便显得更加重要。例如，对于一个规模不大的海量存储系统的配置可能有 30~40 个 HBA（Host Bus Adapter），使用不同类型的电缆连接，而且可能采用不同的连接技术，如果没有有效的存储管理，则该海量存储系统的运行将是失效的。因此，如何对这些异构的存储系统平台进行统一管理，随时掌握其运行状况，并根据应用的不同需求合理地调配系统内的存储资源，变得非常重要。

对于很多行业而言，保存在存储系统中的数据是最为宝贵的财富，尤其对金融、电信、商业、社保和军事等部门来说更是如此。数据丢失了对于企业来讲，损失将是无法估量的。单纯地依靠高性能的存储硬件，并不能确保数据的安全性。由于独立的存储系统都有自己的数据备份和数据恢复机制，因此，存储管理系统在保持各种不同系统的独立性的同时，还要在不同平台之间建立统一的数据恢复和备份机制。从网络存储应用的角度来看，存储管理涉及的内容很多，主要包括文件组织、数据备份与恢复、数据安全等方面。但主要体现在两个方面：存储资源管理和数据管理。存储资源管理主要是如何提高硬件资源的利用率，有效地协调管理硬件产品，充分降低存储系统的硬件成本。数据管理则主要是确保数据的安全性和可用性，降低企业用户的硬件使用成本。

存储虚拟化（Storage Virtualization）是一种在大型、复杂、异构的存储环境中将管理问题简单化的技术。存储虚拟化的目标是屏蔽掉系统的复杂性，将存储的逻辑表示和其物理实体分离，服务器不必关心存储系统的物理设备，也不会因为物理设备发生任何变化而受影响，从而将不同生产商提供的具有不同容量和性能的存储设备，虚拟化成一种单一的、易于管理的逻辑视图。这样，存储资源就成为动态的，可根据用户的实际需求进行分配的存储空间，且分配以存储资源的逻辑形式获得，而无须考虑物理实体的详细情况，从而将存储系统的利用率从40%左右提高到90%以上，甚至接近100%。虚拟存储不仅可以简化存储资源管理的复杂性，还可以提高系统的可用性和可靠性，因此，虚拟化技术正逐步成为存储领域的核心技术。

如何优化存储资源、提高存储系统的利用率、降低成本成为存储产品的开发者和用户共同关注的焦点。存储资源管理（Storage Resource Management，SRM）提供网络存储系统中存储资源的动态视图，利用 SRM 软件，系统管理人员能够清楚地了解现有的设备环境，了解谁在使用这些设备，哪些设备在为关键应用服务。尽管 SRM 概念简单，但它却无疑为管理大型网络存储系统节省了时间，是保证企业存储系统高效运行的关键因素。SRM 系统可以用不同的方法来实现，但都必须与文件系统一起工作，因为只有文件系统才知道存储数据的相关信息。

管理基于总线技术的存储系统是一个最令人头疼的问题，它无法实现多机共享存储。例如，在一个 DAS 架构的存储子系统中，存储系统通过外设通道挂接在文件服务器上，即使一台服务器具有富余的存储空间，别的服务器也不能访问它。而在网络存储系统中，允许服务器访问所有的存储设备。从单个发起者的总线存储（服务器和存储设备之间是一对一的关系，如 DAS）到多个发起者的网络存储（服务器和存储设备之间是多对一的关系，如 SAN）的结构变化，使所有的存储资源可以被视为海量存储资源集合的一部分。这种将多个不同的存储资源通过虚拟技术集成到一个单一的、通用的海量存储系统集合的能力，可能是网络存储最重要的特色之一。

卷管理器是采用虚拟技术在存储设备之上实现的抽象层，通过逻辑卷管理（Logical Volume Management，LVM）软件隐藏在物理设备上的数据存储位置，将硬件实现和软件管理完全隔离。利用 LVM 软件进行管理和配置时无须对硬件进行改动，重新配置在线存储时也不必中断应用程序和系统的运行，从而能实现对存储资源的有效管理。

VERITAS 卷管理器是一种基于主机的存储管理软件，它能将存储设备和 LUN 设备绘制成应用程序使用的逻辑卷图，用户的存储请求经卷管理器转化为对存储设备的请求。SANtopia 卷管理器是一种用于 SAN 中的存储资源管理器，它允许多个主机同时访问光纤网络上的存储设备，也提供了在线卷管理功能。由于 SAN 中的存储设备都通过光纤网络集中在一起，SANtopia 的目的就是充分利用这一特性来实现 SAN 中存储资源的集中管理。

对于分布的 NAS 集群，尽管 NAS 节点上的数据是集中存储和管理的，但整个系统中的数据则是在多个 NAS 节点上分散存储和管理的。因此，对整个大系统的存储资源管理需要第三方软件的支持，NAS 节点之间的数据迁移需要系统管理员的干预。而且，NAS 节点之间进行数据迁移时，会严重影响该节点对网络用户的服务性能。所以，随着 NAS 节点的不断增加，管理会越来越复杂，开销也随之增加。为了解决以上问题，研究者提出了虚拟可扩展分布式文件系统，它采用虚拟技术将多个 NAS 节点的文件系统虚拟成一个单一的文件系统视图。一些研究则采用 NAS Switch 来隐藏所有 NAS 节点的物理配置信息，给用户和管理员一个单一的虚拟 NAS 系统，如图 1-5 所示。它提供的是一个虚拟的名字空间，该空间独立于 NAS 节点的实际配置，当需要增加一个 NAS 节点时，只需要在该虚拟名字空间增加一个链接点，扩容很容易。所有的网络用户都向 NAS Switch 提交请求，然后通过虚拟名字空间将其链接到请求数据所在的 NAS 节点。以上两种方法都试图构造一种物理上松散耦合，而逻辑上紧密耦合的分布式存储系统。尽管其存储资源的管理仍然需要占用大量的网络带宽，但通过一定程度上的集中存储资源管理可以减少管理开销。

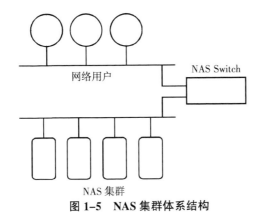

图 1-5　NAS 集群体系结构

## 五、分级存储管理

数据管理的关键是维护数据的质量。数据管理包括数据的备份、恢复和复制，以及分级存储管理（Hierarchical Storage Management，HSM）。

随着数据重要性的提高，企业在数据保护方面的投资越来越高。如何提高数据保护的投资效果、减少投资代价成为企业和用户亟待解决的问题，并由此引导新的数据保护发展趋势。尽管用货币来衡量数据的价值并不容易，但是，数据价值的划分对于数据管理却很有必要。可以把数据划分成四个等级，如图 1-6 所示。

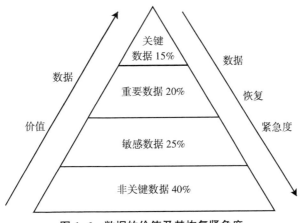

图 1-6　数据的价值及其恢复紧急度

（1）关键数据（Critical Data）。在关键事务的处理过程中使用的数据，最多占全部在线存储数据的 15%。如果这部分数据无法访问，对企业来说，就意味着收益损耗和商务危机。对于这种数据，一旦丢失，必须立即恢复，所以最好制作磁盘镜像。关键数据通常属于商业秘密。

（2）重要数据（Vital Data）。它是在普通的事务处理中使用的数据。和关键数据相比，这类数据在丢失时，为保证商务运作必须加以恢复，但即时性要求不强。重要数据一般用磁带库进行备份，通常属于商业秘密。这类数据一般占 20%。

（3）敏感数据（Sensitive Data）。它是在普通的事务运作过程中使用的数据。一旦数据丢失，备用的资源将会被用来访问或重建数据。

（4）非关键数据（Non-Critical Data）。它是最多的一类数据。它对安全性的要求比较低，而且常常存在副本。为重建这个级别丢失或损坏的数据所付出的代价是最小的。E-mail（电子邮件）文档通常属于这类数据。

由于数据的等级划分清晰，用户可以根据实际需求选择数据保护方案，以提高投资效率。

分级存储管理是一种将离线存储与在线存储融合的技术。它将大容量的非在线存储设备作为在线存储设备的下一级设备，访问频率高的数据存于在线设备，长久不被访问的数据存于非在线设备，然后将数据按指定的策略和需求在两者间自动迁移。对用户来说，数据迁移操作完全是透明的，只是访问速度略有降低，而逻辑磁盘的容量则大为扩充了，从而降低了管理成本。

在数据迁移中，被迁移的文件由迁移系统选择。当文件被正确拷贝后，一个和原文件名字相同的标志文件被创建，它只占用比原文件小得多的磁盘空间。以后，在用户访问这个标志文件时，系统能将原始文件迁移回来。HSM 软件提供多种数据迁移策略，目前主要通过高水位、低水位及清除位来设置符合存储原则的标识。当数据达到高水位时，HSM 软件会将数据迁移至下一级存储设备中，直至低水位才停止。然后，将在上一级存储设备中的存储空间释放。另外，用户也可以自己建立相应的数据迁移策略，如按文件访问的时间、大小等原则。HSM 软件都有设备管理功能，它可对磁带库、光盘库进行管理，从而实现数据的多层复制功能。同样，它还能够自动地安排数据迁移时间，灵活方便地控制数据迁移日程。

HSM 与备份的区别在于：备份是把在线数据保存为离线数据的一种数据保护方式，HSM 则不同，它不仅可以把在线数据保存为离线数据，还可以把离线数据模拟成在线数据。也就是说，从用户角度看，数据"一直"在线。当用户需要访问已经被迁移的数据时，HSM 系统自动地把这些数据回迁到磁盘阵列中，而备份则需要手动将数据从磁带设备恢复到磁盘阵列。另外，就是其各自的目的不同，HSM 中被迁移的数据一般都是很少被访问到的，而备份的数据一般都是极其重要的，是为防止被损坏或丢失而特意实行的措施。只有当企业拥有超大容量的历史数据，或者需要保存的数据量远远大于在线数据量，又需要快速地调出所需要的数据时，一般才选择 HSM 技术。

HSM 主要是从降低成本、不影响数据应用效果的角度解决数据的管理问题。事实上，降低成本、提高效率已成为 IT 厂商追逐技术进步的一个目标。近线存储就是这种进步的产物。所谓近线存储，是指利用磁盘阵列对数据的快速存储速度和成本大幅下降的优势，模拟磁带机、磁带库的海量存储空间，以满足用户对数据快速备份的需要。近线存储不同于 HSM 中的数据迁移，因为近线存储用磁盘备份数据，只有在长期不用的情况下才转到磁带设备上，而 HSM 中的数据迁移则直接用磁带备份数据。

在许多海量信息应用中，只是对部分热点数据访问频繁，而对大部分数据的访问次数较少，因此，可以将较少使用的数据存放在后备存储设备上。所以，采用直接存取设备和后备存储设备相结合的层次存储结构来构架海量存储系统已经成为一种共识。这种多级存储系统具有以下共同的特点：第一，任一时刻，设备中有部分存储设备处于在线状态，部分存储设备是离线的，当所需的数据在离线存储设备上时，则需将数据加载到直接存取的存储设备中，需要较长的等待时间。第二，数据的定位和读取时间较长，因此，在海量存储系统中必须解决后备存储设备的在线随机存储问题，重点就是要提高其随机存储速度。一些学者针对单个磁带驱动器，提出了多种提高存取速度的随机调度策略，并对它们进行了比较。一些学者对磁带库存储设备的调度策略进行了讨论，并提出了一种基于热数据复制的调度策略。一些学者则对后备存储设备并行 I/O 的体系结构进行了研究，提出了在 I/O 子系统方面应该注意的问题。一些学者讨论了后备存储设备的随机调度问题，并研究了系统中后备存储设备的性能。一些学者则在自适应的调度策略方面进行了研究，虽然是针对直接存取设备的，但是对后备存储设备的调度策略仍具有一定的借鉴作用。

# 第四节  信息存储的评价指标

1. 存储容量（Capacity）

存储系统和部件的基本评价指标就是存储容量，而评价容量的指标就是字节数。当前单条随机存储器的容量大约为 GB 级，而单个磁盘驱动器的容量为 TB 级，单张 DVD 光盘容量为 5GB 左右，而蓝光光盘容量为 20GB，磁盘阵列的容量依赖于其中磁盘驱动器的数量和组织模式，而大规模存储系统的容量从几十个 TB 到几十个 PB 不等。存储容量是存储设备的系统静态指标，特别是对于存储设备而言，容量在设备生存期基本是不会改变的；而许多存储系统往往通过系统扩展技术实现实际存储容量的增加。

2. 吞吐量（Throughput）

吞吐量用来计算每秒在 I/O 流中传输的数据总量。这个指标在大多数的磁盘性能计算工具中都会显示，最简单的是在 Windows 文件拷贝的时候会显示 MB/s。通常情况下，吞吐量只会计算 I/O 包中的数据部分，至于 I/O 包头的数据则会被忽略在吞吐量的计算中。广义上的吞吐量，也会被叫作"带宽"，用来衡量 I/O 流中的传输通道，如 2/4/8Gbps Fibre Channel、60Mbps SCSI 等。但"带宽"会包括通道中所有数据的总传输量的最大值，而吞吐量则是只保护传输的实际数据，两者还是有些区别。

吞吐量衡量对于大 I/O，特别是传输一定数据的时候最小化耗时非常有用。备份数据的时候是一个典型的例子。在备份作业中，人们通常不会关心有多少 I/O 被存储系统处理了，而是完成备份总数据的时间有多少。此外，超算环境下吞吐量的意义重大。超级计算机的大部分 I/O 用来处理磁盘上的大型文件，许多超级计算机处理的任务包括成组的作业，每一组都可能持续数小时，在这种情况下，当 I/O 做了一个很大的读操作后就会接着进行一个写操作，将当前系统的状态记录下来，以便在计算机系统崩溃之后还能恢复到正确的状态，所以很多情况下，超级计算机的 I/O 包括的输出操作比输入操作多，在衡量超级计算机 I/O 的指标中，数据吞吐量占有很重要的地位。此处，数据吞吐量指的是在大量的数据传输过程中，超级计算机的主存和磁盘之间每秒钟传输的字节数。

3. 每秒 I/O 数（IOPS）

IOPS（IO per Second）用来计算 I/O 流中每个节点中每秒传输的数量。通常情况下，广义的 IOPS 指的是服务器和存储系统处理的 I/O 数量。但是，由于在 I/O 传输的过程中，数据包会被分割成多块（Block），交由存储阵列缓存或者磁盘处理，对于磁盘来说，每个 Block 在存储系统内部也被视为一个 I/O，存储系统内部由缓存到磁盘的数据处理也会以 IOPS 来作为计量的指标之一。本书中提到的 IOPS，是指广义的 IOPS，即由服务器发起的，并由存储系统处理的 I/O 单位。

在小 I/O，且传输 I/O 的数量比较大的情况下，IOPS 是一个最主要的衡量指标。例如，典型的事务处理（OLTP）系统中，高的 IOPS 则意味着数据库的事务可以被存储系统处理。事务处理软件包含了对响应时间的要求和基于吞吐量的性能要求，而且由于大部分 I/O 的存取量比较小，所以事务处理软件主要考虑 I/O 速率，即每秒钟磁盘的存取次数，而不是数据传输速率（Data Rate），即每秒钟传输数据的字节数。事务处理软件一般包括修改大型数据库的操作，因此系统有响应时间的要求，同时还要具备对某些错误恢复的能力，这些软件非常重要而且还要考虑成本因素。比如，银行一般会用事务处理系统，因为它们需要考虑一系列特性，这些特性包括确保事务不丢失、快速处理事务、将处理每项事务的耗费降到最小等。虽然可靠性是这些系统的根本要求，但响应时间和吞吐量也是在构造性能价格比最优的系统时要考虑的关键问题。现在已经制定了大量的事务处理标准，其中最著名的是由事务处理会议（Transaction Processing Council）制定的一系列标准，这些标准中最新的版本是 TPC-C 和 TPC-D，它们都包括数据库的查询操作，TPC-C 包括基于有序条目的少量和中等量的数据库查询操作，以及在预订系统和银行在线系统中所需的典型事务类型，TPC-D 则包括决策支持应用中出现的典型复杂查询操作。

TPC-C 明显比早期的 TPC-A 和 TPC-B 标准要复杂得多，它包括九种不同的数据库记录类型、五种不同的事务类型和一种用来模拟真正用户在终端上产生事务的事务请求模型，这种标准的说明书，包括记录规则，长达 128 页。TPC-C 的衡量标准是每分钟或每秒钟（TPM 或 TPS）处理的事务数量，此外它还包括了整个系统的测量数据，如磁盘 I/O、终端 I/O 和计算性能。访问 TPC 的链接 www.

mkp.com/books-catalog/cod/links.htm 可以获得有关 TPC 组织和标准的更多细节。

IOPS 和 Throughput（吞吐量）之间存在着线性的变化关系，而决定它们变化的变量就是每个 I/O 的大小。从图 1-7 中可以看到，当被传输的 I/O 比较小的情况下，每个 I/O 所需传输的时间会比较少，单位时间内传输的 I/O 数量就多。当 I/O 尺寸比较大的情况下，传输每个 I/O 的时间增大，IOPS 数量下降。但是相比更高百分比的 I/O 通道用来传输实际数据，Throughput 则明显上升。

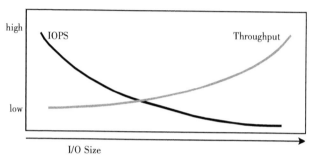

图 1-7　Throughput 和 IOPS 之间的关系

#### 4. 请求响应时间（Response Time）

请求响应时间定义为一个请求被放入缓冲区到被处理完成之间的时间间隔。为达到尽可能高的吞吐率，服务器不应闲置，因此缓冲区不应为空。但从另一方面来说，响应时间也包括请求在缓冲区中等待的时间，因此缓冲区的请求数越多，那么响应时间就会越长。

对于应用程序和用户而言，请求响应时间是它们更加关注的。实际请求的响应时间受到多个方面的影响，首先，存储系统结构会影响请求响应时间，如一个具有本地 8MB 缓冲区的磁盘驱动器通常就比具有更小缓冲区的磁盘驱动器具有更好的响应时间；其次，请求自身的特性也会影响实际的响应时间，如 8MB 的请求比 4MB 的请求有更长的响应时间；再次，请求数据的物理存放位置也会对响应时间产生巨大影响，如本地磁盘中的数据比远程磁盘中的数据具有更小的访问延迟；最后，请求响应时间还依赖于当前存储系统的繁忙程度，请求在负载重时比负载轻时有更长的响应时间。实际上还有其他因素也会影响请求的响应时间，如前后请求是否连续对于磁盘响应时间就是极其重要的。这些都使得在存储系统中对于请求响应时间的计算和分析非常困难。

从上面的分析可以看出，无论吞吐率还是请求响应时间，都涉及请求或者负载的特征，不同的负载在相同存储系统上可能具有截然不同的表现，例如，一个面向共享应用的分布式存储系统可能对于大量并发读写的科学计算负载有很好的性能，但对于具有大量频繁更新操作的联机事务处理就有很差的性能。因此，在对存储系统进行评价的时候，确定运行在该系统之上的典型应用负载是非常重要的问题。

正是因为存储系统中影响吞吐率和响应时间的因素太多，所以在当前的研究中很难使用模型的方法精确计算出存储系统的性能，而是更多地构建仿真系统或者搭建原型系统，通过运行典型负载，然后通过实际测量来获取系统的性能。

# 第五节 信息存储的功能需求

数据量的急剧增加、数据本身内涵的多样性以及用户不断增长的需要对数据存储系统的功能设计提出了极大的挑战，用户不再仅考虑存储系统的容量和性能。存储系统需要更多的功能满足不断增加的应用需求。特别是在多用户并行的环境中，大规模应用系统的广泛部署对存储系统的性能和功能提出了更多的挑战，主要表现为：

1. 可扩展性（Scalability）

可扩展性是指问题规模和处理设备数目之间的函数关系。信息系统是一个不断发展的系统，新的应用将不断引入、数据容量将不断增加，所以其存储备份系统必须具有良好的可扩展性，能够根据业务发展的需要，方便灵活地扩展备份容量和系统性能。由于新数据的备份必须和系统中已有的所有数据进行比较以消除重复数据，系统容量的扩展不应当影响备份性能，这需要高效可扩展的数据索引技术的支持。同时随着新的存储节点的加入，后台数据迁移和负载平衡也是保证系统性能随容量同步增长的关键。

可扩展性主要从以下两个方面考虑：①数据可扩展，指数据的存储和管理是可扩展的；②功能可扩展，指系统体系结构及系统性能是可扩展的，包括容量可扩展及性能可扩展。

2. 可共享性（Sharing）

一方面，存储资源可以在物理上被多个前端异构主机共享使用；另一方面，存储系统中的数据能够被多个应用和大量用户共享。共享机制必须方便应用，并保持对用户的透明，由系统维护数据的一致性和版本控制。

3. 高可靠性/可用性（Reliability/Availability）

数据越来越被称为企业和个人的关键财富，存储系统必须保证这些数据的高可用性和高安全性。许多应用系统需要 24×365 小时连续运行，要求存储系统具有高度的可用性，以提供不间断的数据存储服务。

系统可靠性是指系统从初始状态开始一直提供服务的能力，可靠性用平均无故障时间（Mean Time To Failure，MTTF）来衡量。MTTF 的倒数就是系统的失效率。如果系统每个模块的正常工作时间服从指数分布，则系统整体失效率是各部件失效率之和。系统中断服务的时间用平均维修时间（Mean Time To Repair，MTTR）来衡量。

系统的可用性指的是系统正常工作时间在连续两次正常服务时间间隔中所占的比率，即：

$$可用性 = \frac{MTTF}{MTTF + MTTR}$$

其中，MTTF+MTTR 通常用平均失效间隔时间（Mean Time Between Failure，MTBF）来替代。

提高系统可靠性的方法包括有效构建方法以及纠错方法。有效构建方法指的是在构建系统的过程中消除故障隐患，这样建立起来的系统就不会出现故障。纠错方法指的是在系统构建中设计容错部件，即使出现故障，也可以通过容错信息保证系统正常工作。

4. 自适应性（Adaptability）

自适应控制可以看作是一个能根据环境变化智能调节自身特性的反馈控制系统，以使系统能按照一些设定的标准在最优状态工作。就存储系统而言，自适应性意味着能够动态感知工作负载和内部设备能力的变化，使自身的配置、策略和感知的状态相适应，以保证可用性和最佳的 I/O 性能。

5. 可管理性（Manageability）

当系统的存储容量、存储设备、服务器以及网络设备越来越多时，系统的维护和管理变得更为复杂，存储系统的可用性和易用性将受到空前的关注。事实上，当前维护成本已经接近系统的构建成本。系统通过简单性、方便性、智能性的设计提供更高的管理性，以减少人工管理和配置时间。

## 本章小结

在信息时代，数据和信息意味着资源和价值，是企业无形的商业资产。本章首先介绍了数据和信息的概念，阐述了大数据时代的存储面临的巨大挑战。其次回顾了存储技术在近几十年克服各种挑战获取的长足发展。最后介绍了信息存储的评价指标和功能需求。

## 习 题

### 一、简答题

1. 大数据的特征是什么？

2. 信息和数据的关系是什么？

3. 信息存储技术的发展阶段有哪些？

4. 信息存储系统的主要功能需求有哪些？

5. 信息存储系统的主要评价指标有哪些？

### 二、选择题

1. 在计算机内部，信息的存储、处理、传输都是采用（　　）。

A. 二进制　　　　B. 十进制　　　　C. 八进制　　　　D. 以上都不对

2. 下列表示的存储容量最小的是（　　）。

A. 1GB　　　　B. 1TB　　　　C. 1ZB　　　　D. 1PB

3. 计算机对下列存储设备的访问最快的是（　　）。

A. 光盘　　　　B. 磁盘　　　　C. U 盘　　　　D. 内存

4. 下列哪些选项不是存储系统的评价指标 （　　）。

A. QOS　　　　　　B. 存储量　　　　　C. IOPS　　　　　　D. 请求响应时间

5. 使用计算机时突然断电，存储在下列哪个设备中的信息将会丢失 （　　）。

A. 软盘　　　　　　B. 硬盘　　　　　　C. RAM　　　　　　D. ROM

# 第二章 外部存储设备

## 【本章导读】

外部存储设备是信息存储系统的核心部件，是用来存放数据的实际物理载体，主要由磁性、光学、半导体等介质制成。不同的存储设备具有不同的物理存储机理，从而导致存取过程的差异。但作为存储设备，它们都包括控制器及接口逻辑，均采用自同步技术、定位和校正技术以及相似的读写系统。本章首先介绍当前主流的存储设备：磁盘驱动器、固态盘、磁带和光盘，然后对这几种新型存储设备的原理和特性进行介绍。

## 【本章要点】

- 磁盘驱动器
- 固态盘
- 磁带
- 光盘
- 微电子机械存储器
- 相变存储器

## 第一节 磁盘驱动器

磁盘驱动器是以磁盘为存储介质的存储设备。它是利用磁记录技术在涂有磁记录介质的旋转圆盘上进行数据存储的外部存储设备，具有存储容量大、数据传输率高、数据可长期保存等特点，是计算机系统和存储系统的主要存储设备。

自从 1956 年 IBM 推出首个具有商业用途的 IBM Model350 硬盘驱动器以来，尽管出现了许多存储新技术，但磁盘始终占据着非易失性存储器的主宰地位。原因有两个方面：第一，磁盘是存储层次中主存的下一级存储层次，是虚拟存储器技术的物质基础。执行程序时，磁盘用作主存的后备交换缓冲区。第二，关机时，磁盘是操作系统和所有应用程序的驻留介质。磁盘又包括软盘和硬盘两种，除非特别说明，本章中的磁盘特指硬盘。

## 一、原理和结构

典型的磁盘驱动器包括盘片、主轴、磁头、传动臂、控制器等。

### 1. 盘片

硬盘驱动器内部包含一个或多个圆形的磁盘盘片，如图 2-1 所示。盘片是硬盘存储数据的载体，构成它的材料通常是金属或玻璃，在它的上下两面镀上磁性物理材料，数据以二进制码的形式记录在这些盘片上，并通过磁道和扇区来编码。盘片双面数据都可以通过上下两个磁头进行读写。盘片的个数以及每个盘片的存储容量决定了磁盘的总容量。当今存储系统中用的磁盘盘片直径是 2.5 英寸或 3.5 英寸，小直径的磁盘寻道速度更快、转速更高，但这是以降低持续读写速度和存储容量为代价的。

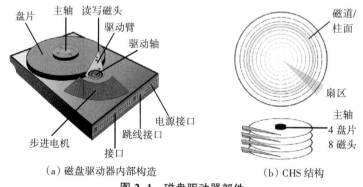

（a）磁盘驱动器内部构造　　　　（b）CHS 结构

**图 2-1　磁盘驱动器部件**

### 2. 主轴

如图 2-1 所示，所有的盘片都由一根主轴固定，并在马达的驱动下以恒定速率旋转。主轴的转速是决定磁盘内部数据传输率的决定因素之一，它的转速越快，磁盘寻找文件的速度也就越快，相对地，磁盘的传输速度也就得到了提高。主轴的转速单位为转每分（Revolution Per Minute，RPM）。消费级硬盘的转速一般为 5400RPM 或 7200RPM，企业级 SCSI 硬盘的主轴转速已经达到 10000RPM 甚至 15000RPM。盘片的速度随着科技的进步仍然在提高，尽管提高的空间有限。

3. 磁头

如图 2-1 所示，磁头负责在盘片上读写数据。磁盘中每个盘片上都配备了两个读写磁头，上下两面各一个。当写数据的时候，磁头改变盘片表面的磁极；当读数据的时候，磁头会检查盘片表面的磁极。磁盘在工作时，磁头和高速旋转的盘片之间保持一个微小的间隙。磁盘不工作时，主轴停止旋转，磁头将停靠在着陆区。着陆区位于盘片上主轴附近的一个特定区域。磁盘上的逻辑电路保证了磁头在接触盘面之前先移动到着陆区。如果传动器出现了故障，磁头意外地接触到了着陆区之外的盘片表面，就会划伤盘片表面的磁性物质，损坏磁头，导致数据的丢失。

4. 传动臂

如图 2-1 所示，磁头是安装在传动臂上的。传动臂负责将磁头移动到盘片上需要读写数据的位置。因为磁盘上所有盘片的磁头都连接到同一个传动臂装置上，所以磁头和盘片之间的相对位置是一致的。

5. 控制器

控制器（如图 2-2 所示）是一块印刷电路板，安装在磁盘的底部。它包含一个微处理器、内存、电路以及固件。固件控制着主轴马达的电源和马达的转速，还负责管理磁盘和主机之间的通信。此外，它还控制传动器移动驱动臂，并切换不同磁头来控制读写操作，还能够对数据访问进行优化处理。

图 2-2 给出了现代磁盘驱动器 SOC 主控芯片的主要功能模块。其中读写通道已经与 ARM9 内核、伺服控制器、内存控制器等一起集成到一个 SOC 芯片中了。

## 二、数据寻址

1. CHS 寻址

要从磁盘读取数据，必须知道数据块的地址。早期的磁盘采用 CHS 编号的物理地址对数据块进行寻址，C 代表柱面（Cylinder），H 代表磁头（Head），S 代

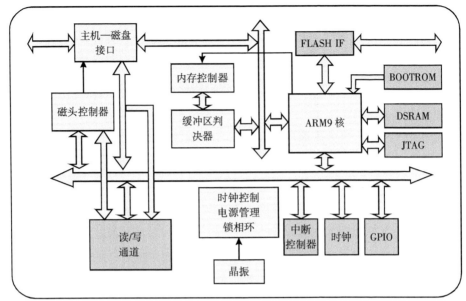

图 2-2　硬盘驱动器控制器的内部结构

表扇区（Sector）。主机操作系统必须知道每个正在使用的磁盘的几何结构。

（1）磁道。磁盘上的数据是记录在磁道（Track）上的。磁道是盘面上以主轴为圆心的一组同心环，如图 2-1（b）所示。磁道从外向内依次被编号，最外面磁道的编号为 0。盘面上每英寸磁道数被称为道密度，是一个盘面上划分磁道紧密程度的度量标准。

（2）柱面。所有盘面上相同半径位置处的磁道所组成的存储区域称为一个柱面。磁头的位置是由柱面号来表示的，而不是磁道号。

（3）扇区。每个磁道都被划分为更小的单元，称作扇区。一个扇区的存储容量是 512 字节，它是存储系统中可单独被寻址的最小单位。磁道上单位长度上记录的数据量被称为位密度，用位/毫米表示。位密度相对越大，磁道中包含的扇区就越多。

在早期的硬盘驱动器中，所有的磁道包含的扇区数目都是一样的。这样，在磁道边缘的扇区弧长就要大于内部的扇区弧长，其存储数据的密度也要比内部磁道的密度要小，最终导致外部磁道的空间浪费。ZBR 区位记录（Zoned-Bit Recording）是一种物理优化硬盘存储空间的方法，此方法通过将更多的扇区放到磁盘的外部磁道而获取更多存储空间。它根据磁道的半径来重新分配扇区数目。

内部磁道的扇区数目较少，外部磁道的扇区数目较多。具有相同扇区数的磁道属于同一分组（这种磁道组称为 Zone）。这样，外部磁道和内部磁道的存储空间利用率都相等，充分利用了整个硬盘的空间。

每个扇区除了存储用户数据，还需要存储一些元数据（Metadata）信息，如扇区号、磁头号或盘面号、磁道号等。这些信息能够帮助控制器在磁盘上定位数据，但是也耗费了磁盘空间。因此，未经格式化的磁盘和已被格式化的磁盘容量会存在一个差值。磁盘厂商标出的一般是未经格式化的磁盘容量，例如，一块标明 500GB 的磁盘只能存储 465.7GB 的用户数据，余下的 34.3GB 的空间用来存储上文所提到的元数据。

2. LBA 寻址

当前，磁盘采用逻辑块寻址（Logical Block Address，LBA），它是一种线性寻址方式，不需要让主机操作系统了解每个正在使用的磁盘的几何结构，大大简化了寻址过程。主机操作系统只需要知道磁盘有多少个物理块就行了，磁盘控制器会自动将 LBA 地址转换为 CHS 地址。逻辑块与物理块（扇区）之间的映射是一对一的。

## 三、服务时间

磁盘服务时间是指磁盘完成一个 I/O 请求所花费的时间。影响它的因素包括定位时间和数据传输速率。

1. 定位时间

磁头的定位时间（Positioning Time）是指从发出读写命令后，磁头从某一起始位置移动至记录位置，到开始从盘片表面读出或写入信息所需要的时间。这段时间由执行两个基本动作的时间组成：一个是将磁头定位至所要求的磁道上所需的时间，称为寻道时间（Seek Time）；另一个是数据所在扇区旋转到磁头下方的时间，称为旋转延迟（Rotational Latency），这两个时间都是随机变化的，因此往往使用平均值来表示。平均定位时间等于平均寻道时间与平均旋转等待时间之和。对于平均寻道时间的计算，一个简化的方法是最大寻道时间与最小寻道时间的平均值。平均寻道时间为 2~20ms，平均旋转等待时间和磁盘转速有关，它用磁盘旋转一周所需时间的一半来表示，如果固定头盘转速为 5400RPM，故平均等待时间大约为 5ms。因此磁头的平均定位时间为 7~25ms。事实上，上述计算方法比较粗略，定位时间必须依赖于上一个任务完成时磁头的位置，如果两个请求所在的位置在一个磁道上，则无须额外的寻道时间。

当前磁盘寻道的时间从高端服务器磁盘的 2ms 到微硬盘的 15ms，通常的桌面磁盘为 8ms。事实上寻道时间在这么多年来提高不大，原因在于这种机械运动的性能很难得到改进，例如，在微距离内的高度加减速对材料和电机将提出极大的挑战。

2. 数据传输速率

数据传输速率（Data Transfer Rate，Transfer Rate）也叫传输速率，指的是每个单位时间内磁盘能够传输到 HBA 的平均数据量。在读操作过程中，首先数据从盘面读取到磁头，再到磁盘内部的缓冲区，最后才通过接口传输到主机 HBA。对于写操作，数据通过磁盘接口从 HBA 传输到磁盘内部缓冲区，再到磁头，最终从磁头写入盘面上。数据传输率通常与块大小、旋转速度、磁道记录密度和磁盘的外部接口带宽有关。从主机接口逻辑考虑，应有足够快的传送速度向设备接收/发送信息。通常磁盘的数据传输速率是接口所宣称的速率，如 ATA 的速率是 133MB/S。实际工作时的数据传输率一般要低于所宣称的接口速率。

3. 响应时间

磁盘对于单个请求的响应时间可以用下列公式计算：

$$T_{res} = T_{seek} + T_{rotation} + T_{transfer} = T_{seek} + 1/(2 \times RPM) + S_{data}/W_{transfer} \tag{2-1}$$

其中，$T_{seek}$ 为定位时间；$T_{rotation}$ 为旋转延迟时间，可以用每秒旋转速的倒数的一半计算；$T_{transfer}$ 为传输时间，用请求数据大小除以数据传输率计算。在上述公式中，可以看到仅仅第三项和请求大小有关，而前面两项和请求大小无关，因此对于大块数据传输，磁盘有较好的传输效率。

在本地磁盘控制器和内存之间，还包括主机控制器和数据通道两个物理层次，事实上在引入 DMA 机制后，主机内存和磁盘交换数据不再需要 CPU 的全程参与，大大提高了磁盘传输效率。

## 四、磁盘调度

正是由于磁盘的物理存取特性决定了磁盘对于单个请求的响应时间受限于机械部件移动的延迟。为了提高磁盘的性能，通常使用增加缓冲区和 I/O 优化调度的方法。

由于磁盘在 I/O 路径的最底端，所以在此之上，都可以通过增加和有效管理缓冲区（Buffer）减少对于盘片的实际读写。事实上，当前文件系统维护一个很大的缓冲区用于存放数据页，当应用发出读写请求时，首先要检查缓冲区里是否有请求的页，如果有则返回，如果没有则再向块设备发出 I/O 请求，但在很多文件系统中不仅仅对于磁盘请求所缺的那页，而是把相邻的页一起读进缓冲区（这也是一种预取策略，认为相邻的页具有空间相关性）。因此，合理的缓冲区调度算法可以有效增加请求在缓冲区中的命中率，大大提高实际 I/O 的性能。事实上，磁盘自身也通过增加 cache 改善其读写性能，当前普通磁盘内的 Cache 在16MB 以上。

除了使用缓冲区提高系统整体 I/O 性能之外，有效减少请求的磁头定位时间也是改善磁盘性能的主要手段。而这种设计依赖于对磁盘请求队列的高效管理。

I/O 调度算法应满足以下几个方面的要求：

（1）减少磁头寻道的时间。这是 I/O 调度算法的基本目标，也是在 I/O 密集型应用中改善磁盘性能最为有效的方法。

（2）增加 I/O 的优先级。由于当前磁盘为多个程序服务，不同的程序具有不同的优先级，因此，必须通过设计 I/O 调度程序满足应用对于磁盘请求的优先级要求。

（3）同优先级并发的程序具有同样的带宽。I/O 调度程序应该公平为同级应用程序提供同样质量的服务，避免有些程序一直得不到响应。

（4）保证特定程序 I/O 的实时要求。有些应用具有实时性要求，因此，I/O 调度算法应该能保证每个请求的最长服务时间小于事先定义的阈值。

I/O 调度算法的主要职责是对 I/O 队列进行管理，下面罗列出一些主要的 I/O 调度算法：

（1）FCFS（先进先出）。按照顺序执行操作，请求队列不会重排序，每个请求都会服务，不会产生饥饿，性能较差。

（2）SSTF（最短寻道时间有限）。寻找离当前完成请求最近位置的请求执行，而不管方向如何。和 FCFS 相比，SSTF 减少了整体的寻道时间。但是 SSTF 存在饥饿的可能，如果请求比较多，有可能一直停在磁盘的一个部分。另外，需要变换方向，磁头有可能在小区域内来回摆动，导致性能降低。

（3）SCAN（电梯算法）。磁头按照一个方向移动服务队列中的请求，直到请求队列中同方向没有请求，随后再反方向移动服务队列里的请求。相对于 SSTF，每个请求都有服务机会。在实现方面有 N-step-SCAN 和 FSCAN，前者把队列中 N 个请求分为一组，组内使用 SCAN 算法，而后者把所有请求分为两个独立的队列，新来的请求放到一个独立的队列中，单个队列内采用 SCAN 算法。

（4）C-SCAN。从外道到内道服务请求队列中的请求，到达最内道后磁头反向运动直到最外道，但不服务任何请求，然后再从外道到内道执行请求。

现实中，很多后续产生的调度算法都是在上面算法的基础上进行改进而成的，例如，把一个队列按照优先级的不同分为多个独立队列，优先调度高优先级队列。同时，设置一个计时器，把长期等待的低优先级请求升级到高优先级队列，避免低优先级请求无限等待。

Linux 内核中 I/O 调度程序是块设备 I/O 子系统的主要组件，它介于通用块层和块设备驱动程序之间，如图 2-3 所示。当 Linux 内核组件要读写一些数据时，并不是 I/O 请求一旦发出，内核便立即执行该请求，而是把它放到设备的 I/O 等待队列中，并通过算法在队列中合并多个相邻的请求，然后发到块设备驱动程序中。在数据返回后，把数据分别返回给相应的请求。在 2.6 内核中，内核中实现

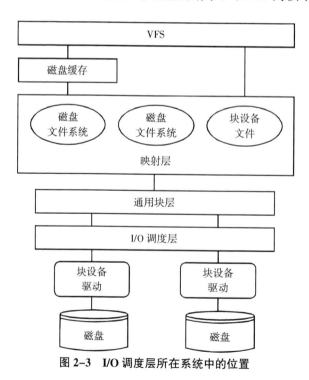

图 2-3 I/O 调度层所在系统中的位置

了四种 I/O 调度算法，分别为预期（Anticipatory）算法、最后期限（Deadline）算法、完全公平队列（Completely Fair Queuing，CFQ）算法以及 NOOP（No Operation）算法。可以在内核引导时指定一种 I/O 调度算法，也可以在运行时通过 sysfs 文件系统/sys/block/sda/queue/scheduler 来为块设备定制一个特定的 I/O 调度算法或查看块设备目前所使用的是何种 I/O 调度算法。

（1）CFQ。CFQ 是默认算法，它试图在多个应用程序间均匀地分布对 I/O 带宽的访问。为了实现这种目标，算法为每一个应用程序维护一个排序的请求队列，并且周期性使用轮询的方法扫描这些队列。一旦发现一个非空的进程请求队列，则把这个队列的一批请求放入发送队列的尾部。

（2）Deadline。Deadline 算法的核心就是在传统的电梯算法中加入了请求超时的机制，该机制主要体现在两点：①请求超时时，优先响应超时请求。②没有请求超时，顺序服务排序队列。这个算法试图把每次请求的延迟降至最低，重排请求的顺序来提高性能。Deadline 算法维护五个队列，除了请求发送队列以外，算法还使用了四个队列。其中两个排序队列分别包含读请求和写请求，这个队列是按照起始扇区数来排序的。另外，两个最后期限队列包含相同的读和写请求，只不过它们是根据其"最后期限"排序的。这两个队列的目的是为了避免请求饿死。因为电梯策略优先处理与上一个处理请求最近的请求，所以就会对某个请求忽略很长一段时间。请求的最后期限在本质上就是超时定时器，当请求被传给电梯算法时开始计时。缺省情况下，Deadline 算法读请求的超时时间为 500ms，而写请求的超时时间为 5s。也就是说，Deadline 算法读请求优先于写请求，因为读请求通常阻塞发出请求的进程。而最后期限保证了调度程序照顾等待很长一段时间的那个请求，即使它位于排序队列的末尾。

（3）NOOP。这个算法实现了一个简单 FIFO 队列。假定 I/O 请求由驱动程序或者设备做了优化或者重排了顺序（就像一个智能控制器完成的工作那样）。在有些 SAN 环境下，这个选择可能是最好的选择。

（4）Anticipatory。相对 Linux 其他的调度算法，Anticipatory 算法是最复杂的。它是 Deadline 算法的一个改进。和 Deadline 算法一样有两个 Deadline 队列和两个排序队列，I/O 调度程序扫描排序队列，在读和写请求间交替执行，但倾向于执行读请求。如果没有请求过期，则扫描过程是顺序的。缺省的读失效时间是 125ms，而写失效时间为 250ms。除此之外，Anticipatory 算法使用一些启发式方法。在一些情况下，电梯算法可以选择响应在当前磁头位置后面的请求，它强制磁头回头。这种情况发生在磁头的向前寻道距离是向后距离的一半以上。另外，算法收集关于每个进程队列的 I/O 操作的统计信息，在发送一个来自于进程 P 的读请求之后，算法检测是否有来自于同一个进程的下一个请求，如果有就立即发送，否则算法搜集来自这个进程的统计信息，如果 P 有可能很快发送一个请求，那么算法等待一小段时间（缺省的是 7ms）。因此，算法可以预测来自于进程 P 的读请求是否"接近"当前发送的请求。一般而言，对于桌面工作站来说，这个算法可能是一个不错的选择，但对服务器则没有理想的作用。

## 五、排队论简介

在 I/O 系统中，也需要一个数学工具来指导 I/O 设计。这部分的研究称为排队论（Queuing Theory）。有许多书对这个问题都有介绍，本节只是对这个理论的一个简介。

为了理解磁盘性能的准则，我们可以将磁盘视为一个执行 I/O 请求的服务器。I/O 请求以应用程序生成请求的速率到达控制器。这个速率也称为到达速率（Arrival Rate）。这些请求暂存在 I/O 队列（Queue）中，将由磁盘 I/O 控制器依次进行处理，如图 2-4 所示。I/O 到达速率、队列长度，还有 I/O 控制器处理每个请求的时间决定着磁盘系统的性能。磁盘的性能是以响应时间（Response Time）来衡量的。

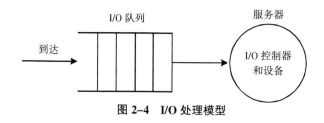

图 2-4　I/O 处理模型

Little 定律是描述 I/O 队列中的请求个数和响应时间之间关系的基本定律。定律声明了以下关系：

$$N = a \cdot R \tag{2-2}$$

其中，N 指的是队列系统中请求的总个数（队列中的请求数 + I/O 控制器中的请求数）；a 指的是到达速率，或者单位时间内到达系统的 I/O 请求的个数；R

指的是 I/O 请求的平均响应时间或一个 I/O 请求的周转时间——I/O 请求从到达系统到离开系统所经过的时间。

利用率定律是另外一个重要的定律，它定义了 I/O 控制器的利用率。该定律是：

$$U = a \cdot R_s \tag{2-3}$$

其中，U 指的是 I/O 控制器的利用率；$R_s$ 是服务时间，或控制器处理一个请求的平均时间；$1/R_s$ 是服务速率。

有了到达速率 a，可以计算出平均内部到达时间 $R_a$：

$$R_a = \frac{1}{a} \tag{2-4}$$

因此，利用率可以定义成服务时间与平均内部到达时间的比值，如下式所示：

$$U = \frac{R_s}{R_a} \tag{2-5}$$

U 的值在 0~1。在这里，认识到这一点很重要，因为在单控制器系统中，到达速率必须小于服务速率。换句话说，服务时间一定要小于平均内部到达时间。否则，I/O 请求到达系统的速率就要超过 I/O 控制器的处理能力。

在上面的两个基本定律的指导下，我们可以推导出很多磁盘性能的度量标准，如平均响应时间、平均队列长度以及请求在队列中的等待时间等。

$$R = \frac{R_s}{1 - U} \tag{2-6}$$

即平均响应时间（R）＝服务时间/（1－利用率）。当利用率为 1 时，也就是 I/O 控制器饱和时，响应时间接近于无限大。实际上，饱和的部分或者说"瓶颈"，迫使 I/O 请求序列化，这意味着每个 I/O 请求都必须等待它前面的请求被处理完毕。

利用率（U）还可以用来表示控制器上 I/O 请求的平均个数，如下式所示：

$$N_Q = \frac{U^2}{1 - U} \tag{2-7}$$

一个请求在队列中的等待时间为：

$$R_{queue} = U \cdot R \tag{2-8}$$

考虑这样一个磁盘系统，I/O 请求以 100 个/秒的速率到达，服务时间 $R_s$ 是 8ms。根据以上得到的关系，可以计算出磁盘性能的各种度量值，即 I/O 控制器的利用率（U）、总响应时间（R）、平均队列长度 [$U^2/(1-U)$] 以及一个请求在队列中的等待时间（U·R）。

到达速率（a）= 100 请求/s，故到达时间 $R_a = 1/a = 10ms$，$R_s = 8ms$。

（1）利用率 = $R_s/R_a = 8ms/10ms = 0.8$ 或 80%。

（2）响应时间 = $R_s/(1-U) = 8ms/(1-0.8) = 40ms$。

（3）平均队列长度 = $U^2/(1-U) = (0.8)^2/(1-0.8) = 3.2$。

（4）请求在队列中的等待时间 = U·R，或总响应时间 – 服务时间 = 32ms。

现在，若控制器的能力加倍，则服务时间减半。此时的 $R_s = 4ms$，则：

（1）利用率 = $4ms/10ms = 0.4$ 或 40%。

（2）响应时间 = $4ms/(1-0.4) = 6.67ms$。

（3）平均队列长度 = $(0.4)^2/(1-0.4) = 0.27$。

（4）请求在队列中的等待时间 = $0.4 \times 6.67ms = 2.67ms$。

综上可以得出以下结论：若服务时间（寻道时间、旋转延迟和内部传输速率的总和）或利用率减半，则响应时间可以大大降低（降低约 6 倍）。响应时间随着利用率增加呈非线性的变化。当平均队列长度很短时，响应时间一直很快。当队列负载增加时，响应时间也逐渐地增大。当利用率超过 70% 时，响应时间呈指数增长。

## 第二节　固态盘

随着固态盘（Solid-State Driver，SSD）的出现，其不同于机械磁盘的新特性为提升服务器存储系统性能带来了新的希望。具体而言，相对于机械磁盘，固态盘作为电子设备没有磁头的寻道和旋转定位时间，因此有更快的随机访问性能。而且，固态盘功耗低、体积小、重量轻并抗震，所以它被广泛应用于移动计算设备并逐步成为膝上电脑的存储设备的新选择。随着价格的下降和可靠性的提高，固态盘作为磁盘系统的高速缓存被应用于服务器存储系统中。它位于 DRAM 和磁盘之间的中间层来缓存数据，作用在于弥补内存和外存之间日益增大的速度鸿沟。

## 一、固态盘的基本架构

在硬件层面，SSD 与 HDD 最大的不同是它没有马达、盘片、磁头和磁臂这些 HDD 必需的机械部件，这是由两种硬盘不同的工作原理所决定的。相比 HDD 来说，SSD 节省了机械部件运动的时间，并且 SSD 所使用的主要存储元件 NAND 闪存是一种电子元件，因此它的数据传输速度要比 HDD 快得多。消费级 SSD 通常采用和磁盘驱动器相同的接口，而企业级 SSD 的常见形式是一种采用 PCIe 接口的主板插卡设备。如图 2-5 所示，SSD 的硬件构成包含四个主要组成部分，即闪存介质、控制器、RAM 和 ROM。

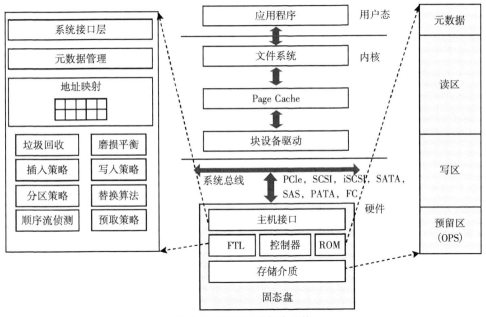

图 2-5　固态盘的基本架构

SSD 的软件层较为复杂。闪存的读写单位为页，而页的大小一般为 4KB 或 8KB，但操作系统读写数据是按磁盘驱动器的扇区尺寸（512 字节）进行操作的，更麻烦的是闪存擦除以块作单位，而且未擦除就无法写入，这导致操作系统现在使用的文件系统根本无法管理 SSD，需要更换更先进、更复杂的文件系统去解决这个问题，但这样就会加重操作系统的负担。而为了不加重操作系统的负担，保证 SSD 对磁盘驱动器的兼容性，SSD 采用软件的方式把闪存的操作虚拟成磁盘的独立扇区操作，这就是FTL。因FTL存在于文件系统和物理介质（闪存）之间，操作系统只需跟原来一样操作LBA即可，而LBA到PBA的所有转换工作，就全交由FTL负责。FTL的设计相当复杂，包含多个功能模块，包括系统接口层、顺序流侦测、元数据管理、地址映射、写入策略、垃圾回收、磨损平衡、分区策略、预取策略、替换算法。

## 二、固态盘的硬件构成

1. NAND Flash

（1）存储单元（Cell）。闪存存储器是一个由大量存储单元（Cell）组成的网格结构，每个存储单元是一个金属氧化层半导体场效晶体管（MOSFET），里面有一个浮置栅极（Floating Gate），它便是真正存储数据的单元，其结构如图2-6所示。

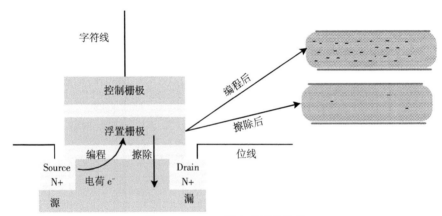

**图2-6 NAND闪存单元的结构**

数据在闪存的存储单元中是以电荷形式存储的。存储电荷的多少，取决于图中的控制栅极被施加的电压，其控制了是向存储单元中充入电荷还是使其释放电荷，而数据的表示以所存储的电荷的电压是否超过一个特定的阈值 $V_{th}$ 来表示。对于NAND Flash的写入（Program，亦称为编程），就是让控制栅极施加电压充电，使得浮置栅极存储的电荷够多，超过阈值 $V_{th}$，就表示为0。对于NAND Flash的擦除（Erase），就是对浮置栅极放电，低于阈值 $V_{th}$，就表示为1。

（2）SLC和MLC。根据存储单元的构造方式可以分为单级单元（SLC）闪存和多级单元（MLC）闪存。在闪存芯片中，每个存储单元中的电荷数量影响阈值电压，而阈值电压又决定了存储单元的状态。如图 2-7 所示，在 SLC 闪存芯片中，每个存储单元有两种状态，因而可以存储一位二进制信息。在 MLC 闪存芯片中，每个存储单元有四种以上状态，因而可以存储两位或两位以上的二进制信息。

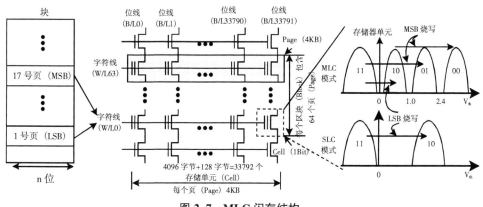

图 2-7　MLC 闪存结构

耗费同等规格的晶圆，MLC 可以提供比 SLC 更大的存储容量，所以 MLC 闪存较 SLC 闪存更便宜。因此，对于构建大规模的闪存存储器系统，如 SD 卡或固态硬盘（SSD），采用 MLC 闪存是一种极具竞争力的解决方案。然而，影响 MLC 闪存推广使用的关键障碍在于其糟糕的写性能和过短的使用寿命。由于在一个存储器单元中储存多位二进制信息，MLC 闪存需要为多个状态指定狭小的阈值电压范围。因此，MLC 需要更精确的充电和感应装置，这反过来降低了 MLC 相对于 SLC 的性能和持久性。MLC 的写性能约为 SLC 的一半，而可用的烧写/擦除（Program/Erase）循环次数大约是 SLC 的 1/5。

2. 闪存介质

如图 2-8 所示，SSD 的闪存介质的组织结构包含五个层次，即封装（Package）、芯片（Die）、晶面（Plane）、块（Block）和页（Page）。单个 Flash 芯片的操作速度有限，因而高性能的固态盘通过将几十个乃至上百个芯片以多通道（Channel）、多路（Way）的方式进行矩阵式互联来提高并发性。这种层级系统结构有两点好处，一是可以方便扩展存储容量，二是可以通过内部的并行机制提高系统吞吐量。

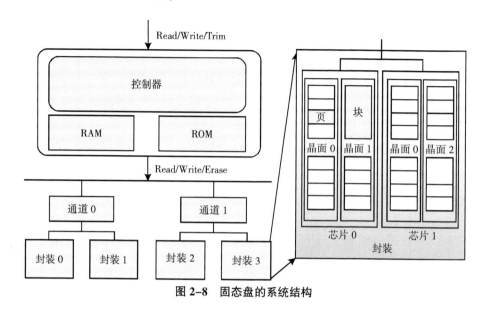

图 2-8　固态盘的系统结构

需要注意的是，基于 NAND Flash 的闪存介质是一种本身具有许多独特性能的存储器，如读/写操作速度不对称、异位更新、垃圾回收和磨损平衡等。深刻理解闪存介质的这些特征是进一步讨论混合存储系统设计细节的基础。

（1）读/写操作速度不对称。闪存介质的读写速度从根本上说是不对称的。擦除（Erase）操作在块级别工作，并比读/写操作慢得多。读/写操作工作在页级别，且两者访问延时是不对称的。如表 2-1 所示，擦除操作明显比读/写操作慢，写延时可能比读延时高 4~5 倍。这是因为，从闪存单元（Cell）中排出电荷的时间比感知电荷的时间更长。从这一点上来说，闪存存储同磁盘以及易失性（Volatile）存储有显著不同。

表 2-1　NAND 闪存的组织和访问时间比较

| 闪存类型 | 数据单元大小 | | | 访问时间 | | |
|---|---|---|---|---|---|---|
| | 页（字节） | | 块（字节） | 页读取（μs） | 页写入（μs） | 块擦除（ms） |
| | 数据区域 | OOB 区域 | | | | |
| 小块 | 512 | 16 | 16K+512 | 41.75 | 226.75 | 2 |
| 大块 | 2048 | 64 | 128K+4K | 130.90 | 405.90 | 2 |

（2）异位更新（Out-Of-Place-Update）。在闪存介质中，一个页能够被写入数据的前提是包含该页的块是空闲块（Free Block），也就是说该块已经提前被擦除过，这被称为擦后写（Erase-Before-Write）。在闪存中，擦除操作所需时间比

写操作高出一个数量级。为了分摊这种开销，闪存介质的擦除操作不是以页为单位，而是以块为单位。因此，页数据原地更新（In-Place-Update）的代价过于高昂，它必须包含以下操作：①将块的所有有效页读取到一个缓冲区中；②在缓冲区更新所需要的页；③擦除整个块；④将所有的有效页写入块中。相反，异位更新可以更快地完成该项工作：一个异位更新把正在更新页面的当前版本从有效（Valid）变为无效（Invalid），并将新版本数据写入一个空闲页面（Clean Page）。异位更新操作是由闪存转换层（FTL）负责实现的，因为其速度快的特点业已成为闪存中普遍采用的数据更新方法。然而，异位更新会产生很多散落在不同块中的无效页，必须通过垃圾回收处理才能再次使用。

（3）垃圾回收（Garbage Collection，GC）。由于异位更新将会在闪存中产生无效页，FTL 中的垃圾回收模块负责回收无效的页，并创建新的擦除块。

（4）磨损平衡（Wear Leveling）。闪存介质的使用寿命是有限的，这和其内部存储单元所能承受的擦除次数有关。通常来说，单阶单元（Single Level Cell，SLC）在使用期内可以接受 100000 次擦除操作，而多阶单元（Multi Level Cell，MLC）仅可接受 10000 次擦除操作，这是因为每次写擦除都可能使存储单元的存储电荷发生变化。因此，磨损平衡技术被用来延缓闪存块的磨损，它在所有闪存块中均匀分布磨损，从而延长闪存的整体使用寿命。

3. 控制器

控制器内有一个嵌入式处理器，执行固件级别的代码，所承担的功能非常丰富，对固态盘的性能影响很大。它向上负责和主机进行通信，向下负责管理闪存介质中的数据。首先，在出厂的初始设置时，控制器要维护坏块映射表，并为将来可能坏掉的单元提供分配备用的单元。控制器还需要预留一些单元来存储固件信息，并创建一个映射表结构以便进行逻辑地址和物理地址的转换，将 LSN（Logical Sector Number）转换为 NAND Flash 的物理页号（<package，die，plane，block，page>）。当系统需要读写闪存中的数据时，控制器和系统进行通信，并为 NAND 介质维护由读、写和擦除构成的请求排队。读操作有三种形式：元数据读取、数据读取以及元数据和数据同时读取。写操作以原子操作方式写入数据和元数据。此外，控制器还要负责错误检查及纠正（ECC），以及前面讨论过的垃圾回收和磨损平衡等功能。在一些设计中，控制器还具有加密、压缩、重复数据删除等功能。

## 4. RAM

Flash Cache 内部通常使用一个小容量的 RAM 作为 Buffer Cache 来缓冲 I/O 数据并存储自身使用的数据结构，这点和硬盘驱动器中的 Cache 非常相似。在运行时刻，逻辑和物理地址映射表的一部分、日志块数据以及磨损平衡相关的数据被保存在其中。它还经常被用作写缓存，以优化小写性能。

### 三、SSD 的软件构成

#### 1. 系统接口层

系统接口层实现了和操作系统相关的功能。以往，块设备接口只包含读/写（Read/Write）操作。当前，操作系统对外存储的访问接口扩展为读/写/删（Read/Write/TRIM），其中 TRIM 命令是专门为闪存存储而设计的。

TRIM 是操作系统至今针对闪存驱动器优化而提出的唯一命令接口，旨在缓解固态盘中垃圾回收开销过高的问题。没有 TRIM 命令接口的话，固态盘就不能感知文件系统的删除操作，而只知道写入和读取。当一个文件被操作系统删除时，占用的闪存页被操作系统标记为已删除状态，但是并不会立刻被覆写。这意味着，该页对于闪存驱动器而言依然存储数据并保持可用状态。仅当操作系统决定对被删除文件数据所占用的 LBA 进行覆写时，闪存驱动器才会把这些页标记为无效状态。一旦被标记为无效页，该页所属的块将会被垃圾回收模块视为候选擦除对象。如果使用 TRIM 命令，当一个文件被删除时操作系统会发出 TRIM 命令通知固态盘中某些页应标记为无效页，并触发固态盘内部的垃圾回收模块来评估该页所属的块是否适合被擦除回收。TRIM 命令的本质在于增加无效页的数量，使垃圾回收模块减少块擦除过程中的有效页拷贝操作。TRIM 命令并不会立刻去擦除无效页，具体的擦除操作会留给驱动器内部的垃圾回收算法来管理，将选择擦除操作的机动性留给了闪存内部的垃圾回收和磨损平衡算法。目前，支持 TRIM 命令的操作系统逐渐呈上升趋势，包括 Windows 7、Windows 8、Windows Server 2008 R2、Linux 内核 2.6.33 等。

此外，系统接口层还需要为驱动中的其他模块提供一个与操作系统无关的接口，实现跨平台的移植过程，即实现了和具体操作系统相关的功能，如内存分配和同步原语等。

**2. 元数据管理**

SSD 的元数据管理极为重要。首先，SSD 必须保证读请求能够获取对应地址的最新数据版本。其次，在系统故障或断电时需要保证数据一致性，以便服务器重启后 SSD 中缓存的原有数据仍然可以使用。最后，为了指导替换策略、垃圾回收策略和磨损平衡策略，元数据管理模块必须能够维护缓存中数据块的状态信息。

SSD 每一个块都绑定了一个关联的元数据结构，以便对该块的使用状态进行追踪。对于一个缓存块，元数据属性中的一部分需要被持久存储，因而会和数据一起被写入闪存存储。因而，当缓存块的数据被写入闪存时，其持久性元数据也需要一起被写入。有些设计中，元数据被写入闪存页的带外区域（Out-Of-Band Area）。带外区域是闪存页中的一个较小的存储区域，大小在 64~224 字节，通常存储 ECC 校验和地址映射信息。而有些设计中，并没有将元数据存储在 OOB 区域中，而是在介质层设定了一个专用空间来存储元数据。

**3. 地址映射**

地址映射负责从块接口的逻辑块地址（Logical Block Address）转换到闪存存储器内部的物理块地址（Physical Block Address）。其中，固态盘内部物理地址包括物理块号和块内页号。

按照不同的转换粒度实现，基于块页表的地址映射具体可以分为三类，即页级地址映射、块级地址映射和混合地址映射。

（1）页级地址映射。如图 2-9 所示，页级地址映射和全相联缓存的设计非常类似，块级 I/O 请求的逻辑块地址可以被映射到固态盘内的任何闪存页面。可以

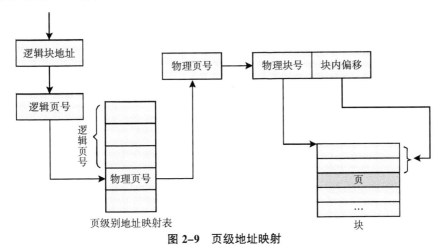

**图 2-9 页级地址映射**

看出，页级地址映射的优势在于可以利用所有闪存块的任意页面。然而，不利的一面是如此细粒度的地址转换需要使用一个大尺寸的映射表。例如，一个 16GB 的闪存设备大概需要 32MB 的空间来存储页面级映射表。一般情况下，映射表需要存储在固态盘内部的小容量 DRAM Buffer Cache 中。由于 RAM 相对于闪存的价格差距很大，资源相对宝贵，因而随着闪存规模的增加成比例地在固态盘内增大 RAM 会导致过高的成本代价。

（2）块级地址映射。在块级地址映射中，一个逻辑页号在闪存块内的页偏移量是不可调整的。逻辑块编号按照类似组相连的 Cache 组织方式可以映射到任何一个空闲闪存块号，而块内偏移量则是固定的。图 2-10 给出了一个块级地址映射的例子：一个逻辑页号（LPN）被转换为一个逻辑块号（LBN）和一个块内偏移量。该逻辑块号 LBN 按照块级映射表被转换为物理块号（PBN），而块内偏移量则固定不变。块级地址映射的优势在于其映射表比页级地址映射减少了 64（128K/2KB）倍。然而，块级地址映射的灵活性要比页级地址映射小很多。即使某个物理块中还有空闲页，但由于没有所需的偏移量，也只能在另外一个空闲块中按照偏移量分配一个页，这样就严重制约了闪存块的利用率。总之，一个逻辑页只能被放置在某一物理块中的特定物理页，找到这样一个符合要求块的可能性就被降低了，这最终还会增加垃圾回收的开销。

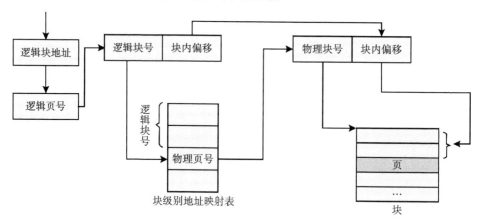

**图 2-10　块级地址映射**

（3）混合地址映射。为了弥补上述两种地址映射的缺点，产生了混合地址映射。在图 2-11 中，介绍了一种基于日志缓冲区的混合地址映射方案，它结合了基于块和基于页的两种地址映射的优点。在该策略中，混合地址映射将所有块分为两类，即数据块和日志/更新块。闪存中的大部分块属于数据块，它们使用块级别的地址映射进行寻址。其余的块是日志块，它们使用页级别的地址映射进行寻址。数据块的所有更新通过在日志块的写入完成。日志缓冲区容量并不大，例如，占整个闪存容量的 3%。该区域的页级映射表体积小，因而可以载入 RAM 中管理。

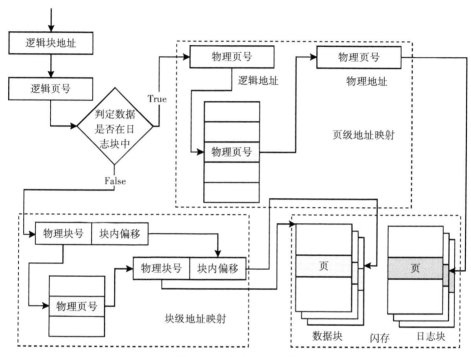

**图 2-11　混合地址映射**

优化基于日志缓冲区的混合地址映射的相关研究有很多。然而，固态盘体系结构普遍采用的混合地址映射存在一些问题：第一，固态盘的映射表大小受到了固态盘内部 RAM 大小和处理器主频的制约，这样就必须压缩映射表的空间占用，因而增大写入成本和垃圾回收成本；第二，固态盘具有自身的逻辑地址空间，作为缓存的话要维护双重地址映射，即从 LBN 到 LPN，再从 LPN 到 PPN 的两种映射；第三，混合映射表的查询开销大，需要多次访问闪存存储读取映射表信息才能获取数据。

4. 垃圾回收

随着系统的运行，由于采用异位更新机制和数据替换策略，SSD 中的无效数据越来越多，空闲块越来越少，因而必须在空闲块耗尽之前提前擦除这些包含无效数据的块，从而得到新的空闲块，这就是垃圾回收模块的功能。垃圾回收模块需要首先计算各个块中无效页的总数，然后根据贪心（Greedy）算法选择一个包含最多无效页的牺牲块（Victim）进行回收，将其中的有效页复制到空闲页中，然后更新元数据并将该块擦除，最后把它加入空闲块列表中。通常情况下，牺牲块中既有有效页也有无效页，垃圾回收难免要涉及有效页拷贝操作，并且块擦除操作也相当耗时，还会减少闪存介质的寿命并损害可靠性，因此垃圾回收器的效率是影响 SSD 性能的主要因素之一。

### 5. 磨损平衡

磨损平衡模块负责记录各个块的磨损情况，从而合理写入数据，平衡各个块的擦除次数。磨损平衡模块的意义在于防止某些块由于过量写入被写穿。只有使所有块同步老化，才能增加 SSD 的整体寿命。

### 6. 插入策略

SSD 有可能作为主存 Cache 之下的第二层磁盘缓存，其数据访问具有特殊的局部性，有大量进入缓存的块根本未被再次访问。因而，应该识别并丢弃那些零重用块，避免让它们进入 Cache 造成缓存污染。对于 SSD Cache 来说，零重用块不但无端浪费 Cache 容量，降低命中次数，而且会白白浪费闪存的使用寿命，并在被淘汰后造成额外的垃圾回收开销，因而应该极力避免。

### 7. 替换算法

插入策略负责控制哪些数据块进入 SSD Cache，而替换算法负责控制哪些数据块应该被留在闪存 Cache 中。当前，常见的替换算法有先进先出（First In First Out，FIFO）、最近最久未使用（Least Recently Used，LRU）、时钟替换算法（CLOCK）、最少频度使用（Least Frequently Used，LFU）和双栈（Double LRU）等。甲骨文公司的 LTR（Long-Term-Random-Access）算法是一种适用于 SSD Cache 的替换算法，通过对 Cache 中所有块的长期随机访问频度进行统计，并替换频度最小的块，闪存 Cache 能够以更小的容量和带宽，减少更多的磁盘随机访问。

### 8. 写入策略

SSD Cache 不但可以作为读缓存（Read Cache），也可以作为磁盘的写缓冲（Write Buffer）来缩短响应时间，这是由于其非易失的特性非常适合作为预写日志（Write-Ahead Log），当写请求将数据写入 SSD Cache 的日志区后，就可以立即得到相应的确认，而不必等到数据写入磁盘才得到该确认。暂存在日志区的数据，需要随后刷回（Flush）到后台磁盘，然后重新回收日志区的空间。写入数据的刷回操作有两种方式：写直达（Write-Through）和写回（Write-Back）。在写直达模式中，日志区的数据被尽快写入后台磁盘；而写回模式将执行覆写合并操作以减少后台磁盘的写 I/O 次数，并在合适的时机以批处理方式将数据写入磁盘。

9. 顺序流侦测

一些研究发现，顺序 I/O 访问的数据集短期内被再次访问的概率很小，如果让顺序数据进入缓存将替换出更有价值的数据，从而造成缓存污染（Pollution）。为了解决这个问题，SSD Cache 驱动中的顺序流侦测模块负责识别顺序 I/O 访问并区别对待。在具体实践中，顺序流侦测模块监控系统 I/O 并将大于阈值（128KB）的 I/O 请求绕过（Bypass）SSD Cache，直接发送给磁盘存储。而对于顺序度较高的顺序流，将触发预取操作，该操作通过对顺序流特征的提取对数据布局进行优化，从而减少 SSD Cache 内部的垃圾回收开销并提高 Cache 的命中率。其中的设计细节将在后面章节中进行更为深入的讨论。

10. 重复数据删除

重复数据删除是一种无损的压缩技术，它从数据中删除重复数据来节省存储空间。重复数据删除由于其较高的计算和索引开销，容易成为性能"瓶颈"，而 SSD 则受限于寿命和可靠性问题。研究人员发现这两种技术其实存在互补的可能性，SSD 具有重复数据删除需要的随机读写速度，而重复数据删除可以有效降低 SSD 的 I/O 负载。在一些提供虚拟化服务的全 SSD 系统中，在线重复数据删除能够使存储容量为 N 的 SSD 提供相当于 5N 的存储空间。

11. 分区策略

SSD 的存储介质通常被分为四个部分：读区（Read Area）、写区（Write Area）、预留区（Over-Provision Space, OPS）和元数据区。

（1）读写分区。读写分区模块负责从 SSD 空间中动态划分出读区和写区，其中读区作为读缓存，而写区作为写缓冲，其目的在于提高垃圾回收效率。垃圾回收效率的提高，关键在于找到无效页比例高的牺牲块。由于读/写操作访问特征的不同，读区产生无效页的概率低，而写区产生无效页的概率高，读区、写区分开有利于无效页集中分布，从而能帮助垃圾回收模块找到无效页比例高的牺牲块，进而提高垃圾回收效率。

（2）预留区。预留区指 SSD 中为无效页预留的空间，它占缓存空间的比例将会影响垃圾回收的效率。增大预留区一方面可以提高 SSD 内部垃圾回收的效率，另一方面会因为减少了可用缓存空间，从而影响命中率。因为，一些研究指出可以采用动态策略来调整两者的大小，从而平衡性能和存储容量。

（3）元数据区。SSD 在闪存介质层设定了一个专用空间来存储元数据，这种专用空间被称为元数据区。SSD 中每一个块都绑定了一个关联的元数据结构，其中一部分属性需要被持久存储，因而会和数据一起被写入闪存存储。有些系统将其写入到闪存页的带外区域（Out-of-Band Area）。带外区域是页中的一个较小的存储区域，大小在 64~224 字节，通常存储 ECC 校验和地址映射信息。有些系统在闪存介质层特地开辟了一个逻辑闪存区来存储元数据。

# 第三节　磁　带

随着社会的发展，各领域的信息容量呈现爆炸式增长，规模在 PB 以上的存储系统已经不断出现，如电信通话记录数据库，大型数字相册，地理、空间及环境数据库，视频、音频归档数据库等。若完全依赖磁盘存储，则系统成本太高。与磁盘相比，磁带成本很低，最新资料显示，每 GB 仅需要 6 美分。人们开始考虑将磁带用于数据的随机存储，使磁带设备成为大型数据库系统存储结构中的底层存储层次。

## 一、磁带存储器构成

磁带存储器的读写原理基本上与磁盘存储器相同，只是它的载磁体是一种带状塑料，叫做磁带。写入时可通过磁头把信息代码记录在磁带上。当记录代码的磁带在磁头下移动时，就可在磁头线圈上感应出电动势，即读出信息代码。磁带存储器由磁带机和磁带两部分组成，其结构如图 2-12 所示。

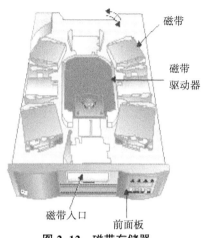

磁带

磁带
驱动器

磁带入口

前面板

**图 2-12　磁带存储器**

## 二、磁带系统和磁盘系统比较

磁盘和磁带性能价格比差异主要取决于它们的机械构成。磁盘盘片具有有限的存储面积，存储介质和磁头被封装在一起，提供毫秒级的随机访问时间。磁带绕在可转动轴上，读写部件可以使用多盘磁带（没有长度限制），但磁带需要顺序访问，每次访问都可能需要较长的反绕、退出和加载时间，可能需要数秒的等待时间。表 2-2 给出了磁带系统和磁盘系统的比较信息。

**表 2-2　磁带系统和磁盘系统比较**

| 类　别 | 磁带系统 | 磁盘系统 |
|---|---|---|
| 效　能 | 顺序传输速率尚可<br>随机存取效率略低<br>机械结构速度较慢 | 存取效率较高<br>（视磁盘组态而定） |
| 单位容量成本 | 较　低 | 较　高 |
| 远程数据转移 | 简易、搬运磁带即可 | 需通过远程复制机制 |
| 存储介质使用期限 | 妥善保存可达 10 年以上 | 需每隔 3~5 年更新一次磁盘 |
| 耗　能 | 耗电量极低<br>不需冷却系统 | 耗电量高<br>需要冷却系统 |

比较而言，磁带最大的优点是容量极大、技术成熟、单位价格低廉，最大的缺点是访问时间较长。这种性能差异恰好使得磁带成为磁盘的备份技术。

## 三、磁带的分类

磁带有多种分类方式。按带宽分，有 1/4 英寸和 1/2 英寸；按带长分，有

2400英尺、1200英尺和600英尺；按外形分，有开盘式磁带和盒式磁带；按记录密度分，有800位/英寸 600位/英寸和6250位/英寸；按并行记录的磁道数分，有9道、16道等；按磁带机规模分，有标准半英1/2磁带机、盒式磁带机、海量宽磁带存储器；按磁带机走带速度分，有高速磁带机（4~5m/s）、中速磁带机（2~3m/s）、低速磁带机（2m/s以下）。磁带机的数据传输率为 $C = D \times v$，其中，D为记录密度，v为走带速度。带速快则传输率高。计算机系统中多采用1/2英寸开盘式磁带和1/4英寸盒式磁带，它们是标准磁带。

## 四、磁带机的结构

磁带机为了寻找记录区，必须驱动磁带正走或反走，读写完毕后又要使磁头停在两个记录区之间。因此，需要磁带机在结构和电路上采取相应措施，以保证磁带以一定的速度平稳地运动和快速启停。下面简要说明传统的开盘式启停磁带机和数据流磁带机的结构。

1. 开盘式启停磁带机

开盘式磁带指的是磁带缠绕在圆形带盘上，且磁带首端可以取出的磁带。磁盘上的信息是按数据块记录的，在数据块与数据块之间，磁带机需要启动和停止。因此，启停机构是这类磁带机的特点。

开盘式启停磁带机的结构比较复杂，主要由走带机构、磁带缓冲机构、带盘驱动机构、磁头等部分组成。走带机构的作用是带动磁带运动，以完成读写操作；磁带缓冲机构的作用是减小磁带运动中的惯性，以便使磁带快速启停；带盘驱动机构的作用是由伺服电路控制带盘电机的方向和速度，以便使放带盘和收带盘都能正转或反转，且调节旋转速度；磁带机磁头的工作原理和磁盘存储器磁头的工作原理完全一样，但为了将各道数据同时写入或读出，将多个磁头组装在一起，构成组合磁头。读写过程与录音机相似，磁头不动，磁带从磁头下通过，完成读写操作。

2. 数据流磁带机

数据流磁带机是将数据连续地写在磁带上，每个数据块之间插入记录间隙，使磁带机在数据块之间不启停。它用电子控制代替机械控制，从而简化了磁带机的结构，降低了成本，提高了可靠性。数据流磁带机有1/2英寸开盘式和1/4英寸盒式两种。盒式磁带的结构类似录音带和录像带，盒带内部装有供带盘和收带盘，磁带的长度主要有 450 英尺、600 英尺两种。

## 五、主要技术

目前，磁带驱动器的发展主要体现在以下几个方面：采用螺旋扫描技术，具有很高的性能价格比和可靠性；采用自动管理磁带的大容量磁带库；采用数据压缩技术，提高数据的记录密度和数据传输率。

### 1. 螺旋扫描技术

磁带技术的应用主要受限于其线速度不定，磁带可能出现抖动现象。磁带的另外一个缺点是易磨损。螺旋扫描磁带（Helical Scan Tapes）技术的出现就是为了解决这些问题的。这种技术在 1963 年被索尼（SONY）公司首次使用在便携式录像机上。

在采用螺旋扫描技术的磁带机中，只有磁鼓是高速旋转的，其他部件（如磁带、伺服机构等）都是低速运转的。螺旋扫描系统控制磁带以一个较低的速度经过高速旋转的大尺寸磁鼓，磁鼓上的超金属（Hyper Metal）磁头在磁带上形成密度很高的记录轨道。磁鼓的高速旋转会在磁带与磁鼓之间产生十分细小稳定的气流，可以保护磁带不受损伤。磁鼓相对于底座轻微的倾斜缩小了磁道间距，使得高速数据传输和高密度的记录成为可能。

在相同材料下，较低的磁带走速减少了由于张力过大带来的磁带寿命的缩短，而且由于降低了磁带的走速和张力，可以以更高的密度在磁带上记录数据。采用螺旋扫描技术使写在磁带上的数据组成了整齐的螺旋式磁轨迹，运用绞盘相位伺服电机可以得到可靠的微米级磁带跟踪，通过跟踪螺旋磁轨迹可以从磁带上读出数据。虽然螺旋扫描磁带仍具有较长的反绕、退出和加载时间，但由于磁带作为备份存储器使用，人们通常只关心如何提高它的记录密度，而并不十分关心等待时间的改进。

### 2. 自动磁带库

虽然磁带机可以读写"无限长"的磁带，但需要手动更换磁带。为了减轻人的负担，同时为了加快换带速度，便产生了自动磁带库。自动磁带库通过机械手自动地安装和更换磁带。这种自动化的磁带库可在无人工干预的情况下，在几十秒内访问几太字节的信息。例如，STC 的 PowderHorn 9310 可以处理 6000 个磁带，提供的总容量达 300 TB。

自动磁带库的优点是自动换带、加载速度快、单位数据的价格低，并且可以通过加大规模达到进一步降低成本的目的。自动磁带库的缺点是带宽比较低。另外，其可靠性是整个计算机系统中最差的。通常其数据失效率是其他存储设备的10倍。

3. 压缩技术

LTO 联盟创造了一种高级数据压缩技术，称为 LTO 数据压缩技术（LTO-DC）。尽管目前已经存在了一种优秀的数据压缩算法 ALDC（自适应无损数据压缩），但是 ALDC 的功能对于不可压缩的数据而言并不是最优化的算法。例如，加密的数据和之前已经做过压缩的数据。对于不可压缩数据，在通常情况下最好的处理方式是不采用数据压缩算法，使输入数据的直接通过并输出，与经过压缩的数据流一起直接输出。磁带机将安排何时启用 ALDC 功能，何时使数据直接通过。例如，在使用基于 ALDC 压缩机制时，如果遇到不可压缩数据段记录时，不使用 ALDC 功能而直接输出是最好的选择。图 2-13 是 LTO-DC 压缩技术对数据块处理方式的逻辑，从这里可以看出 LTO-DC 压缩技术把数据块分为两个处理流程。

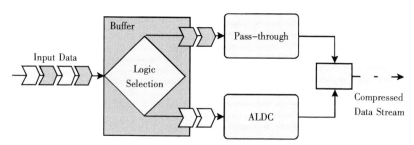

**图 2-13  LTO-DC 压缩技术对数据块处理方式的逻辑**

## 第四节　光　盘

光盘是一种在存储设备市场极富竞争力的外部存储设备。无论使用磁记录介质还是使用光记录介质，只要使用激光作为读出数据手段的设备就是光盘存储器。光盘主要有只读光盘（如 CD ROM、DVD-ROM 等）和可写光盘（如 CD-

Recordable、CD-R、MO 等）两类。可写类光盘又包括两类：一次性写光盘 CD-R（又称为 Write Once Read Many，WORM）和可多次写光盘 CD-RW（CD ReWritable，又称为 Write Many Read Many，WMRM）。

光盘类型不同，盘容量也就不相同。目前 CD 盘最大容量能达到 700M，DVD 盘单面容量能达到 4.7G，如果单张光盘是多面，那么容量最高可达 17.7G，蓝光是新一代的光盘格式，它的容量比较大，单面单层可达 25G，单张光盘四层时可达到 100G。当然光盘存储容量越大，对制作光盘的技术要求也就越高，价格也随之而增加。在选取光盘时，应根据应用领域不同综合选取类型，例如，DVDRAM 可擦写光盘容量大、价格低、速度快而且兼容性高，适合用户存取数据，提供数据删除服务。

随着光盘技术和网络技术的发展，实现光盘数据的资源共享越来越受到人们的关注。目前，光盘数据网络的优势与重要性已日益显现出来，它有效地实现了光盘数据资源在网络中的共享，极大地提高了光盘的利用率。成组的光盘设备也可以构成高性能的阵列设备，将多台光盘机组合在一起有三种结构，分别是光盘塔（CD-ROM Tower）、光盘库（Jukebox）和光盘阵列（CD-ROM Array）。

## 一、光盘塔

光盘塔由多个光盘机组成，光盘预先放置在驱动器中。加上相应的控制器和网络连接设备，光盘塔可作为网络存储设备使用。光盘机通常通过标准的 SCSI 接口连接起来，由于一根 SCSI 接口电缆可以连接 7 台光盘机，光盘塔中的驱动器数量一般是 7 的倍数。例如，惠普公司的 HP J4152A 光盘塔包含 7 个 HP 32 倍速 DVD-ROM 驱动器。

光盘塔通过软件来控制对某台驱动器的读写操作。用户访问光盘塔时，可以直接访问驱动器中的光盘，因此光盘塔的访问速度较快，通过网络可同时支持几十个到几百个用户的访问。光盘塔结构简单，造价低。光盘塔的缺点是容量较小，原因是光盘机的数量受到 SCSI 设备地址数的限制。另外，光盘塔中驱动器磨损快，光盘的更换需要手工操作。

## 二、光盘库

光盘库也叫自动换盘机，由光盘匣、光盘驱动器和高速机械手组成，是一种能自动将光盘从光盘匣中选出，并装入光盘驱动器进行读、写的设备。光盘库内安装有几个可换的光盘匣，每个光盘匣可存放几十张甚至上千张光盘。光盘驱动器用于光盘数据的读、写，一个光盘库可装多个光盘驱动器。高速机械手用于盘片的快速交换和选取。

　　1. 光盘库的接口

　　光盘库提供了封装的函数接口。例如，德国 GRUNDIG 集团研制的 NETZON HMS 系列光盘库，型号为 HMS 2105，其实物如图 2-14 所示，若采用容量为 700MB 的 CD，光盘库存储容量可达 73.55GB，单层 DVD 存储容量可达 493.5GB，双层可达 892.5GB，蓝光可达 2.62TB，蓝光二代可达 5.25T。NETZON HMS 系列光盘库的优点有：机械手无故障抓盘次数为 200 万次，实测达 600 万次；可直接插拔光盘匣，光盘装卸容易；光盘库中的光驱支持各种类型的光盘，包括后继的蓝光光盘。服务器与光盘库是通过 SATA 接口连接，并且 NETZON HMS 系列光盘库提供了封装好的接口函数，通过这些函数可以实现对光盘库的控制。部分接口函数名称以及作用如表 2-3 所示。

图 2-14　HMS 2105 光盘库

表 2-3　光盘库接口函数

| 接口函数名称 | 接口函数作用 |
| --- | --- |
| SCSI_Connect（void） | 连接光盘库 |
| SCSI_DisConnect（void） | 断开与光盘库连接 |
| SCSI_Inquiry（BYTE evpd，BYTE pagecode，UINT alllength） | 获取光盘库信息 |
| SCSI_GetSlot（BYTE lun，BYTE voltag，BYTE type，UINT startaddr，UINT nums，BYTE cul_d，BYTE dvcid，UINT alllength） | 获取光盘槽信息 |
| SCSI_GetDrive（BYTE lun，BYTE voltag，BYTE type，UINT startaddr，UINT nums，BYTE cul_d，BYTE dvcid，UINT alllength） | 获取光盘库中光驱信息 |

| 接口函数名称 | 接口函数作用 |
| --- | --- |
| SCSI_GetMagazine（BYTE lun，BYTE voltag，BYTE type，UINT startaddr，UINT nums，BYTE cul_d，BYTE dvcid，UINT alllength） | 获取光盘匣信息 |
| SCSI_GetMailSlot（BYTE lun，BYTE voltag，BYTE type，UINT startaddr，UINT nums，BYTE cul_d，BYTE dvcid，UINT alllength） | 获取弹出屉信息 |
| SCSI_MoveMedium（UINT transaddr，UINT sourceaddr，UINT destaddr，BYTE invert） | 移动光盘 |
| SCSI_MoveMedium（UINT transaddr，UINT sourceaddr，UINT destaddr，BYTE invert） | 移动光盘 |
| SCSI_PositionElement（BYTE lun，UINT transaddr，UINT destaddr，BYTE invert） | 移动机械手 |
| SCSI_RequestSense（BYTE lun，BYTE desc，UINT alllength） | 获取错误信息 |
| ImportDisk（int targetSlotNr，int driverNr） | 添加光盘 |
| ExportDisk（int sourceSlotNr） | 移除光盘 |
| ScanDisk（int slotNr，int driverNr） | 扫描光盘 |
| FormatDisk（int slotNr，char × volName，int driverNr） | 格式化光盘 |
| AddBurnDisk（char × sourceFolderPath，char × targetFilePath，int slotNr，char × volName，int driverNr，BOOL isClose） | 增量刻录光盘 |

通过这些接口函数，可以二次开发，让光盘库按照需求去实现相应的功能。

2. 光盘库的工作流程

光盘库是存储数据终端，在存储系统中工作流程如图 2-15 所示，它的工作状态有两种：初始化状态和接受命令状态。

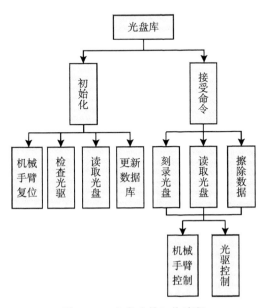

图 2-15　光盘库的工作流程

在第一次使用或者重新启动光盘库时需要对其初始化。初始化有两个目的：一个是检查光盘库机械手臂、光驱等是否能够正常工作，如果不能正常工作会报错，从而对光盘库进行检修；另一个是检查光盘更新数据库，当光盘库中硬件设备都能正常工作时，接着就开始检查光盘库的片匣中一共放置了多少张盘，并在读取光盘时，将光盘的名称、光盘里的内容简介、光盘类型、光盘容量、已刻录容量、剩余容量放入数据库中，方便系统对数据存放位置的选择。

光盘库初始化完毕后就进入到等待命令阶段，当接收到存储数据指令时，根据服务器的光盘信息数据库，按照顺序定位一张空白光盘或者未刻满的光盘，然后通过机械手臂抓取这张光盘并放入刻录机中，将数据刻录到光盘中，最后更新数据库，刻录完毕后弹出光盘，机械手臂就会将光盘放入到片匣中。当接收到读取数据的命令时，使用同样的方法，通过客户端传给服务器的信息，对比数据库可以定位数据存放在哪几张光盘中，然后通过机械手臂抓取光盘，使用光驱读出数据并传给服务器，通过网络将数据传送给客户，最后将光盘放入到原来的片匣中。当服务器接收到的是删除数据命令时，根据文件信息定位到对应的光盘，机械手臂将该光盘取出放入到光驱中，然后擦除掉数据，并更新数据库。

与光盘塔相比，光盘库的存储量大。通过机械手，光盘库可以实现光盘的自动更换，驱动器的磨损较慢。但同时光盘库的机械结构比较复杂，装卸光盘可能需要较长时间。因此，光盘库的信息存取速度有时较慢，只能同时支持几张光盘的在线访问。

## 三、光盘阵列

在阵列技术出现的初期，它采用的介质都是磁盘。随着应用领域的不断拓展，它所应用的介质也逐渐多样化。利用阵列技术，将数据分布到多个光盘机中，并对数据的冗余信息加以存储，就构成了光盘阵列。

光盘阵列以其每位价格比高、容量大、寿命长、抗污染能力强、盘片可更换等优点，在海量存储领域具有广泛用途，主要应用于视频点播、多媒体数据库等系统。

光盘阵列技术需要考虑一些特殊的问题。首先是光盘片可换的问题。一方面，光盘机及其所装的盘片可能存在对应关系，不能将光盘随便装入任一光盘驱动器；另一方面，在线工作盘片和离线备用盘片在内容上可能存在逻辑联系，这些光盘必须依次放入光盘驱动器。因此，在光盘阵列中必须考虑可换光盘的有序管理问题。如果采用自动换盘机构，则阵列管理软件需要对光盘库中的所有盘片进行编址，并能控制自动换盘机构按址换盘；如果采用人工换盘，则阵列管理软件必须能够标记和识别光盘片的序号，并能给出换盘顺序的提示。

由于光盘的读写机构只有一个读写头且数据访问时间较长，因此在大量数据连续读写时，每个数据的访问时间都可能较长。因此，在设计光盘阵列及阵列管理软件时，必须考虑尽量合理地分配数据存储位置，以减少不必要的读写头径向移动和等待数据旋转到读写头下方的时间。通过合理调度，尽量实现顺序操作，以降低径向移动及旋转等待。较大的数据缓存和优化的调度策略是能否实现光盘阵列快速响应的关键技术。

图 2-16 给出了光盘阵列的数据传输模型。假定光盘阵列中共有 m 个光盘驱动器，读取数据时，各个光盘驱动器的光学头并行操作，从光盘上读取数据，并将其传输到各自的内部缓存当中。各个光驱内部缓存中的数据再经 SCSI 总线顺序传输到主机，在主机中进行数据合并。

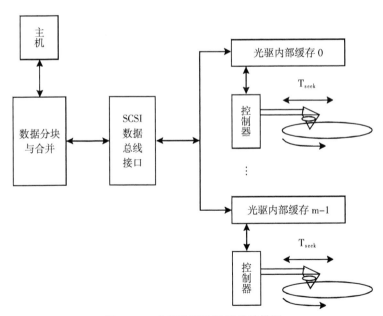

**图 2-16 光盘阵列的数据传输模型**

# 第五节　微电子机械存储器

IBM、HP、Nanotech、CMU（卡耐基—梅隆大学）和 UC Berkeley（加利福尼亚大学伯克利分校）采用相似的原理设计了一种新的存储设备——基于微电子机械系统（Micro Electro Mechanical Systems，MEMS）的存储设备。该存储设备采用 CMOS 制造生产工艺，把机械和电子部分整合在一个封装中；采用平行的介质和读写头，通过施加静电等方法使介质平面或头平面往复运动；通过让多个头并行工作来提高读写速率。采用该原理的存储设备理论上可在存储密度、寻道时间和功耗上比传统硬盘有数量级的改善，实际的实验数据也证实了这一点：试验出的 MEMS 存储元件具有可并行访问的数千探头，随机访问时间少于 1ms，功耗为磁盘的百分之一到十分之一，存储密度可达 260~720Gb/平方英寸。可以预计，MEMS 多探头存储技术在存储领域具有很好的应用前景。

MEMS 存储设备似乎又可称为基于探头阵列的存储，因为使用探头阵列是它最显著的特征。各个公司和大学设计的基于 MEMS 的存储设备在介质和探头运动方式的选择上，以及运动控制模式的设计上都有不同之处。但共同点是，头阵列在介质 Y 方向上做相对的往复运动，头阵列自身又可以在 Z 方向上往复运动。本节以 CMU 的 CHIPs 作为讨论对象，其构造如图 2-17 所示。

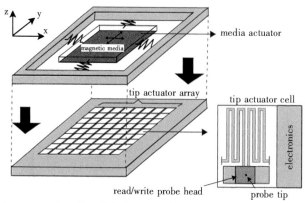

图 2-17　卡耐基—梅隆大学研制的 MEMS 存储设备构造图

CMU 研制的 MEMS 存储设备原型采用磁介质记录数据，与磁盘磁介质类似。采用磁介质主要是从两个方面考虑：一是磁介质是磁盘中比较成熟的技术；二是采用磁介质，探针和介质不需要直接接触，可以减少接触产生的物理磨损。它选择介质在头阵列上做谐振，以 Y 方向作为主运动方向，在该方向上读写数据，X 方向上采用类似硬盘的柱面和轨道标识，用于控制寻道和定位，Z 方向是读写头的运动方向。由于采用的是磁记录的方式，因此读写头就是磁头。Z 方向的位置控制是通过计算磁头所在平面和介质所在平面产生的电容来实现的，该方法控制的精度大约在 10nm。磁头阵列采用的是 80×80 矩阵，共 6400 个头。这 6400 个头理论上可以同时工作，但是考虑到功耗的因素，实际工作时，会把头阵列分成若干个区，每个区内的头可以并行工作。分区的方法有很多种，它不仅影响数据的读写速率，还影响到逻辑地址的组织方式。

除了多个头可并行读写外，MEMS 存储设备和硬盘的另一个显著区别是它采用往复运动而非旋转运动。当介质运动在中心位置时，运动的速率是最大的；而在两边时，处于加速或减速状态，速度较慢。介质在 Y 方向上运行速率的不同，导致磁头采用相同的写速度时，记录下来的密度不同。为了得到较快的读写速度，应该尽量在 Y 方向上一次读写更多的东西，而避免在 X 方向上寻道，因而可以把在 X 方向上偏移量相同的轨道定义为柱面，每个柱面由若干个轨道组成，每个轨道由若干数据块组成。当介质运动到最大位移时，速度减小到最低，此时有充分的时间把介质移动一个轨道，然后加速，并读写数据。为了达到较高的读写速率，数据在组织时应该保证切换的连续性。

概括来说，可以把采用头阵列的 MEMS 存储设备的特点总结为以下几点：①头阵列是分区的；②介质运动的速率是不均匀的；③介质的运动方向是往复的。

# 第六节 相变存储器

相变存储器（Phase Change Memory，PCM）是一种利用硫系化合物来存储数据的随机存储器。其以硫系化合物为存储介质，利用电能使材料在晶态和非晶态之间相互转变以实现数据的写入与擦除。相变存储器具有非易失性、循环寿命长、元件尺寸小、功耗低、多级存储的特点，在数据读写速度、可擦写次数、读取方式、工作电压以及工艺兼容性等各项性能指标上有着独特的优势。基于其各方面的优势，相变存储器被认为是下一代存储器的主流产品。

相变存储器是一种具有较长历史的新兴半导体存储技术，它的研究最早可以追溯到 20 世纪 60 年代末，当时 S.R.Ovshinsky 博士发表了一篇名为《无序结构中的可逆电开关现象》的文章。但由于当时加工技术的限制，相变存储单元的尺寸不能达到纳米级，而恰好只有当相变存储单元的尺寸达到纳米级时才能充分体现出其优越性，因此在 1970~1999 年近 30 年的时间内，相变存储器的研究进展非常缓慢，该技术只被应用在可重复擦写的相变光盘中。直到 1999 年，随着半导体工业界的制备工艺和技术达到深亚微米甚至是纳米尺寸，器件中相变材料的尺寸可以缩小到纳米级，材料发生相变所需的电压和功耗大大降低，其优势愈加明显，因此近十多年来，相变存储器的研究有了较快的发展。下面将从相变存储器材料、工作原理和存储单元特征参数等方面进行详细讲述。

## 一、相变存储器材料

具有相变能力即具有在晶态和非晶态之间相互转化的能力的材料有很多，但并非所有的材料相变前后都有强烈的电阻反差，晶态电阻和非晶态电阻阻值的差别是相变材料能应用到存储器中的最主要因素。如表 2-4 所示，相变材料结晶特性和电学性能必须满足一定的要求，才能满足 PCM 的擦写能力、存储信息的稳定性、循环读取能力等方面的需要。理想的相变材料具有以下特征：在结晶特性方面，擦除过程中材料必须在很短的时间内完成结晶（<50ns）；材料的结晶温度要高于 150°C，熔点在 600℃左右，熔点过低会导致擦写时可能出现误操作，熔点过高需要大的写入（RESET）电流，使得功耗增大；晶化激活能需大于

表 2-4　PCM 器件性能与相变材料特性之间的关系

| 相变存储器器件性能 | 相变材料特性 |
| --- | --- |
| 低的 RESET 电流 | 较高的晶态电阻率，较低的熔点 |
| 较长的数据保存时间 | 非晶态热稳定性好 |
| 能在较高的温度下工作 | 结晶温度高 |
| 短的信息擦除时间 | 结晶速度快 |
| 循环寿命长 | 可循环次数较高 |
| 噪声容限大 | 非晶态电阻率/晶态电阻率大 |

2eV；非晶态必须具有较好的热稳定性，在没有操作时的材料状态能长时间保持稳定，保证数据的保存时间足够长，且材料发生相变前后的体积变化较小；在电学性能方面，材料在非晶态与晶态之间的电阻差异应足够大，使得"0"和"1"不会出现误读；结晶速度快，这直接关系到存储器的工作速度；抗疲劳性好，至少能保证 108 次的有效相变次数。

目前，硫系化合物 SbTe、GeTe 和 GeSbTe 等能够较好地满足上述要求，包括 GeTe、$Sb_2Te_3$、$Ge_1Sb_2Te_4$、$Ge_1Sb_4Te_7$ 和 $Ge_2Sb_2Te_5$，其中因为 $Ge_2Sb_2Te_5$ 具有较好的电学性能，在高温下其性能比较稳定，数据保持能力也较强，因此被广泛使用。表 2-5 列出了以上材料在结晶速度和结晶温度上的差异。

表 2-5 常见相变材料的晶化时间与温度

| 参　　数 | GeTe | $Sb_2Te_3$ | $Ge_1Sb_2Te_4$ | $Ge_1Sb_4Te_7$ | GST |
|---|---|---|---|---|---|
| 晶化时间（ns） | nA | 30 | 40 | 30 | 50 |
| 晶化温度（℃） | 191 | 120 | 153 | nA | 174 |

以 $Ge_2Sb_2Te_5$ 为相变存储介质的器件取得了良好的性能，较 FlASH 和其他新型非易失性存储器，相变存储器初步体现了其优势，但是它仍然存在一些不足。为了优化材料的性能，研究人员对 GST 进行了一系列的掺杂，主要掺杂元素有 N、O、Sn、Bi、In 和 Ag 等，这些都有效提高了结晶温度和数据保持能力、降低 PCM 器件编程功耗、提升循环次数和提高器件编程速度，继续提高材料和器件的性能。

## 二、相变存储器原理

相变存储器以硫系化合物（一般为 GST）为存储介质，利用电能使材料在晶态与非晶态之间相互转变以实现数据的写入与擦除，由于晶态电阻低，非晶态电阻高，单元的高低阻态代表了存储的二进制数据，即数据读出靠测量电阻变化实现，所以它属于电阻式的非挥发性存储器。

如图 2-18 所示，擦写操作（SET 和 RESET）可以这样进行，擦除（SET）过程：施加一个持续时间长且强度中等的电压脉冲，相变材料的温度升高到结晶温度以上、溶化温度以下，并保持一定的时间，使相变材料由非晶转化为多晶；写入过程：施加一个短而强的电压脉冲，电能转变成热能，使相变材料的温度升高到溶化温度以上，经快速冷却，可以使多晶的长程有序遭到破坏，从而实现由多晶向非晶的转化。读取（READ）过程：通过测量相变材料的电阻来实现，此时，所加脉冲电压的强度很弱，产生的热能只能使相变材料的温度升高到结晶温度以下，并不引起材料发生相变。

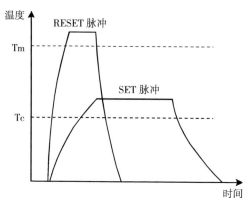

图 2-18　相变存储器单元擦写脉冲参数示意

衡量相变存储器单元性能的特性参数有直流特性、工作速度、功耗、可靠性等几类。如表 2-6 所示。

表 2-6　相变存储器单元的特性参数

| 类　别 | 名　称 | 符　号 | 单　位 | 说　明 |
|---|---|---|---|---|
| 直流特性 | 开启电压 | $V_{th}$ | V | 单元从高阻态到有明显导通现象的直流电压 |
| 工作速度 | RESET 时间 | $t_{reset}$ | ns | 使单元从多晶态转变为非晶态的 RESET 脉冲宽度 |
| | SET 时间 | $t_{set}$ | ns | 使单元从非晶态转变为多晶态的 SET 脉冲宽度 |
| 功耗 | RESET 电流脉冲幅度 | $I_{reset}$ | mA | 使单元从多晶态转变为非晶态的 RESET 脉冲电流幅度 |
| | SET 电流脉冲幅度 | $I_{set}$ | mA | 使单元从非晶态转变为多晶态的 SET 脉冲电流幅度 |
| 可靠性 | 数据动态范围 | $R_r/R_s$ | 无 | 单元非晶态电阻值和多晶态电阻值的比 |
| | 擦写循环次数 | Cycling Endurance | count | 单元能在高阻态和低阻态之间循环转换的次数 |
| | 数据保持力 | Data Retention | year | 单元能可靠保存数据的时长 |
| | 读出扰动 | Read Disturb | 无 | 读操作对单元存储状态的影响 |

## 三、相变存储器的应用

相变存储器具有非易失性、循环寿命长、元件尺寸小、功耗低、多级存储的特点，在数据读写速度、可擦写次数、读取方式、工作电压以及工艺兼容性等各项性能指标上有着独特的优势，使得它在高性能移动设备和嵌入式领域有很广阔的应用前景，如计算机、网络通信和相关终端设备。自 2001 年之后，Intel、IBM、三星和美光等各大半导体巨头公司及国内外很多高校和研究所都投入大量资源参与研发，有力地促进了相变存储器的发展。三星公司 2009 年 9 月宣布采用 60nm 工艺生产 512Mb 的 PCRAM 芯片，Numonyx 公司在 2010 年 4 月推出了容量为 128Mb 名为 Omneo 系列的 PCRAM。目前，关于相变存储器研究的主要困难在于可靠性的提高、功耗的减小和缩减成本上，相信未来几年内相变存储器技术必将逐渐出现在现有设备上。

## 四、相变存储器的测试方法

相变存储器的电学性能主要包括：直流 I–V 特性、擦写速度、功耗和寿命等，具体表征指标有非晶态电阻与晶态电阻比、写擦脉冲电流或电压的幅度、写擦脉冲宽度、阈值电压/电流、数据保持时间以及擦写次数等，这需要有源测量单元（SMU）、脉冲发生器、示波器和探针台等仪器进行测试工作。典型测试电路如图 2–19 所示。

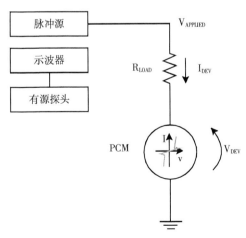

图 2–19 相变存储器单元电学特性测试电路

# 本章小结

外存储设备是信息存储系统的核心，是数据能够永久保存的保证。磁盘驱动器和固态盘驱动器是当前最主流的外存储设备，它们在存储容量、IOPS 等指标上有非常强的互补性。磁盘是旋转存储设备，具有独特的内部物理结构和 CHS 编制方式。磁盘的量化分析可以通过排队论来实现。固态盘是基于闪存的半导体非易失存储设备，它在读写接口之外，还必须用 FTL 掩盖耗时的擦除操作，这是它读写不平衡和写入数据总量受限的根源。此外，本章还介绍了微电子机械存储器和相变存储器，它们代表外存储设备的未来。

# 习 题

## 一、简答题

1. 简述磁盘 CHS 编址和 LBA 编址。

2. 磁盘和固态盘在什么存储指标上有互补性？

3. 磁盘的服务时间有哪些组成部分？

4. 假设一个处理器每秒发出 40 个磁盘请求，这些请求按指数分布，平均磁盘服务时间为 20ms，那么该磁盘的平均利用率是多少？用于排队的平均时间是多少？磁盘请求的平均响应时间是多少？

5. PCM 相对于 Flash 有什么优势？

## 二、选择题

1. 固态硬盘的优势不包括（    ）。

A. 启动快　　　　B. 价格低　　　　C. 读取数据延迟小　　　D. 功耗低

2. 用于定义当磁头移动到数据所在的磁道后，等待所需要的数据块继续转动到磁头下的时间参数是（    ）。

A. 平均寻道时间　B. 平均潜伏时间　C. 平均等待时间　D. 平均移动时间

3. 用于衡量硬盘实际工作速率的参数是（　　）。

A. 外部数据传输率

B. 内部数据传输率

C. 局部数据传输率

D. 最高数据传输率

4. 硬盘的盘片可分为（　　）。

A. 磁面　　　　　　B. 磁道　　　　　　C. 柱面　　　　　　　D. 扇区

5. 固态硬盘 SSD 的存储介质包括（　　）。

A. 磁介质盘片　　B. 磁带介质　　　C. DRAM　　　　　D. NAND 型 Flash 颗粒

# 第三章　磁盘阵列

## 【本章导读】

本章介绍了磁盘阵列的基本概念、技术术语，磁盘阵列的定义、发展以及在当前存储领域的使用现状；着重讲述了磁盘阵列的分级以及磁盘阵列的构成和技术特点；最后介绍了磁盘阵列相关的理论与技术。

## 【本章要点】

- 磁盘阵列的定义
- 磁盘阵列的组成原理
- 磁盘阵列的等级以及不同等级的特点与区别
- 与磁盘阵列相关的可靠性、可用性以及高性能等方面技术的特点

## 第一节　磁盘阵列概述

随着社会、经济的不断发展以及相关信息、数据的快速增加，人们对于存储容量以及存储速度的需求愈加迫切。为此，独立磁盘冗余阵列应运而生，通过多个磁盘的组合增加存储的容量，通过磁盘间的并行提高存储的速度。本章从磁盘阵列的原理、特征、架构及其关键技术等角度对磁盘阵列进行详细的讲述。

### 一、磁盘阵列的定义

为了解决硬盘与系统其他部分的性能差距造成的"瓶颈"问题，Patterson、

Gibson 和 Katz 提出了廉价磁盘冗余阵列技术，后来磁盘价格不断降低，"廉价"二字变得没有意义，因此也有人将其改为 Redundant Arrays of Independent Disks，即独立磁盘冗余阵列。

RAID 最初是为了组合小的廉价磁盘来代替大的昂贵磁盘，同时希望磁盘失效时不会对数据的访问造成损失而开发的一定水平的数据保护技术。RAID 就是一种由多块廉价磁盘构成的冗余阵列，在操作系统下作为一个独立的大型存储设备出现。RAID 可以充分发挥出多块硬盘的优势，可以提升硬盘速度，增大容量，提供容错功能，确保数据的安全性，易于管理，并在任何一块硬盘出现问题的情况下都可以继续工作，不会受到损坏硬盘的影响。

众所周知，Amdahl 定律是计算机科学领域的一个重要定律，Patterson 教授很好地将这一定律应用到了 RAID 上面，主要体现在提高并行传输速率和通过提高 I/O 的并发度来加速 I/O 事件，这里的 I/O 并发主要体现在上层文件系统级的 I/O 并发。RAID 技术的出现可以称为计算机存储领域的一次革命，带来了巨大的经济利益。

20 世纪 80 年代，CPU 的处理速度提升迅速，而磁盘驱动器的数据传输速率却无法大幅提高，两者速度上的不匹配严重制约了系统整体性能的提升，所以需要有一种方案解决二者之间的矛盾，RAID 的出现很好地缓和了这一矛盾。RAID 通过使用多磁盘并行，提高了传输速率，通过在多个磁盘上同时存储和读取数据来大幅提高存储系统的数据吞吐量（Throughput）。在 RAID 中，可以让很多磁盘驱动器同时传输数据，而这些磁盘驱动器在逻辑上又是一个磁盘驱动器，所以使用 RAID 可以达到单个磁盘驱动器几倍、几十倍甚至上百倍的速率，这也是 RAID 最初想要解决的问题。

通过数据校验，RAID 可以提供容错功能。这是使用 RAID 的第二个原因，因为普通磁盘驱动器除去其本身提供的循环冗余校验（CRC），无法提供更多的容错功能。RAID 容错是建立在每个磁盘驱动器的硬件容错功能之上的，所以它提供更高的安全性。在很多 RAID 模式中都有较为完备的校验/重构措施，甚至是直接的镜像备份，从而大大提高了 RAID 系统的容错度，提高了系统的冗余稳定性。

RAID 按照实现原理的不同分为不同的级别或标准，每一种级别代表一种技术，它们并没有高低之分，至于需要选择哪一种级别的系统，视具体的环境和应用场合而定。不同的级别之间工作模式是有区别的。整个的 RAID 结构是一些磁盘结构，通过对磁盘进行组合达到提高效率、减少错误、增加并行度的目的，它们的原理实际上十分简单，只是侧重点不同而已。

1. 磁盘阵列的基本思想

磁盘阵列技术的基本思想有两个方面：利用数据条纹化提高性能以及利用数据冗余提高可靠性。提出磁盘阵列技术的一个主要目的是要解决硬盘性能落后于系统其他部分的问题，解决的办法就是利用大量磁盘的并行操作来提高性能，而数据条纹化就是使磁盘阵列具有并行工作能力的技术。所谓条纹化，就是将原来顺序存放在单个磁盘上的用户数据交错分布到所有磁盘，以实现磁盘操作的并行性。这种并行性体现为两种方式：一种方式为多个独立的小请求同时由不同磁盘处理，这种方式减少了请求的响应时间，它可称为请求间并行方式；另一种方式为一个大的请求同时由多个磁盘协同进行处理，这种方式可以提高数据传输率，它可称为请求内并行方式。显然，组成磁盘阵列的磁盘数目越多，阵列的性能就有可能越高。但随着磁盘数目的增加，发生故障的可能性也随之增大。如果不同磁盘发生故障的概率是无关的，那么 100 个磁盘总的可靠性就只有单个磁盘的 1/100。这种可靠性显然是不能接受的，磁盘阵列技术中的另一个基础——数据冗余就是用来提高系统的可靠性的。数据冗余技术通过牺牲一些存储空间保存校验数据，来实现对用户数据的保护，从而达到提高可靠性的目的。

区分不同磁盘阵列结构最基本的两个问题是：数据交错（条纹化）的粒度，以及如何计算和分布冗余数据。数据条纹化可以是细粒度的，即数据以较小的单位交错分布到所有磁盘（极限情况按位交错）。在这种情况下，任何大小的请求都将由所有磁盘共同进行处理。在寻道和定位操作完成后，N 个磁盘的阵列可以以单个磁盘 N 倍的速度与主机进行数据传输。但在任意时刻，阵列只能同时处理一个请求。因此，细粒度条纹化在单一进程的情况下可以使性能达到最优，但不适用于高并发度的环境。条纹化还可以是粗粒度的，将数据交错单位设置得较大，使得多数较小的请求均可由一个磁盘完成。这样阵列就可以同时处理多个不同的请求，只要访问模式不带有规律性，负载就能均匀分布到所有磁盘，使阵列达到较高的并行度。因此，在多进程高度并发访问环境下，使用粗粒度条纹化可达到最佳性能。同时，对于较大的访问请求，仍由多个乃至所有磁盘共同处理完成，可达到较高的数据传输率。

如前所述，在磁盘阵列中使用冗余技术带来两方面的问题：一方面是冗余数据如何计算，虽然某些 RAID 结构使用海明码（Hamming Codes）或里德—所罗门编码（Reed-Solomon Codes），但出于效率上的考虑，多数情况下还是使用较为简单的奇偶校验（Parity）。另一方面是冗余数据如何分布。按照冗余数据的分布方法的不同，可将磁盘阵列粗略地分为两类，即使用少数磁盘专门存放校验数据；将校验数据均匀分布到所有磁盘。后者与前者相比，避免了可能出现的热点问题和其他负载不均的问题，显然性能更优。

2. 磁盘阵列结构过程中的术语与描述

在介绍磁盘阵列的基本分级和结构之前，本节先介绍一下在描述磁盘阵列结构过程中常用的一些术语和描述方式。

通常按照条纹化数据交错单位的大小，将每个磁盘划分成固定大小的数据块，这种数据块称为条纹单元。用户数据以条纹单元为单位分布到磁盘，条纹单元大小即在一个磁盘上放置的连续数据的最大量。保存用户数据的条纹单元称为数据单元，保存校验数据的单元称为校验单元。条纹单元大小一般可以由磁盘阵列控制器（或磁盘阵列软件）设置，小至 1 个位、1 个字节，大至整个磁盘大小，以满足不同应用的需求。进行校验计算的最小的条纹单元集合称为一个校验条纹（严格说，应该是最小的自保护的条纹单元集合，即假定容许 k 个故障，则条纹中丢失任何 k 个单元都可由其他单元恢复）。图 3-1 给出了 RAID 基本术语的示意。

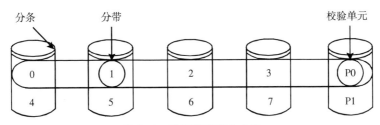

图 3-1　磁盘阵列基本术语

显然，磁盘阵列的管理对于用户而言应该是透明的，阵列呈现给用户的应该是一个大的虚拟磁盘，用户访问阵列使用线性地址空间。而将线性地址转换为硬盘物理地址的工作，以及写操作中所涉及的校验数据的定位工作，都由阵列控制器负责。通常把这种用户数据的逻辑地址到其物理地址及相应的校验数据地址的映射称为磁盘阵列的数据布局。多数磁盘阵列结构和容错编码的相关研究都涉及数据布局，实际上就是进行某种特定映射关系的研究。而如果一旦给出了映射关系，也就准确描述了阵列结构和数据布局。实际上，这种映射应该包括两个步骤：第一步为用户数据地址空间到阵列地址空间的映射，即将用户数据地址转换为条纹单元编号，如 stripe(a)-(s, u) 表示用户数据单元 a 映射到条纹 s 的条纹单元 u；第二步为阵列地址空间到物理磁盘地址空间的映射，如 array ((s, u)) = (d, p) 表示条纹单元 (s, u) 映射到磁盘 d 的块 p。但由于用户数据通常都是顺序存放到阵列地址空间的，第一步映射关系非常简单，因此一般不对它们进行区分。

## 二、磁盘阵列的发展

在计算机工业上存在几个趋势，其中之一是面向高并行度的存储子系统的研究与设计。这就意味着当今以及不久的将来将通过增加单个磁盘的数量来达到更好的系统 I/O 性能。然而，磁盘数量越大，系统出现故障的可能性就越高，就会导致系统的可靠性越差，这就导致了大量磁盘聚合在一起故障率增加与整体存储系统的性能提高之间的矛盾，并且这个矛盾非常重要，它意味着存储系统需要通过某些手段在这些大量聚合的磁盘上提高数据的可用性。

### 1. 磁盘阵列的起源与发展

20 世纪 80 年代以前，磁盘存储器的容量和速度都很低，大型磁盘存储器的容量在 2500MB 上下，速度不超过 100MB/s。小型磁盘存储容量多为 40~80MB，速度不超过 5MB/s，与当时的计算机处理能力相比，差距很大。为了提高存取速度和扩大存储容量，在大型机系统中采取了并行存储的方法来弥补存储系统和计算机处理能力之间的差异。例如，在 IBM 和 Cray 大型机中就采用了并行存储系统。多个 CPU 用多条通道连接到存储导向器上，每个存储导向器（Storage Director）管理两个串控制器（String Controller），每一个串控制器连接多个磁盘驱动器，整个系统用复杂的动态互联网连接起来，使多个 CPU 可并行访问多个磁盘驱动器，达到减少 I/O 请求的等待时间、提高传输速度和扩大容量的目的。为了缩短平均响应时间，系统在主存内设置了磁盘缓冲区；为了提高数据传输率，增加了通道的数目；为了提高数据的可靠性，采取了镜像容错方式。

为了增强存储系统的独立性和存取的并行性，在 Cray X-MP 或 Y-MP 系统中，采用了 I/O 处理机，通过通道连接多个设备控制器，每个设备控制器并行连接 4 台磁盘驱动器。

在图 3-2 中，通道部件用以解释 I/O 控制程序的语句；存储导向器用以处理寻找磁盘扇区、读写数据和错误检测等操作；串控制器用于选择驱动器，产生控制信号。存储系统的管理与操纵由主机操作系统执行。

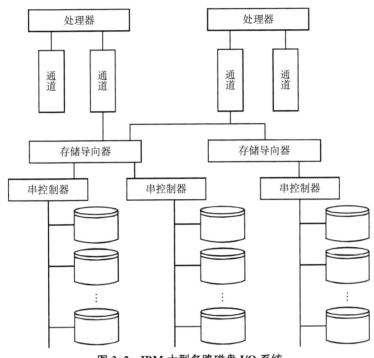

**图 3-2　IBM 大型多路磁盘 I/O 系统**

这些并行存储系统可以认为是磁盘阵列技术的先行者。但是它们的专属性很强，难以用于多种计算平台和多种操作系统环境。在 1987 年出现了第一台称为磁盘阵列的存储系统，它是由美国 Micropolis 公司研制的。它由 5 台驱动器组成，其中 4 台用于交叉存放数据，1 台用于存放奇偶校验信息。它的有效容量为 1.5GB，数传率为 4MB/s，通过 SCSI 接口与主机连接。它以很小的分条分布数据，并以 16.66ms 周期的同步脉冲保持驱动器的主轴同步旋转。1988 年，Pacstor 公司推出了 Intergra Ⅲ 磁盘阵列，它通过两个 SCSI 接口与装有 Unix 操作系统的计算机连接，容许两台主机共享磁盘阵列的数据。系统中的 12 台 100MB 的磁盘驱动器分为两组，每组一个校验盘，用以存放奇偶校验。1989 年，Ciprico 公司退出了 Rimfire 6000 并行磁盘阵列控制器，它与主机的接口为 SCSI-2，数传率为

20MB/s，可接入 5 台 ESDI 接口的磁盘驱动器，4 台用于存储数据，1 台用于存放奇偶校验块。

此后陆续推出了许多磁盘阵列产品，如 CDC 公司的磁盘阵列子系统 DAS，Princeton、Illinais、Wisconsin 等大学研究并由 HP 公司推出的 Ticker TAIP 并行磁盘阵列，Berkeley RAID–Ⅱ磁盘阵列等。这些阵列在结构、性能等方面具有各自的特点。CDC 的阵列以多个 IPI-3 接口连接主机实现高的数据传输速度，其数传率达到 25MB/s。它又以多个 IPI-2 连接磁盘驱动器，每个 IPI-2 接口可接入 8 台磁盘驱动器，总共可以连接 32 台，达到扩大容量的目的。Berkeley RAID–Ⅱ与上述结构不同，它使用 8 个端口的 Crossbar，其中 6 个端口用于连接主机与磁盘驱动器，2 个端口用于连接 FDDI 网络，主机接口为 SCSI 接口。上述磁盘阵列因其规模大、控制复杂而将磁盘阵列逐渐推向了实用化。

2. 磁盘阵列的使用现状

在信息高速发展的今天，对于应用的需求和技术已经发展到了非常成熟的地步。由于信息的发展带来了数据的爆炸性增长，这也就间接地导致了数据存储技术也要随着相应的发展来满足数据的存储需求。由应用驱动存储技术的发展有如下趋势：

（1）存储技术的应用范围及领域。当今时代，工业迅速发展，而工业化进程导致了在工业的各个领域有大量的信息数据需要存储，存储技术的发展正好符合这一需求。

（2）互联网的普及。互联网的应用已经深入千家万户，成了人们生活中不可或缺的一部分。日趋成熟的网络技术及应用深深地影响了存储技术的选择。

（3）海量数据存储。现在的应用对存储系统提出了非常高的要求，要求它们既能提供海量的数据存储容量，同时还要有丰富的数据管理维护功能。正是基于这样的要求，PB 级的存储成为当今重要的存储需求之一。由于容量与性能之间通常是成反比例关系的，这就导致了存储与数据分离的趋势。到目前为止，为了保护客户的数据所使用的最佳数据存储方法是应用 RAID 技术，RAID 所使用的级别根据需求而设定。RAID 技术经过 20 多年的发展，出现了很多关于 RAID 的级别设计，从原来的 5 种 RAID 级别中又衍生出了很多组合 RAID 级别。

# 第二节 磁盘阵列的组成

## 一、磁盘阵列的组成概述

RAID 阵列（RAID Array）指的是一个由许多硬盘以及支撑 RAID 功能的相关软硬件所组成的封闭模块。RAID 阵列中的所有硬盘通常被划分为一个个独立的子模块，我们称之为物理阵列（Physical Array）。每个物理阵列都包括固定数目的硬盘以及电源等其他支持硬件。RAID 阵列中若干个硬盘所组成的子集可以构成逻辑上的联合，称为逻辑阵列（Logical Array），也叫做 RAID 集（RAID Set）或 RAID 组（RAID Group），如图 3-3 所示。

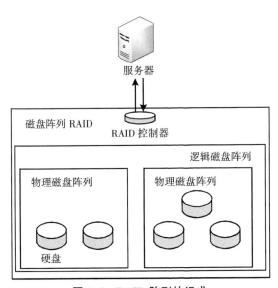

图 3-3 RAID 阵列的组成

逻辑阵列由逻辑卷（Logical Volume，LV）组成，操作系统可以像 RAID 控制器管理物理硬盘那样识别逻辑卷。逻辑阵列中的硬盘数目是由所使用的 RAID 级别来决定的。通过配置，可以让多个物理阵列组成一个逻辑阵列，也可以让一个物理阵列划分为多个逻辑阵列。

## 二、磁盘阵列组成硬件

磁盘阵列系统包括机箱、核心控制器、背板、硬盘、冗余电源、冗余风扇等部件。其中，磁盘阵列控制器采用无接线方式通过 Compact PCI 接口与背板连接，背板是目前磁盘阵列系统连接硬盘的流行方式，在背板上可实现 SAF-TE (SCSI Accessed Fault-Tolerant Enclosure) 以及 SES（SCSI Enclousure Service）协议，以便对磁盘阵列机箱内的温度、风扇转速、电压等状态进行实时监控，为用户提供磁盘阵列的环境状态信息。另外，背板还可实时监控磁盘状态信息，尤其是磁盘热插拔状况，当磁盘发生故障或者热插拔时，以中断的方式告知磁盘阵列控制器，以便磁盘阵列自动进入降级或者重构的处理。阵列机箱内安装有冗余电源、冗余风扇、前置液晶面板（用于显示磁盘阵列状态信息并提供配置用按键等部件）。磁盘阵列机箱箱体内部结构如图 3-4 所示。

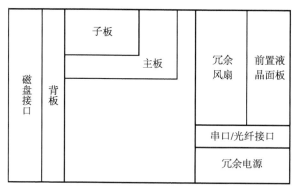

**图 3-4　RAID 箱体内部结构**

RAID 控制器是 RAID 核心控制软件运行的硬件平台，其本身就是一个完整的嵌入式计算机系统，RAID 控制器有主板、子板。主板是 RAID 系统的核心硬件，包括 I/O 处理器、内存、Flash、PCI 桥、SATA 控制器以及千兆以太网控制器，其实质就是一块 PCI 主机通道适配卡，是 RAID 控制器的目标器模块，它提供主机通道与主机相连，通过 PMC 插座连接到主板上。采用不同的芯片可以实现不同的主机通道，如 SCSI 芯片可提供 SCSI 主机通道，光纤模块可提供光纤主机通道，如果采用网络模块可提供 NAS 或 iSCSI 服务。最终设计实现的 RAID 控制器的实体如图 3-5 所示。

基于 Intel IOP321
双通道 2Gb FC
1 个 Gigobit Ethernet
16 个 SATA 磁盘通道
嵌入式 Linux

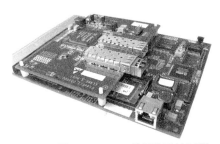

**图 3-5 基于 Intel IOP 321 的 FC-SATA 磁盘阵列控制器**

由于采用主板加子板的控制器架构，不同类型的主板与子板进行搭配可以灵活构成不同协议的磁盘阵列控制器，可以方便地对控制器的配置进行灵活更改，以便构成全系列的磁盘阵列控制器，从而避免重复的硬件设计。主板子板组合架构如图 3-6 所示。主板根据硬盘接口类型分为不同型号，如 Ultra 320 SCSI、SATA/SAS 或者 Fiber Channel，可方便连接不同协议的硬盘；子板根据主机通道类型分为不同型号，分别支持 Ultra 320 SCSI-T、2/4Gb Fibre Channel、GB Ethernet；主板与子板的不同组合产生多种控制器配置，分别是 SCSI-to-SCSI、SCSI-to-SATA/SAS、FC-to-SCSI、FC-to-FC、FC-to-SATA/SAS、iSCSI-to-SATA/SAS、iSCSI-to-SCSI 等。

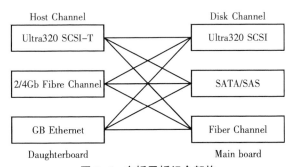

**图 3-6 主板子板组合架构**

## 三、硬件 RAID 与软件 RAID

目前，RAID 技术的实现方式大致分为两种：基于硬件的 RAID 技术和基于软件的 RAID 技术。两者在性能方面有较大区别。

1. 硬件 RAID

基于硬件的 RAID 是利用硬件 RAID 适配卡（简称 RAID 卡）来实现的。RAID 卡上集成了处理器，能够独立于主机对存储子系统进行控制。因为拥有自己独立的处理器和存储器，RAID 卡可以自己计算奇偶校验信息并完成文件定位，减少对主机 CPU 运算时间的占用，提高数据并行传输速度。硬件 RAID 又可分为内置插卡式磁盘阵列和外置独立式磁盘阵列，如图 3-7 所示。

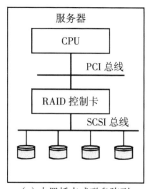
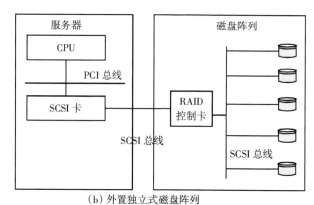

（a）内置插卡式磁盘阵列 　　　（b）外置独立式磁盘阵列

图 3-7　硬件 RAID

内置插卡式 RAID 使用插在 PCI 插槽上的 RAID 卡（或集成在主板上），通过卡上的 SCSI 通道与硬盘相连接（零通道 RAID 卡通过主板集成的 SCSI 通道）。内置插卡式 RAID 依赖主机的操作系统，其驱动程序与主机、主机所用的操作系统都有关系，搭配不当容易出现软硬件兼容性问题并潜在地增加系统的不稳定因素。同时内置式 RAID 系统只能有一台主机相联，难以进行双机容错备份。内置式 RAID 系统主要应用于 PC 服务器或作为其选配件。

在外置独立式磁盘阵列中，操作系统把整个 RAID 阵列视作一个单独的 SCSI 磁盘。外置阵列可以灵活地增加驱动器，提高 RAID 存储备份容量，还能简单地实现双机容错热备份，因此外置式 RAID 系统主要用于双机容错的大容量高可靠系统中。外置独立式磁盘阵列又可分为两种：单通道磁盘阵列和多通道磁盘阵列。单通道磁盘阵列只能接一台主机，扩充限制较多；多通道磁盘阵列可接多个系统同时使用，以集群（Cluster）的方式共用磁盘阵列。

2. 软件 RAID

软件 RAID 包含在操作系统中，RAID 功能完全用软件方式由系统的核心磁盘代码来实现。Windows NT、NetWare、FreeBSD、Linux 都提供了这种功能。这种方式提供了最廉价的可行方案：不需要昂贵的 RAID 控制卡和热插拔机架。软件 RAID 要求主机系统提供 CPU 的处理周期，也占用系统内存带宽和主机 I/O 总线。由于 RAID 功能完全依靠 CPU 执行，主机的 CPU 占用相当严重，简单的分段（RAID0）和镜像（RAID1）对系统性能影响还不算很大，但 RAID5 的大量异或（XOR）操作就非常耗费 CPU 周期。

软件 RAID 实现的存储备份级别较低，如 Windows NT4.0 中提供的软件 RAID 功能仅有 RAID0 和 RAID1，Windows 2000 添加了 RAID5 的支持。软件 RAID 依赖于操作系统，因为它必须在操作系统加载之后才能启动。

由于软件 RAID 完全由系统的核心磁盘代码来实现，而且依赖于操作系统，在软件 RAID 中不能提供如下功能：

（1）硬盘热插拔。

（2）硬盘热备份。

（3）远程阵列管理。

（4）可引导阵列支持。

（5）在硬盘上实现阵列配置。

（6）SMART 硬盘支持。

## 第三节　磁盘阵列分级

根据组成磁盘阵列的磁盘组织架构、数据布局以及相关技术的不同，磁盘阵列可以分为多种级别。

### 一、RAID0

RAID0 是最早出现的 RAID 模式，即 Data Stripping 数据分条技术。RAID0 是组建磁盘阵列中最简单的一种形式，只需要两块以上的硬盘即可，成本低，可以提高整个磁盘的性能和吞吐量。RAID0 没有提供冗余或错误修复能力，但实现成本是最低的。

RAID0 最简单的实现方式是把 N 块同样的硬盘用硬件的形式通过智能磁盘控制器或用操作系统中的磁盘驱动程序以软件的方式串联在一起创建一个大的卷集。在使用中计算机数据依次写入各块硬盘中，它的最大优点是可以整倍地提高硬盘的容量。如使用了三块 80GB 的硬盘组建成 RAID0 模式，那么磁盘容量就会是 240GB。其速度方面，各单独一块硬盘的速度完全相同。最大的缺点在于任何一块硬盘出现故障，整个系统将会受到破坏，可靠性仅为单独一块硬盘的 1/N。

为了解决这一问题，出现了 RAID0 的另一种模式、即在 N 块硬盘上选择合理的带区来创建带区集。其原理就是将原先顺序写入的数据分散到所有的四块硬盘中同时进行读写。四块硬盘的并行操作使同一时间内磁盘读写的速度提升了四倍。

在创建带区集时，合理地选择带区的大小非常重要。如果带区过大，可能一块磁盘上的带区空间就可以满足大部分的 I/O 操作，使数据的读写仍然只局限在少数的一两块硬盘上，不能充分地发挥出并行操作的优势。如果带区过小，任何 I/O 指令都可能引发大量的读写操作，占用过多的控制器总线带宽。因此，在创建带区集时，应当根据实际应用的需要，慎重地选择带区的大小。

带区集虽然可以把数据均匀地分配到所有的磁盘上进行读写，但如果我们把所有的硬盘都连接到一个控制器上的话，可能会带来潜在的危害。这是因为当我们频繁进行读写操作时，很容易使控制器或总线的负荷超载。为了避免出现上述问题，建议用户可以使用多个磁盘控制器。最好的解决方法还是为每一块硬盘都配备一个专门的磁盘控制器。

虽然 RAID0 可以提供更多的空间和更好的性能，但是整个系统是非常不可靠的，如果出现故障，将无法进行任何补救。所以，RAID0 一般只是在那些对数据安全性要求不高的情况下才被使用。

## 二、RAID1

RAID1 称为磁盘镜像，原理是把一个磁盘的数据镜像到另一个磁盘上，也就是说数据在写入一块磁盘的同时，会在另一块闲置的磁盘上生成镜像文件，在不影响性能的情况下最大限度地保证系统的可靠性和可修复性。只要系统中任何一对镜像盘中至少有一块磁盘可以使用，甚至在一半数量的硬盘出现问题时，系统都可以正常运行，当一块硬盘失效时，系统会忽略该硬盘，转而使用剩余的镜像盘读写数据，具备很好的磁盘冗余能力。虽然这样对数据来讲绝对安全，但是成本也会明显增加，磁盘利用率为50%，以四块80GB容量的硬盘来讲，可利用的磁盘空间仅为160GB。另外，出现硬盘故障的RAID系统不再可靠，应当及时地更换损坏的硬盘，否则剩余的镜像盘也出现问题，那么整个系统就会崩溃。更换新盘后原有数据会需要很长时间同步镜像，外界对数据的访问不会受到影响，只是这时整个系统的性能有所下降。因此，RAID1多用在保存关键性的重要数据的场合。

RAID1主要是通过二次读写实现磁盘镜像，所以磁盘控制器的负载也相当大，尤其是在需要频繁写入数据的环境中。为了避免出现性能瓶颈，使用多个磁盘控制器就显得很有必要。

## 三、RAID0+1

从RAID0+1名称上我们便可以看出是RAID0与RAID1的结合体。在我们单独使用RAID1也会出现类似单独使用RAID0那样的问题，即在同一时间内只能向一块磁盘写入数据，不能充分利用所有的资源。为了解决这一问题，我们可以在磁盘镜像中建立带区集。因为这种配置方式综合了带区集和镜像的优势，所以被称为RAID0+1。把RAID0和RAID1技术结合起来，数据除分布在多个盘上外，每个盘都有其物理镜像盘，提供全冗余能力，允许一个以下磁盘故障，而不影响数据可用性，并具有快速读/写能力。RAID0+1要在磁盘镜像中建立带区集至少要四个硬盘。

## 四、RAID2

RAID2采用内存系统中常用的纠错码——海明码（Hamming Error Correcting Code）进行数据保护。用户数据以位或字节为单位进行条纹化，用户数据划分为若干相互重叠的子集（一个数据属于多个子集），每个子集的用户数据计算校验数据存放在一个校验磁盘上。由于校验磁盘的数目正比于磁盘总数的对数，因此RAID2的磁盘冗余度要小于RAID1，阵列规模越大这种优势越明显。当一个磁盘发生故障时，几个校验组的数据会不一致，而丢失数据即为这几个校验组共同包含的数据，用其中一个校验组的剩余数据即可恢复丢失数据。如果对可靠性要求很高，RAID2还可通过使用多故障纠错海明码扩展为可容许多磁盘故障的RAID

结构。Thinking Machines 公司的 Data Uault 存储子系统就采用了 RAID2 结构。

## 五、RAID3

这种校验码与 RAID2 不同，只能查错不能纠错。它访问数据时一次处理一个带区，这样可以提高读取和写入速度。校验码在写入数据时产生并保存在另一个磁盘上。需要实现时用户必须要有三个以上的驱动器，写入速率与读出速率都很高，因为校验位比较少，因此计算时间相对而言比较少。用软件实现 RAID 控制将是十分困难的，控制器的实现也不是很容易。它主要用于图形（包括动画）等要求吞吐率比较高的场合。不同于 RAID2，RAID3 使用单块磁盘存放奇偶校验信息。如果一块磁盘失效，奇偶盘及其他数据盘可以重新产生数据。如果奇偶盘失效，则不影响数据使用。RAID3 对于大量的连续数据可提供很好的传输率，但对于随机数据，奇偶盘会成为写操作的瓶颈。

RAID3 没有考虑磁盘故障模型，因为磁盘有故障检测和修正机制，而且磁盘与控制器之间用相当复杂完善的协议进行通信，因此磁盘故障可以很容易地通过其内部状态信息或控制器和它之间的通信检测出来。通常把这种故障部件可以自识别的系统称为"擦除通道"（Erasure Channel），而把不能自己定位故障的系统称为"差错通道"（Error Channel）。用于差错通道系统的"n-故障检测编码"（n-Failure Detecting Code），如果用在擦除通道系统中，则其纠错能力就相当于"n-故障纠正编码"（n-Failure Correcting Code）。这种编码也常被形象地称为"擦除纠正编码"（Erasure-Correcting Code），即磁盘故障好像一列数据被擦除一样，编码用来进行数据恢复。相对应的是"差错纠正编码"（Error-Correcting Code），故障定位和恢复都由编码进行。因此，对于磁盘阵列这种"差错通道"系统，只需使用奇偶校验编码方法即可，而无须使用更复杂、冗余度更高的海明码。

RAID3 就是采用奇偶校验编码，按位/字节进行数据交错的 RAID 结构。RAID3 只需一个校验磁盘，存放用户数据通过异或运算（XOR）得出的校验数据：$c = d_1 \oplus d_2 \oplus \cdots \oplus d_{n-1} \oplus d_n$。当一个磁盘发生故障时，利用异或运算的逆运算仍为自身这一特点，条纹中剩余数据仍通过异或运算即可恢复丢失数据，例如，数据 $d_2$ 丢失，则：$d_2 = c \oplus d_3 \oplus \cdots \oplus d_{n-1} \oplus d_n$。由于条纹单元大小为位或字节，一个 I/O 请求需要由所有磁盘共同处理，因此所有磁盘磁头的移动是一致的，磁头定位的磁道也总是一样的。这就保证了处理一个请求时，所有磁盘的寻道时间都是一样的，从而避免了一些磁盘处于空闲状态，等待其他磁盘的情况。为了保证所有磁盘的旋转延迟也是一致的，使用 RAID3 的系统通常使用特殊电路同步磁盘主轴的旋转。RAID3 可以达到非常高的数据传输率，因此适合于单进程进行顺序大数据访问的应用，如科学计算环境。

## 六、RAID4

RAID4 同样也将数据条块化并分布于不同的磁盘上，但条块单位为块或记录。RAID4 使用一块磁盘作为奇偶校验盘，每次写操作都需要访问奇偶盘，这时奇偶校验盘会成为写操作的瓶颈，因此 RAID4 在商业环境中也很少使用。

RAID4 与 RAID3 基本相同，不同之处在于 RAID4 采用粗粒度条纹化，条纹单元较大（32KB 或更大）。由于条纹单元较大，多数较小请求只涉及一个磁盘，磁盘阵列可并行处理多个请求。因此，RAID4 更适合于并发度高，而请求相对较小的应用，如在线事务处理系统（On-Line Transaction Processing，OLTP）。但对于相对较大的请求，RAID4 也可提供较高的数据传输率。因此，对那种大多数请求较小，而包含少量较大请求的应用，RAID4 的效率也是较高的。

## 七、RAID5

RAID4 的数据布局方式存在着严重的校验磁盘瓶颈问题。因为使用专用校验磁盘，对于每个小的写请求，在更新数据单元的同时也要更新相应的校验单元，这样校验磁盘的负载就是数据磁盘的 n−1 倍，校验磁盘成为磁盘阵列系统的瓶颈。而 RAID3 却不存在这个问题，这是因为 RAID3 采用细粒度条纹化，每个请求都由所有磁盘共同完成，每个请求相对校验单元大小而言都是"大请求"，因此校验磁盘的负载与数据磁盘是一样的。通过将校验数据分布到所有磁盘，RAID5 解决了 RAID4 的这一缺点。由于校验更新负载均匀分布，因此消除了系统瓶颈。RAID5 另一个不易察觉的好处是，用户数据也分布到所有磁盘，所有磁盘在读操作中均可利用，因此 RAID5 的读性能也优于 RAID4。RAID5 有多种不同的数据和校验布局方式。左对称布局可以看作以 RAID0 布局为基础，将校验单元插入对角线，校验单元之后的数据单元依次后移的结果。因此左对称布局保持了 RAID0 用户数据条纹化连续性的特点，对于连续数据请求，其负载总是均匀分布到所有磁盘。也就是说，当顺序读取数据时，总是会依次访问所有磁盘，而不会出现有的磁盘没有访问，而有的磁盘却已读取多个单元的情况。因此，在多种不同的 RAID5 布局方式中，左对称布局的性能是最优的。还要注意到，RAID1 和 RAID3 可以分别看作条纹长度为 2 和条纹单元大小为一个位或字节的 RAID5 特例。

## 八、RAID6

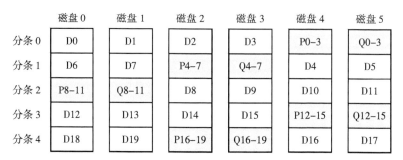

图 3-8　RAID6 数据布局方式

奇偶校验编码只能恢复单一自识别故障。但有很多因素，如阵列规模越来越大、重构过程中遇到不可恢复故障等，要求磁盘阵列系统使用容错能力更强的编码。RAID 级别 6，即 P+Q 冗余就是一种可容许双故障的 RAID 结构。RAID6 采用 Reed-Solomon 编码。Reed-Solomon 编码使用范德蒙行列式作为系数矩阵进行校验数据的计算和维护，在解码过程中使用高斯消去法解方程组来恢复丢失数据，Reed-Solomon 编码的所有计算都是有限域上的运算。校验数据的计算如下所示：

$$
\begin{bmatrix}
1 & 1 & \cdots & 1 \\
1 & 2 & \cdots & n \\
\cdots & \cdots & \cdots & \cdots \\
1 & 2^{m-1} & \cdots & n^{m-1}
\end{bmatrix}
\begin{bmatrix}
d_1 \\
d_2 \\
\cdots \\
d_n
\end{bmatrix}
=
\begin{bmatrix}
c_1 \\
c_2 \\
\cdots \\
c_m
\end{bmatrix}
\tag{3-1}
$$

RAID6 使用的是 m=2 的 Reed-Solomon 编码，如果要求更高的可靠性，使用 m=k 的 Reed-Solomon 编码，即可使阵列具有容许 k 个故障的能力。RAID6 除了校验方法不同外，其他各方面与 RAID5 均很相似，图 3-8 给出了类似左对称的 RAID6 布局方式。RAID6 的优点是磁盘冗余度低，只比 RAID5 增加了一个磁盘就提供了双故障容错能力。但 Reed-Solomon 编码设计较为复杂，一般需要特殊硬件辅助才能获得较好性能，不适于用软件实现。

除了以上介绍的几种级别的 RAID，还有一些比较常用的非标准 RAID，如 RAID53，它们的结构也是通过在传输速度、冗余、I/O 并行三个方面进行相关优化和平衡而来的。下面是一些不常用的 RAID：RAID 1.5、RAID 50、RAID 5E、RAID 5EE、RAID 7、RAID-DP、RAID S or parity RAID、Matrix RAID、RAID-K、RAID-Z、RAIDn、JBOD、Linux MD RAID 10、IBM ServeRAID 1E、unRAID 以及 Drobo BeyondRAID，有兴趣的读者可以查阅相关的资料了解它们的原理，在此就不做详细介绍了。

## 九、不同等级磁盘阵列比较

在磁盘阵列中，针对不同的应用使用的不同数据分布技术，称为 RAID 级别。每一级别代表一种技术，目前业界公认的标准是 RAID0~RAID5。这个级别并不代表技术的高低，RAID5 并不高于 RAID3，RAID1 也不低于 RAID4。至于要选择哪一种 RAID 级别的产品，视用户的操作环境及应用而定，与级别的高低没有必然的关系。RAID0 及 RAID1 适用于 PC 及 PC 相关的系统，如小型的网络服务器、需要高磁盘容量及快速磁盘存取的工作站等；RAID2 及 RAID3 适用于大型电脑及影像、CAD/CAM 等处理系统；RAID5 多用于联机事务处理，因有金融机构及大型数据处理中心的迫切需要，故使用较多。但也因此形成很多人对磁盘阵列的误解，以为磁盘阵列非要 RAID5 不可；RAID4 较少使用，因为与 RAID5 有共同之处，而 RAID4 有其先天的限制。RAID1/0 也正变得越来越流行，它与其他阵列级别相比有如下优势：与校验 RAID 相比没有写的开销；更高的可靠性。假如一个 RAID1/0 阵列有 X 块虚拟成员驱动器，那么在所有 X 块驱动器失败之前，它还能够继续工作。阵列的容量扩展并不减少 MTDL（Mean Time to Data Loss）。MTDL 依赖于单个磁盘，而与阵列中磁盘的数目无关。表 3-1 是关于各级磁盘阵列的比较。

**表 3-1　各级磁盘阵列的比较**

| RAID 级别 | 数据可靠性 | 相对特点 | 应用场合 | 容错的额外开销 |
|---|---|---|---|---|
| 0 | 无法处理磁盘的错误 | 在各种 RAID 级别中读写性能最好 | 不要求系统可靠性的场合 | 无容错 |
| 1 | 可以处理多个磁盘的错误 | 无写开销冗余，但只能使用一般的磁盘容量 | 任何场合 | 无容错 |

续表

| RAID 级别 | 数据可靠性 | 相对特点 | 应用场合 | 容错的额外开销 |
|---|---|---|---|---|
| 2 | 可以处理多个磁盘的错误 | 可以并行使用 N–logN 块磁盘，编码要通过硬件实现 | 对大数据进行读写的场合 | 实现冗余用掉了 logN 个磁盘 |
| 3 | 能处理一个磁盘的错误 | 读写数据传输速度仅次于RAID0；没有重叠 I/O 操作 | 多媒体（视频、图像、声音等）使用大文件的应用 | 采用一个磁盘实现冗余，写开销最小 |
| 4 | 能处理一个磁盘的错误 | 读操作要使用所有的磁盘，但同时只能访问一个磁盘；校验磁盘是这个系统的瓶颈，影响了写操作的速度；少量重叠 I/O 操作 | 读操作多而写操作较少的应用；大块写的应用 | 采用一个磁盘实现冗余，校验磁盘瓶颈 |
| 5 | 能处理一个磁盘的错误 | 读操作要使用所有的磁盘，但同时只能访问一个磁盘；由于校验数据的原因，写操作很慢；少量重叠 I/O 操作 | 读操作比写操作多的事务处理 | 采用一个磁盘实现冗余，写开销 |

# 第四节　磁盘阵列相关理论与技术

## 一、磁盘阵列面临的挑战

据国际数据公司 IDC（International Data Corporation）报告称，2010 年全球创建数字信息总量达到了 988EB（1EB = 10 亿 GB），而中国的数字信息量为 90 多 EB，占全球信息量的 9.1%。另根据 IDC 的预测，存储需求的年平均增长率将达到 50%~70%。存储海量信息导致数据中心对大容量、高性能、高可靠、低能耗存储设备的需求持续增加。

作为存储系统中的主要存储设备，磁盘阵列在不断地提高自身的性能、可靠性以及可用性。然而，面对不断变化的现代应用需求，磁盘阵列仍然面临着巨大的挑战。

1. 磁盘阵列面临来自可靠性、可用性方面的挑战

可靠性（Reliability）是指系统在 $t_0$ 时刻正常工作的情况下，在 $[t_0, t_{0+1}]$ 时间区域内正常工作的概率；而可用性（Availability）是指在任意时刻 t 系统处于正常工作状态的概率。

存储系统规模的增加以及磁盘单盘容量的增加对磁盘阵列的可靠性提出了挑战。根据 IDC 的调查，全球创建和复制的所有数字信息（数字宇宙）增长速度超过了人们的预期，2006~2011 年，数字宇宙增长了 10 倍，年均增长率接近 60%，预计到 2015 年将达到 118 亿 TB。在医疗行业中，一个大型医院存储医疗图像的数据库可能达 PB 级大小，且每周新增加的图像有数个 TB。制造业一方面正快速部署数字监控摄像头，另一方面则在部署传感器和射频芯片，以及大量的 CAD/CAM 及虚拟服务等。石油天然气行业一直在开发所谓的数字油田，采用传感器监控勘探点和井口的活动，并与总部的信息系统相连，推动实时的运营和勘探决策，一个油田或天然气田每天可生成大约 1TB 的数据。在所有新产生的数据中，90% 的数据都是存储在磁盘中。同时，随着硬盘价格的不断下滑，2TB 的大容量硬盘已经日渐普及。存储规模以及单盘容量的增加，使得数据中心成千上万的磁盘中的某个磁盘随时都有可能会出现故障。

Pinheiro 等人搭建过一个用于监控 Google 公司存储系统的系统，该系统每隔几分钟收集并按时间顺序保存 Google 系统中的关键信息，这些关键信息包括系统环境（如温度）、磁盘活动状况以及自侦测、分析和报告技术（Self-Monitoring Analysis and Reporting Technology，SMART）工具所收集的相关磁盘信息。然后根据这些信息分析影响磁盘寿命的因素。分析结果显示，磁盘的失效率与磁盘的环境温度以及磁盘的活动时间没有很明显的相关性；一些 SMART 参数（如扫描错误、寻址错误等）对磁盘的失效率有很大的影响。

有人分析了数个正在运行的大型存储系统实地收集的磁盘更换日志，这些大型系统包括高性能计算中心和互联网服务中心。在这些实地收集的数据中，包含了 100000 个磁盘的数据。其中一些磁盘，从其刚被替换进来到最终因为服务到期而被替换出去的这段时间的运行数据均被记录。这些磁盘的种类包括 SCSI 接口、FC 接口以及 SATA 接口。根据这些磁盘的产品说明书，它们的平均失效时间（Mean Time To Failure，MTTF）从 1000000 小时到 1500000 小时不等，也就是说，这些磁盘的年失效率不超过 0.88%。实际的研究结果显示，每年的磁盘替换率均超过了 1%，一般情况下是 2%~4%，有些系统中磁盘的年替换率甚至达到了 13%。这说明实际磁盘替换率明显超过产品说明书上给出的参考值。另外，研究也显示磁盘的替换率并不一定会随着磁盘使用年限的增加而增加，它更多地受到电子产品早期故障期的影响。进一步的研究显示，不同类型磁盘的替换率并没有非常明显的区别，其更容易受到该磁盘所处环境的影响。另外，磁盘的失效率并不像以往研究人员所设想的那样服从指数分布，而是更接近于 Weibull 分布或者 Gamma 分布。

潜在扇区失效是另外一种影响存储系统可靠性的因素。潜在扇区失效是指在某个时刻磁盘内部的某些扇区无法访问，当磁盘阵列进行重建操作而需要访问这些失效的扇区时，由于这些扇区无法访问，使得重建失败而导致数据丢失。通过对 153 万个磁盘的长达 32 个月的错误日志进行分析后发现，在所收集的数据中，3.45%的磁盘发生过潜在扇区错误；随着使用时间的增加，企业级磁盘发生潜在扇区失效的概率呈线性增加的趋势，而近线级磁盘发生潜在扇区失效则呈超线性增加的趋势；对于大多数磁盘而言，年潜在扇区失效率也呈现早期失效的特征；随着磁盘容量的增加，磁盘发生潜在扇区失效的概率也增加；扇区发生潜在扇区失效具有关联性，即当磁盘发生潜在扇区失效后，它随后继续发生潜在扇区失效的概率大于没有发生潜在扇区失效的磁盘，且磁盘中潜在扇区失效的发生具有空间局部性和时间局部性；60%的潜在扇区失效是通过磁盘扫描检测操作发现的，因此，磁盘扫描检测操作对于及早探测潜在扇区失效非常重要。

存储系统中还有一种错误，即无征兆数据腐化（Silent Data Corruption）。发生这种错误时，应用系统无法从存储系统获得警告或者错误消息，而存储系统中也没有这种错误的日志信息。这类错误在不提供数据完整性检验的存储系统中非常常见，它的根源在于数据在被写入时发生了数据写入故障。发生写入故障的情况一般有四种：误写、不完整写、数据污染以及奇偶校验位污染。对存储系统中无征兆数据腐化的研究显示，在对 NetApp 数据库进行了长达 32 个月的统计并且覆盖了 150 多万个磁盘的数据中，发现 8.5%的 SATA 磁盘发生过无征兆的数据腐化现象。即使在一些磁盘阵列中通过运行后台程序来验证数据是否和阵列的校验位相匹配，仍然有 13%的无征兆数据腐化错误不能被发现。

2. 磁盘阵列面临来自性能需求的挑战

在过去的十多年间，中央处理器（CPU）性能已经提升了 175 倍，而同一时期里的硬盘驱动器的性能增长倍数仅仅只是个位数，尤其是磁盘的相关性能指标，如寻道时间和旋转延迟等只以 10%左右的速度在增长。以这样的发展趋势看来，存储系统和 CPU 之间的性能差距还会继续拉大。受限于机械硬盘的工作原理，磁盘在性能方面的提升很容易遇到瓶颈。除了磁盘容量能保持明显的增长趋势外，主流的硬盘转速已在 7200RPM 停留很长时间，硬盘其他方面的性能一直无法获得有效提高。由于处理器速度以及网络带宽性能日益提升，相比之下，磁盘作为 PC 系统中关键的一部分，其作为 PC 木桶里的短板有越来越短的趋势。与传统机械硬盘相比，作为硬盘替代产品的固态盘由于其高昂的价格和寿命问题在一定程度上阻碍了它的迅速发展，其缺点和其优点一样明显。因此，可以断言固态盘技术立即取代传统磁盘的地位还为时过早。正如希捷（Seagate）资深产品营销经理 Gianna DaGiau 认为的那样，硬盘驱动器还有相当长的寿命，现在还看不到极限。

此外，由于存储系统中源源不断地产生新的数据，因此存储系统规模也不断地增加，使得存储系统中发生硬盘故障的可能性也在不断地增加。随着磁盘单盘容量的增加，大容量硬盘在存储系统中也已经日渐普及，而与大容量硬盘相伴随的是单盘发生潜在数据失效的概率也在增加。因此，在采用磁盘阵列技术的数据中心发现磁盘故障或者潜在扇区失效时，将会启动磁盘阵列的重建进程来生成失效的数据。在磁盘阵列的重建过程中，系统的性能会大大降低，严重影响用户的使用感受。

在科学计算方面，每个高能物理实验都会产生 1PB 以上的数据，每年这样的实验都要进行 5~10 次，所需网络传输速率为 1000GB/S，而在不久的将来，每个实验产生的数据将高达 EB 级（ExaBytes，1000PB）。而在核磁聚变领域，对存储系统容量的需求量达 100TB，网络传输速率要求每节点达 200MB/S。这些大规模数据密集型应用对存储系统也提出了挑战。

因此，磁盘阵列作为存储系统中的关键技术之一，如何提高磁盘或者磁盘阵列的性能以及如何提高磁盘阵列在降级模式下的应用性能体验，一直是学术界和企业界的研究重点所在。

3. 磁盘阵列面临的能源挑战

信息技术的迅猛发展使得数字信息呈爆炸式增长，据 IDC 的调查数据显示，企业生成的关键数据以 52% 的复合年均增长率增长。数据的快速增长带动企业数据中心的规模越来越大，服务器和存储设备的数量也急速增加，拥有成千上万台设备的数据中心也非常普遍。由于数据中心规模的增长，使得企业在能耗、散热管理以及机房空间管理等方面承受了巨大的压力。据统计，在过去的十年中，数据中心服务器供电密度平均增长了十倍。而 EPA 的统计数据显示，数据中心的能源支出每五年将会增加一倍。这种状况使得企业在能源消耗方面的投入非常巨大。在我国，这种情况更甚。据统计，国外先进机房的能源效率值（Power Usage Effectiveness，PUE）一般为 1.7，而我国数据中心的 PUE 平均值则在 2.5 以上，由此可见，我国数据中心在运行能效方面与国外存在比较明显的差距。数据中心在能耗管理方面所面临的能耗大、能效低、成本高的状态，既不符合我国当前节能减排的政策，同时也面临着巨大的成本竞争压力。

在数据中心，服务器是最大的电能消耗设备，其中 1/3 的电能被用于服务器的散热。数据中心另外一个耗能大户是存储系统。存储系统的能耗一般占整个数据中心能耗的 27% 左右。而磁盘又是存储系统中的主要耗能设备，在 EMC Symmetrix3000 系列存储系统中，磁盘的能耗大约占 86%。即使在待机状态，磁盘仍然会消耗电能。因此，在构建磁盘阵列存储系统时，节能、环保是其中需要着重考虑的问题。

## 二、可靠性优化技术

随着数据存储系统规模的不断扩大和类型的不断多样化，数据存储的可靠性变得越来越重要。而用于存储数据的主要设备——磁盘（Disk）由于采用的是机械存储方法，其可靠性一直没有得到改善。尤其在采用了大量磁盘的大规模数据存储系统中，磁盘的可靠性问题变得十分突出。磁盘的可靠性问题主要由各种磁盘错误（Disk Error）引起，包括：

1. 磁盘故障（Disk Failure）

磁盘故障指磁盘硬件错误导致整个磁盘数据变得无法访问。来自 Google 公司的统计数据显示，磁盘的年故障率（Annualized Failure Rate，AFR）处于 1.7%~8.6%；而来自美国卡内基梅隆大学（Carnegie Mellon University）的统计数据更显示，磁盘的年替换率（Annual Replacement Rate，ARR）在某些系统中甚至会达到 13%。于是，对于由成千上万个磁盘组成的 PB 级存储系统，一年内发生故障的磁盘个数会达到几十个甚至上百个；而对于由几百万个磁盘组成的 EB 级存储系统，一年内发生故障的磁盘个数则会达到几万甚至几十万。更为严重的是，不同磁盘发生故障的时间还具有一定的相关性（Correlation），从而导致多个磁盘可能同时发生故障。

2. 潜在扇区错误（Latent Sector Error，LSE）

潜在扇区错误指磁盘盘片表面磁介质损坏或 ECC（Error-Correcting Code，纠错码）错误导致某些扇区数据变得无法访问或不可修复。来自 NetApp 公司的统计数据显示，在 32 个月内，153 万个磁盘中出现潜在扇区错误的磁盘占的比例达到 3.45%，并且在这样的错误磁盘中潜在扇区错误个数的平均值高达 19.7。更为严重的是，磁盘中的潜在扇区错误还具有很强的时间和空间局部性（Temporal and Spatial Localities）。

3. 不可检测的磁盘错误（Undetected Disk Error，UDE）

不可检测的磁盘错误指磁盘固件或硬件错误导致从磁盘读出的数据与磁盘预存的数据不一致。来自 NetApp 公司的统计数据显示，产生不可检测的磁盘错误的概率比产生潜在扇区错误的概率大约低一个数量级，但不可检测的磁盘错误的空间局部性比潜在扇区错误的空间局部性更高。此外，研究结果还显示，对于一个存储容量为 1PB 的存储系统（由 1000 个容量为 1TB 的磁盘组成），平均每隔 18.43 天就会出现一个由不可检测的磁盘错误引起的无记载数据损坏（Silent Data Corruption，SDC）。

其中，磁盘故障和潜在扇区错误属于可检测的磁盘错误（Detectable Disk Error），可以由磁盘自身检测出来，它们的出现会引起相应的数据丢失；不可检测的磁盘错误不能被磁盘自身检测出来，它的出现会引起无记载数据损坏，而无记载数据损坏比数据丢失对存储系统可靠性构成的威胁更大。

为了防止磁盘故障和潜在扇区错误引起数据丢失，提高存储系统的可靠性。当前，行之有效的方法是在磁盘阵列中采用一定数量的冗余存储空间来存储冗余数据（Redundant Data），从而在检测到磁盘故障和潜在扇区错误时，利用冗余数据恢复丢失的数据。这里，一个十分重要的问题就是，在各种磁盘阵列的构建中我们所采用的具体冗余技术（Redundancy Technology）。

适用于磁盘阵列的冗余技术包括如下两大类：

1. 多路镜像技术

Λ 路镜像技术（Λ-Way Mirroring Technology）将每份数据同时存储到 Λ 个磁盘中，以容忍 Λ-1 个磁盘同时发生故障。为了容忍 t 个磁盘同时发生故障，多路镜像技术需要 t 倍的额外冗余。该技术的一个典型应用就是采用了 2 路镜像并且能容忍 1 个磁盘发生故障的 RAID1。

2. 纠删码技术

纠删码技术（Erasure-Coding Technology）将 k 个磁盘的用户数据（User Data）存储到由 n 个磁盘组成的磁盘阵列中（其中 k<n<2k），并对磁盘阵列进行条带化（Striping），如图 3-9 所示，然后通过一个纠删码对每个条带（Stripe）中的数据进行编码，使得在多个磁盘同时发生故障时丢失的数据能被恢复。这里，如果采用的纠删码是 MDS（Maximum Distance Separable，最大距离可分）码，则可以容忍多达 m=n-k 个磁盘同时发生故障。于是，为了容忍 t 个磁盘同时发生故障，纠删码技术可以只需要 t/n（<1）倍的额外冗余。该技术的一个典型应用就是采用了 1 个冗余磁盘并且能容忍 1 个磁盘发生故障的 RAID5。

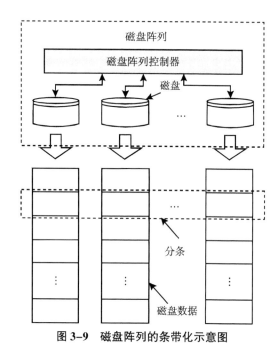

图 3-9　磁盘阵列的条带化示意图

可以看出，与多路镜像技术相比，纠删码技术极大地提高了磁盘阵列的存储效率（Storage Efficiency），并且只会引入少量的额外能耗开销。

## 三、可用性优化技术

1. 评估可用性的理论和方法

在过去的 30 多年，可用性模型和可用性分析的研究在许多领域都是一个热点，如工业工程、材料工程和计算机系统。在网络服务中，基础设施提供商一般通过服务等级协议（Service Level Agreements，SLA）或服务等级目标（Service Level Objectives，SLO）保证它们的网络或电源服务是可用的。例如，如果基础设施提供商提供的服务时间在一个月内没有达到 SLA 预先规定的小时数，它们就要对消费者做出相应的赔偿。因此，SLA 经常被用以判定服务或系统（包括存储系统）是否可用。从 SLA 的角度来看，系统通常在下列两种服务状态之间切换：①服务完成（Service Accomplishment），即服务按照指定的 SLA 交付；②服务中断（Service Interruption），即提交的服务不满足 SLA 的要求。系统故障将导致系统从状态①切换到状态②，而系统恢复后，系统将从状态②切换回状态①。Heunessy 和 Patterson 在《计算机体系结构量化研究方法（第四版）》一书中指出，评估系统的这两种切换可以采用下列两个指标。

（1）可靠性（Reliability）。用于评估服务完成，是指从参考的初始状态开始，持续完成服务的时间，一般用平均故障时间（Mean Time To Failure，MTTF）来评估，MTTF 的倒数即故障率。例如，假设磁盘的平均故障时间是 1000000 小时，则磁盘的年故障率是 0.876%。另外，服务中断一般用平均修复时间（Mean Time To Repair，MTTR）来评估，平均故障间隔时间（Mean Time Between Failures，MTBF）则是 MTTF 与 MTTR 之和。

（2）可用性（Availability）也用于评估服务完成，从系统在服务完成和服务中断两个状态间切换的角度来看，当系统从状态①切换到状态②时，同样可以认为系统的可用性降低了。

可靠性建模的研究采用的技术有联合模型、马尔可夫（Markov）模型、安全模型、可用性模型和可维护性模型等，基于不同的数学和统计方法，包括随机过程、Markov 链、贝叶斯（Bayesian）估计和统计分布。其中大型计算机系统的建模和分析一般采用 Markov 模型来分析它们的可靠性和性能。

对于冗余磁盘阵列来说，可靠性可以理解为当磁盘发生故障时，磁盘阵列仍然能够继续对外提供服务，故障磁盘上的数据通过一定的机制可以恢复而不会丢失；而如果磁盘故障导致保存在磁盘阵列上的数据丢失，则可以说此时磁盘阵列已经不可靠。在现有的许多研究中，磁盘阵列的可靠性一般形式化定义为平均数据丢失时间（Mean Time To Data Loss，MTTDL），MTTDL 是 MTTF 和 MTTR 的函数。例如，由 n 个磁盘组成的 RAID5 的 MTTDL 可以由式（3–2）给出。

$$\text{MTTDL}_{\text{RAID5}} = \frac{(2n-1)\mu + \upsilon}{n(n-1)\mu^2}$$ (3-2)

其中，$\mu$ 是磁盘的故障率，等于 1/MTTF；$\upsilon$ 是故障修复率，等于 1/MTTR。值得注意的是，MTTR 一般不会超过几百个小时，而 MTTF 则比 MTTR 大好几个数量级。因此，随着 $\upsilon$ 的增大即 MTTR 的减小，MTTDL 即磁盘阵列可靠性近似线性地提高。

传统的磁盘阵列可用性一般描述磁盘阵列系统在某个时间点是"运行"（Up）还是"宕机"（Down），形式化定义为 MTTF 和 MTTR 的函数，即式（3-3）。人们常用 99.999%等数值描述一个系统的可用性。很明显，磁盘阵列的可用性也随着 MTTR 的减小而提高。

$$\text{Availability} = \frac{\text{MTTF}}{(\text{MTTF} + \text{MTTR})} \times 100\%$$ (3-3)

然而，磁盘阵列的可用性还有其他不同的定义方法。Brown 和 Patterson 从下列两个方面考虑了这个问题。首先，他们认为系统除了"运行"和"宕机"两个状态外还存在着许多"降级"状态，衡量可用性必须捕获这些"降级"状态，除了测量系统是"运行"或"宕机"外还要评估它所提供服务的质量。其次，可用性的定义不能仅仅局限于某个时间点而应该是全部时间内系统服务的质量。从用户的角度看，系统每分钟有两秒无法响应 I/O 请求和每个月有一天宕机是不同的，虽然它们的平均运行时间相同，所以可用性的评估也必须捕获这两种系统的不同之处。为此，他们指出系统的可用性评估需要测量全部时间内系统服务质量的变化，而且适用于大部分服务器系统的两个典型标准是"容错能力"和"性能"，即存储子系统能够容忍的故障数和每秒能响应的请求数（或请求的响应时间）。

综上所述，磁盘阵列的可用性包括下列两层含义：①当数据丢失、磁盘阵列不可靠时，显然可以认为磁盘阵列已经不可用，因为磁盘阵列已无法向用户提供正常的服务；②磁盘阵列虽然能够向用户提供服务但不能满足 SLA 的要求，同样可以认为该磁盘阵列也已经不可用。这种理解方式同现有研究对磁盘阵列存储系统可用性的定义和评估是一致的。

因此，从广义上讲，可用性包括可靠性和性能两个方面，提高系统的可靠性和性能都可以提高可用性。

2. 可用性相关技术

针对磁盘阵列可用性面临的两大严峻挑战，涌现出了许多用于提高磁盘阵列可用性的方法，分别为下列两大类：磁盘阵列的数据重建方法和提高校验磁盘阵列小写问题的相关技术。

（1）磁盘阵列数据重建算法研究。一般来说，冗余磁盘阵列能够容忍一个或多个磁盘失效，其工作模式有三种：①正常模式，即磁盘阵列中所有磁盘都没有发生故障；②降级模式，即磁盘阵列的成员磁盘失效后，磁盘阵列继续服务 I/O 请求，但是性能在一定程度上降低了，而且面临着丢失数据的危险；③重建模式，即当磁盘阵列的成员磁盘失效后，磁盘阵列的恢复算法根据冗余信息将故障磁盘上的数据恢复到替换磁盘，这个过程通常又称为重建过程。当故障磁盘上所有数据都重建完毕后，磁盘阵列恢复到正常模式。

磁盘阵列运行在降级模式和重建模式的时期又被称为"攻击窗口"（Window of Vulnerability），因为此时如果再有一个磁盘发生故障（RAID6 除外）将会导致数据丢失。另外，在重建模式下，由于重建过程占用大量磁盘资源，大大降低了磁盘阵列对外服务的性能，严重影响了磁盘阵列的可靠性和可用性。为此，许多存储研究团体和个人都投入了大量的精力研究高效的重建策略，尽可能地同时减少重建时间（即最小化攻击窗口），并减轻重建过程对系统性能的影响。

磁盘阵列重建过程分为两种方式：离线重建和在线重建。前者是指在重建过程中磁盘阵列停止服务用户 I/O 请求，重建完成后再重新对外提供服务；后者则是指重建过程中磁盘阵列依旧对外提供服务。在实际应用环境中，用户往往要求存储系统提供 24×7 小时不间断服务，由于离线重建需要中断服务，所以没有被广泛采用。另外，由于在线重建时磁盘阵列同时处理用户 I/O 请求和重建请求，其重建速度远远低于离线重建。当然，大部分重建方法的研究考虑的都是在线重建算法及优化方法。

现有的磁盘阵列重建方法研究大致上可以分为下列五类：理论研究、数据布局的重新组织、重建工作流优化、重建顺序优化及其他方法。

①理论研究。美国加利福尼亚大学洛杉矶分校（University of California, Los Angeles, UCLA）采用分析模型对三种重建算法的性能进行了研究。基线复制方法（Baseline Copy Procedure）顺序读取故障磁盘的数据并写入替换磁盘，跳过被用户 I/O 请求更新且已经写入替换磁盘的数据块。当所请求的数据已经被恢复到

替换磁盘时，读重定向（Read Redirection）技术支持替换磁盘直接服务故障磁盘的读请求。如果用户写请求刚好落在故障磁盘上且该写请求的数据块尚未被恢复，则直接将该数据写入替换磁盘，该方法称为写搭便车（Write Riggy-Backing）重建算法。

IBM 阿尔马登研究中心（IBM Almaden Research Center）通过数学建模从理论上分析了带缓存和不带缓存的磁盘阵列在三种模式（包括正常、降级和重建模式）下的性能。分析结果表明，缓存在磁盘阵列子系统中是必需的，因为不带缓存的磁盘阵列性能比带缓存的磁盘阵列差很多。另外，磁盘阵列的校验条带宽度越小，降级模式和重建模式下磁盘阵列的性能越好，重建时间也越少。

快速准确地评估磁盘阵列的重建时间对于计算磁盘阵列系统的可靠性是非常有用的，尤其是在系统设计权衡研究中。假定磁盘负载是平衡的，重建时间可以近似等于读取任意一个非故障磁盘上所有数据的时间。相对以往的重建性能分析模型，基于 VSM 的 M/G/1 排队模型更加准确、简单，因为它明确考虑了磁盘分区制对重建的影响，还可以结合启发式的方法评估重建时间。

②数据布局的重新组织。数据布局的重新组织是指在重建过程中对校验单元或备用磁盘（Spare Disk）的数据布局进行重新分布组织，从而提高重建的性能。

对于 RAID5 磁盘阵列来说，校验条带宽度（一个校验条带包含的单元数目，也称为校验组大小）等于组成磁盘阵列的磁盘个数，校验单元是同一条带上所有数据单元的奇偶校验和。当任意一个磁盘出现故障时，重建磁盘阵列任意条带上故障磁盘的数据都必须读取剩下的所有非故障磁盘在该条带上的数据或校验单元，计算它们的奇偶校验和，因此重建过程必须访问该磁盘阵列非故障磁盘的所有数据，性能受到很大的影响。

针对这个问题，校验散列（Parity Declustering）策略减小了校验组的大小，奇偶校验信息占用更多磁盘单元，校验条带只同部分磁盘相关联，因此重建过程只需读取非故障磁盘的一部分数据，加速了重建速度并提供了更好的性能，而且不会带来类似镜像磁盘阵列的高容量开销。校验散列策略通过减轻数据重建过程非故障磁盘上的额外负载，平衡了数据可靠性和性能之间的矛盾，减少了故障恢复时间，同时提高了恢复过程的用户吞吐量。

通常来说，备用磁盘是专用的，在正常工作模式下并不被使用，因此磁盘利用率较低。美国密歇根州立大学（University of Michigan）提出了一种分布式

Sparing 的方法优化数据恢复时间和 I/O 响应时间，该方法将备用空间均匀地分布在磁盘阵列的各个磁盘上。由于备用磁盘空间在正常模式下可以被充分地利用，而且在磁盘失效时，需要重建的数据比其他方法少，因此该方法减少了数据重建时间和 I/O 响应时间。在由数千个磁盘组成的大规模分布式存储系统中，数据恢复时间过长，影响了系统的可靠性。为此，美国加利福尼亚大学圣克鲁兹分校（University of California，Santa Cruz）提出了一种分布式的快速重建机制 FARM，通过充分利用现有磁盘空间保存重构的镜像数据，减少了失效数据的恢复时间，极大地降低了大规模存储系统中数据丢失的概率。

Panasas 并行文件系统采用了三个技术减少数据恢复时间，即减小校验组大小、分散布局校验组元素和客户端驱使（Client-Driven）的磁盘阵列重建方法，最后一个技术通过元数据管理器管理多个磁盘阵列驱动器，并且允许客户端并行重建文件，取得了较好的重建性能，提高了分布式文件系统的性能和可靠性。

③重建工作流优化。重建工作流优化不需要改变磁盘阵列的数据布局，因此在实际的磁盘阵列实现中更为普遍，典型的方法有下列几种：

面向条带的重建方法（Stripe-Oriented Reconstruction，SOR）为磁盘阵列的每个条带创建一个重建进程，逐条带读取非故障磁盘的所有单元，计算奇偶校验和，然后将重构好的数据写入替换磁盘，直至故障磁盘上所有数据恢复完毕。由于磁盘不支持抢占式访问，SOR 采用低优先级重建请求的方式减轻了重建过程对用户响应时间的影响，其主要缺点是不能并行执行重建过程所需的三个操作，无法充分利用未被应用请求吸收的空闲磁盘带宽，因此重建速度较慢。虽然改进的并行 SOR 同时创建若干个独立的重建进程、并行重建一批校验条带，但仍然无法利用所有空闲磁盘带宽，重建时间依然很长。

为了进一步提高磁盘利用率，卡耐基梅隆大学有人提出一种面向磁盘的重建方法（Disk-Oriented Reconstruction，DOR），为每个磁盘创建一个重建进程，并行执行重建过程所需的三个操作。DOR 能够充分吸收可用的磁盘带宽，重建速度快于并行 SOR，适用于多处理器磁盘阵列，因为多个处理器能够并行处理磁盘请求，大大加快重建速度，提高数据的可靠性。但是由于低优先级的重建请求常常会导致高优先级的用户请求处于等待而无法执行，DOR 加重了重建过程的用户性能降级问题，用户响应时间较长，可用性较差。DOR 算法被用于 NetBSD 操作系统中的软件磁盘阵列 RAIDframe 中。

为了解决持续媒体服务器的可靠性问题，香港中文大学的 Lee 和 Liu 提出了一种基于磁道的重建算法（Track-Based Rebuild），以磁道为单位重建数据到替换磁盘中，重建速度远远快于基于块的重建算法（Block-Based Rebuild），但是额外的缓存开销较大。为此，他们又提出一种流水线重建算法（Pipelined Rebuild，PR），利用磁道访问的顺序性流水线执行重建的读写进程，减少了基于磁道的重建算法的缓存开销。PR 算法被用于 Linux 操作系统中的软件磁盘阵列 MD 中。

④重建顺序优化。上述重建方法利用了磁盘的顺序访问最优特点，但是同时服务用户 I/O 请求和重建请求会导致磁头在当前重建点和用户访问区域之间频繁移动。磁头跟随重建算法（Head Following）的基本思想是每个与非故障磁盘相关的重建进程紧密跟踪用户访问，跟随磁头移动动态地重建磁头当前所在的区域，减少磁头定位时间。但是，跟随用户访问容易造成重建的条带互不相关，耗尽重建缓冲区而导致重建进程死锁，因此该方法不适用于随机负载环境，如在线事务处理等。

贪婪重建算法（Greedy Reconstruction）是针对镜像磁盘阵列提出的，其基本思想是优先重建磁头当前位置附近的磁道。虽然贪婪重建算法不会像磁头跟随算法一样导致重建进程死锁，但是它需要维持一个庞大的表，用于记录所有已重建的磁道，由于磁盘越来越大，磁道越来越多，所要维持的表也越来越大。

基于热度的多线程重建调度优化算法 PRO 借鉴分时操作系统的设计思想，利用优先级调度，跟踪用户热点访问的变化，优先重建热点区域，同时利用时间片分时，使其每次重建保持顺序性，利用了磁盘顺序访问的最优特点。PRO 使得重建区域尽可能接近用户访问区域，而且保证了重建过程的顺序性，大大减少了磁头频繁定位的开销，因此减少了重建时间和用户响应时间。

⑤其他方法。美国得克萨斯州大学奥斯汀分校提出了一种适用于多磁盘组成的多媒体服务器的故障恢复算法，充分利用视频流的固有冗余信息而不是故障检测码，保证恢复过程不会增加磁盘阵列的额外负载。他们还提出一种新的磁盘阵列结构，结合视频流的解压性和恢复过程，将重建过程分发到各个客户端，提高多媒体服务器的可扩展性。

在假设重建过程中再次发生磁盘故障的概率非常低的前提下，芬兰诺基亚通讯公司提出延迟重建算法（Delayed Repair），在重建请求之间引入一个短暂延迟，减少用户 I/O 请求的等待时间，满足用户 I/O 响应时间的需求。然而，由于在大规模磁盘阵列存储系统中，磁盘故障率远远超出预期的情况，直接采用延迟重建算法将会对磁盘阵列的可靠性和可用性造成严重威胁。

非易失性随机存储器（Non-Volatile RAM，NVRAM）和其他非易失性设备（如磁盘）都可以被用于减少重建时间。首先为磁盘阵列配置一个非易失性设备作为假脱机设备，由该设备服务所有写请求，如果要读取的数据已经保存在该假脱机设备上，数据可以直接返回给用户而不需要再访问磁盘阵列，减轻了磁盘阵列的 I/O 负载强度，提高了重建速度。

美国新泽西理工学院通过仿真实验发现，在重建时间和用户响应时间上，休假服务员模型都优于持久消费者模型（Permanent Customer Model，PCM），其中后者设置重建请求的优先级和用户 I/O 请求相同。他们还研究了缓存大小、重建单元大小、写搭便车、读重定向、磁盘个数和重建过程的磁盘利用率等因素对重建的影响。

对于移动存储系统来说，低能耗同高性能和高可靠性一样重要。移动磁盘的故障率比固定磁盘高很多，而且现有的磁盘阵列重建策略无法同时实现这三个目标，特别是能效问题。基于多级缓存的重建优化算法 MICRO 首先将缓存中位于故障磁盘上的数据恢复到替换磁盘，然后采取类似 PRO 的方法优先重建用户频繁访问的热点区域，除了缩短重建时间和用户响应时间外，还降低了重建过程的系统能耗，适用于基于磁盘阵列的移动存储系统。

通过利用文件系统的语义信息，美国威斯康星大学麦迪逊分校的 ADSL 实验室提出了活数据块重建方法（Live-Block Recovery），该方法从文件系统的角度考虑，只恢复活跃数据到替换磁盘，忽略所有无效数据，大大缩短了重建时间。其缺点是必须挖掘并利用文件系统的语义信息，实现难度比较大，通用性不高，而且它容易造成校验磁盘阵列数据丢失，因此只适用于镜像磁盘阵列。

（2）提高校验磁盘阵列小写性能的相关技术。为了提高校验磁盘阵列 RAID5/6 的小写性能，各种优化策略应运而生。

针对在线事务处理 OLTP 的特点并综合不同磁盘阵列级别的优点，HP 公司提出一种高性能、高可靠的磁盘阵列结构 AutoRAID，由单个阵列控制器集中控制实现两级存储，采用 RAID1 方式保存"活跃"数据，提供镜像容错功能和最佳的读写性能，采用 RAID5 方式保存"非活跃"数据，虽然损失了一定的性能却降低了设备成本。AutoRAID 将所有的磁盘空间看作一个虚拟存储池，用户可以透明地使用磁盘空间，支持数据的动态迁移。

为了保证数据的可靠性，磁盘阵列往往要损失一定的性能开销，如校验磁盘阵列 RAID5/6 的小写问题，一次小写需要四到六次磁盘 I/O 操作。HP 公司提出了 AFRAID 实时更新数据，但将更新校验的操作延迟到下一个空闲时间，因此所保存的数据只是经常性地拥有冗余信息，而不再像传统的 RAID5 那样始终保存着冗余信息。通过调节校验更新策略，AFRAID 在性能和可用性之间做平衡，读写性能接近 RAID0，数据可靠性又和传统的 RAID5 相当。

当前数据库系统的性能通常受到 I/O 设备的速度限制。相比于单个大容量昂贵磁盘，磁盘阵列虽然提高了性能、可靠性、能效和扩展性，但其写性能仍然很难提高。动态多校验（Dynamic Multiple Parity，DMP）磁盘阵列在一个条带中放置 R 个校验块，每次校验更新过程可以选择其中任意一个进行，因此可以同时修改一个条带中的 R 个数据块，适用于串行事务处理数据库系统。通过结合多个校验磁盘，DMP 能够显著地提高 I/O 吞吐量；另外，在单个磁盘出现故障时，DMP 固有的分布式校验特性使其能够向用户提供正常的服务。

为了减少磁盘的旋转等待时间，浮动奇偶校验方法（Floating Parity）通过灵活地改变同一柱面的数据位置，减少小写请求的旋转延迟，将更新校验信息的读/算/写三个磁盘访问缩短为平均略多于一个磁盘访问。但是该方法需要一个庞大的映射表管理逻辑校验块和它们的实际物理位置，增加了空间开销。

奇偶校验日志（Parity Logging）将新数据和旧数据的异或结果作为日志，然后用这些日志批量地更新校验信息，从而延迟读旧检验和写新检验的操作，减少了磁盘阵列的小写开销。它需要的开销是用于临时保存校验更新映像的 NVRAM、用于保存校验更新映像日志的磁盘空间以及将校验更新和旧校验信息进行异或操作时的额外内存。奇偶校验日志方法的缺点是：磁盘阵列中数据热点区域的出现容易导致内存溢出，这时需要激活一个相当长的日志清理操作，所有的数据更新操作都将被挂起，这时性能受到了非常大的影响。

数据日志（Data Logging）方法不再记录校验信息的改变，而是直接记录旧数据块和新数据块，这种适度处理日志溢出的方法使得数据日志的性能明显优于校验日志。其缺点有两点：①需要附加的磁盘提供额外空间保存日志，增加了磁盘失效的概率，也增加了数据恢复时间；②访问冲突，更新时只有日志磁盘都可用才能实现同时更新，而且能同步进行小写的个数也限制为 (n+1) /2 个 (n 是组成磁盘阵列的磁盘个数)。

由此可以看到，大部分解决校验磁盘阵列小写性能问题的方法通过改变磁盘阵列的数据布局或校验更新方法，甚至以牺牲一定程度的可靠性作为代价，这对于许多可靠性要求高的应用来说是不允许的。因此，这些方法并不能从根本上解决校验磁盘阵列的小写性能问题。

另一种提高校验磁盘阵列小写性能的方法是缓存技术，尤其是存储控制器中采用快速非易失性存储器的写缓存能够很好地隐藏写延迟。随着存储系统规模的不断增长，加上写缓存的容量远小于读缓存，两者间的比例一般是 1 : 16，如何充分利用这些有限的写缓存资源变得越来越重要。

在存储控制器中，如何合理调度写缓存的数据腾空 (Destage) 操作 (即刷新写缓存中的数据到磁盘) 对于提高存储系统的性能至关重要。现有的缓存调度算法，如最小代价调度 (Least Cost Scheduling) 和高/低标志 (High/Low Mark)，能够使腾空操作对服务主机读请求和磁盘利用率来说都是透明的，并且能够在不引起写缓存溢出的前提下容忍爆发负载。线性阈值调度策略根据写缓存的瞬时占有量，自适应地改变缓存数据的腾空速率，能够提供相当不错的读性能，同时维持较高的爆发容忍性，但是该策略没有充分考虑负载的特性。

优化腾空操作可以通过减少数据的腾空次数和/或降低腾空操作的开销。首先，通过充分地利用时间局部性使写缓存中的数据在被腾空后的较短时间内不会被重写，尽可能地减少腾空次数，这可以采用最近最少写 (Least Recently Written, LRW) 算法实现；其次，通过充分利用空间局部性将腾空操作的平均开销减到最小，这可以由写缓存的磁盘调度算法来实现，例如，CSCAN 算法按照逻辑地址的升序顺序腾空写数据。然而研究发现，LRW 和 CSCAN 算法要么利用时间局部性，要么利用空间局部性，并没有同时兼顾两个方面。

IBM 提出的 WOW 算法是一个结合近似 LRU 的 CLOCK 算法和 CSCAN 算法构建的写缓存管理算法，有效地结合并平衡时间和空间局部性以决定腾空哪些写缓存中的数据，从而同时减少腾空次数和减少腾空操作开销。作为 WOW 的扩展，STOW 算法不仅利用了时间和空间局部性特点管理写缓存的腾空顺序，还能够有效地控制腾空速率。另外，STOW 还将写缓存划分成顺序队列和随机队列，动态、随机地调整它们的相对大小并分别处理，提供更优的腾空速率控制策略，大大减少了请求响应时间，提高了存储系统的吞吐量。

综上所述，存储控制器中的写缓存对于提高存储系统的性能是非常有效的，当写缓存容量达到后端存储空间的 0.1% 时，其性价比是最优的。但是由于作为写缓存的非易失性存储器价格昂贵，在真实应用环境中，写缓存容量远远小于后端存储空间的 0.1%，很难大幅度提高存储系统的性能，因此无法满足现代应用的需求。

## 四、高性能技术

随着微处理器设计和生产工艺的快速发展，存储系统的访问速度与处理器的运算速度的差距越来越显著，并且这个差距以每年 50% 的速度增长，访存性能已成为提高计算机系统性能的瓶颈。访存效率成为影响处理器性能发挥的重要因素，从而存储系统的性能优化成为处理器性能提高的关键。

前文中我们详细比较了磁盘阵列硬件控制器与集成式磁盘阵列的优缺点，尽管阵列硬件控制器相比集成式磁盘阵列具有诸多优势，但由于阵列控制器通常采用嵌入式硬件设计，而目前较为流行的嵌入式 I/O 处理器主要有 Intel IOP 处理器系列以及 Power PC 系列，相对通用 PC 平台 CPU 而言主频均较低，运算处理性能弱。磁盘阵列由于冗余技术的引入带来了大批量数据的校验运算，同时冗余数据也占用了部分聚合带宽。潜在的校验数据运算瓶颈、额外的冗余开销、阵列控制器 CPU 性能瓶颈、内部总线吞吐率、PCI 总线吞吐率、通道性能、磁盘最大吞吐率、分条大小、cache 策略、I/O 调度、工作负载情况等最终均会影响磁盘阵列整体性能，较低主频的嵌入式处理器可能无法胜任对 I/O 请求的各种运算、传输、存储处理等操作。因此，要设计自主知识产权的磁盘阵列控制器，有必要对相关处理器硬件进行全面的性能评估。为清晰地了解影响磁盘阵列性能的关键因子，本节从磁盘阵列软硬件结构角度分析控制器内部潜在的瓶颈，并对影响磁盘阵列性能的关键因子进行详细的对比测试与研究，从而全面对阵列控制器硬件平台进行性能评估，为控制器最终设计提供理论依据。

### 1. 磁盘阵列硬件瓶颈分析

计算机硬件分为计算、传输、存储三大类，磁盘阵列为存储系统基础设施，属于 I/O 密集型存储设备，其本质是在兼顾可靠性的前提下为主机提供多个磁盘的汇聚带宽、提供主机与多个磁盘之间的逻辑通路。以写操作为例，主机数据传输到目标磁盘，必须经过主机通道、PCI 总线、北桥芯片、内部总线、内存、磁盘等多个关键部件，其中涉及大量数据在上述部件之间的传输，另外由于 I/O 数据最终必须采用分条的方式分布到多个硬盘，对 I/O 请求数据的封装处理、分条处理、校验数据运算均必须由 CPU 完成，这些操作属于运算类，最终数据通过磁盘 I/O 请求队列传送到磁盘物理介质上，从而完成存储类操作。I/O 数据从主机通道到磁盘的过程中必须经历传输、处理、存储三种操作，这三种操作最终必须依赖于具体硬件部件完成，其处理性能也取决于相关硬件部件。传输操作依赖于阵列控制器中主机通道、PCI-X 总线、内部总线、内存的传输能力，处理操作取决于 CPU 的性能、内部总线速率，存储操作则依赖于硬盘本身的性能。

图 3-10 为磁盘阵列控制器硬件总线体系结构示意图，该设计方案主要是采用 Intel 80321 IOP 处理器进行硬件设计，其主频为 400~600MHz，CPU 内部总线

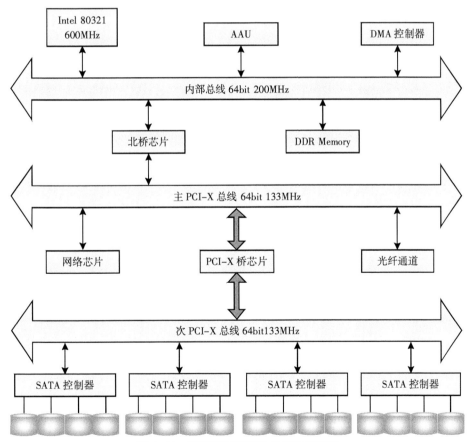

**图 3-10 阵列控制器硬件总线体系结构**

位宽为 64bit、频率为 200MHz、理论带宽为 1.6GB/s，主 PCI-X（64bit、133MHz、1GB/s）总线通过北桥芯片与内部总线相连，网络芯片以及光纤通道芯片直接连接在主 PCI-X 总线上。由于主 PCI-X 总线仅能连接三个 PCI 设备，为了连接更多的 PCI 设备，阵列控制器内部通过 PCI-X 桥接芯片扩展了一条次 PCI-X 总线，总线位宽及频率与主 PCI-X 总线相同。次 PCI-X 总线上共连接 4 个 PCI-SATA 控制器，每个 PCI-SATA 控制器可以挂接 4 个 SATA 磁盘，4 个 SATA 控制器总共可以挂接 16 个 SATA 磁盘。PCI-X 桥芯片完成主 PCI-X 总线与次 PCI-X 总线的桥接功能，实质是为了扩展主 PCI-X 总线的负载能力，主总线与次总线上的所有设备共享 PCI-X 总线带宽。

2. 磁盘阵列数据流分析

图 3-11 为主机将数据写入磁盘阵列时，写入数据在磁盘阵列内部各部件之间的流动次序。从图 3-11 中可以看出，数据流动顺序如下：

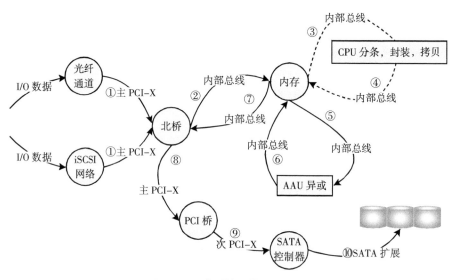

图 3-11　阵列控制器写数据流

（1）主机通过光纤通道或者 iSCSI 网络通道将 I/O 数据写入阵列控制器内存中，此过程由光纤通道卡或以太网卡采用 DMA 方式将主机端发送过来的数据经由主 PCI-X 总线、北桥芯片、内部总线写入 DDR 内存中，如图 3-11 中路径①、②所示，此部分操作由磁盘阵列软件模块中的目标器模块完成。

（2）数据写入内存后，CPU 负责对相关数据缓冲区进行封装处理，如果不采用零拷贝技术，此处还需要将数据缓冲区拷贝到 cache 缓冲区中（拷贝操作需要在内存中搬移全部数据，会降低内存性能），最后要对相关缓冲区进行分条封装处理，这种操作并不需要对数据本身进行处理，仅仅是数据结构的封装，所以对性能无太大影响，具体如图 3-11 中③、④虚线路径所示。

（3）对于存在冗余校验信息的阵列级别，数据分条后必须通过校验运算得到冗余校验信息，这部分操作必须对分条中所有成员盘数据进行异或运算，具体路径如图 3-11 中⑤、⑥所示，在阵列控制器中，这部分操作由 AAU 硬件异或单元通过内部总线直接操纵内存进行数据运算。

（4）数据分条完成后相关数据由磁盘驱动模块操纵通过路径⑦、⑧、⑨、⑩至磁盘，具体由内部总线经北桥芯片、主 PCI-X 总线、PCI 桥、次 PCI-X 总线、SATA 控制器直至最终的物理磁盘介质。

磁盘阵列读过程中数据流与写数据流方向正好相反，另一个区别是磁盘阵列在正常工作模式下无须进行校验运算，仅仅当磁盘阵列处于降级模式或重建模式时，才需要通过校验运算恢复故障盘数据，此时才需要图 3-12 中路径⑤、⑥所示的硬件异或运算。

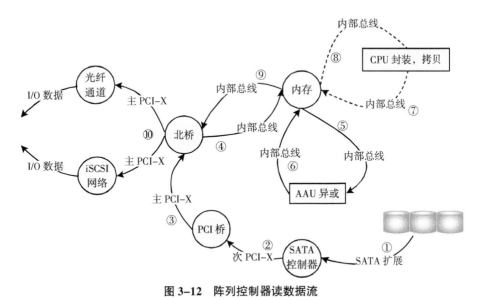

**图 3-12　阵列控制器读数据流**

3. 磁盘阵列排队模型

阵列控制器 I/O 排队模型如图 3-13 所示，I/O 数据从主机端传输存储到最终的物理磁盘先后经历主机通道、PCI 传输、CPU 处理、磁盘并发存储前后四个阶段，其中主机通道既可以是光纤通道也可以是网络 iSCSI 接口，CPU 处理阶段包括对数据缓冲区的封装以及分条校验运算。假设主机 I/O 负载负责用 Li 表示，用户请求达到率服从 Poisson 分布，用 $\lambda$ （$L_i$）表示，平均请求大小用 R （$L_i$）表示。主机发送过来的 I/O 请求所占用的带宽将小于阵列控制器极限带宽，具体可表示为式（3-4）。

$$B_{Raid\_Controller} \geq \sum_i \lambda(L_i) \, R(L_i) \tag{3-4}$$

阵列控制器 I/O 传输的四个阶段在整体上是串行的关系，第四个阶段多磁盘并发阶段多个磁盘并行工作，每个磁盘拥有一个 I/O 请求队列，多磁盘并行是并行队列关系，总体上来看阵列控制器排队模型是一个串并混合系统。

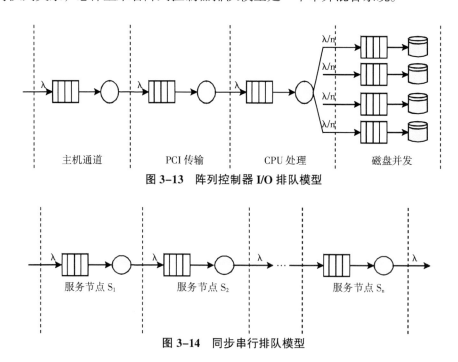

图 3-13　阵列控制器 I/O 排队模型

图 3-14　同步串行排队模型

对于串行排队模型，如图 3-14 所示，服务节点 $S_i$ 的输出直接输入服务节点 $S_{i+1}$，假设当系统进入稳态后，系统离开率与到达率相等，整个串行系统的整体性能取决于整个串行链路上性能最差的一个服务节点，该服务节点成为这个系统的瓶颈。系统整体带宽取决于整个串行系统中性能最差的服务节点的带宽，如果各服务节点不完全独立，系统整体带宽更是低于最差服务节点的带宽，见式（3-5）。

$$B_{Sequential} \leqslant min \begin{bmatrix} B_{s_1} \\ B_{s_2} \\ \cdots \\ B_{s_n} \end{bmatrix} \tag{3-5}$$

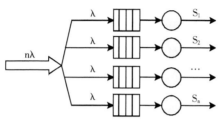

图 3-15　异步并行排队模型

图 3-15 为异步并行排队模型，在该模型中存在多个并发的队列，每个服务节点均可以独立完成任务，类似于多窗口售票系统，各服务节点彼此独立，不存在任何联系，对于这种异步并发排队模型，系统整体带宽为多个独立服务节点性能带宽的总和，见式（3-6）。

$$B_{Parallel} = \sum_m B_m \tag{3-6}$$

对于如图 3-13 所示的阵列控制器 I/O 排队模型，根据以上对同步串行排队模型以及异步并行排队模型的分析可知，阵列控制器最大带宽小于主机通道速率 $B_{Host\_Channel}$、目标器通道 PCI 传输速率 $B_{Target\_Pci\_Transfer}$、CPU 对 I/O 封装分条校验速率 $B_{Cpu\_Process}$ 以及最大磁盘聚合带宽 $B_{Pci\_Sata}$，以上四个阶段均有可能成为系统瓶颈，具体表示为式（3-7）。其中，如式（3-8）所示，聚合带宽是所有磁盘带宽之和。

$$B_{Raid\_Controller} \leqslant min\{B_{Host\_Channel}, \ B_{Target\_Pci\_Transfer}, \ B_{Cpu\_Process}, \ B_{Pci\_Sata}\} \tag{3-7}$$

$$B_{Pci\_Sata} = \sum_m B_{Sata\_Disk} \tag{3-8}$$

以上是针对磁盘阵列 I/O 排队模型，对 I/O 数据传递过程中系统硬件瓶颈的整体分析，根据以上分析，磁盘阵列系统性能取决于传输过程中最慢的环节，后续内容将针对各传输过程中的具体资源进行评测，试图找出各环节存在的潜在性能瓶颈并进行相应优化。

### 4. PCI 传输瓶颈及优化

上面讨论的磁盘阵列控制器排队模型中首先假设设备服务节点之间互相独立，而实际上磁盘阵列控制器 I/O 排队模型中各服务节点之间并不完全独立，各服务节点均涉及对 PCI-X 总线、内存、内部总线等公共资源的分时使用，其中 I/O 数据从主机通道到磁盘的过程中两次经过 PCI-X 总线，故 PCI 传输阶段以及磁盘并发阶段必须复用 PCI-X 总线，二者分享 PCI-X 总线带宽，故有式（3-9）。

$$B_{Target\_Pci\_Transfer} + B_{Pci\_Sata} \leq B_{Pci\_Bus} \tag{3-9}$$

PCI-X 总线是目前 PC 服务器上普遍采用的外围设备总线，阵列控制器内部采用的 PCI-X 总线频率为 133MHz，总线位宽为 64bit，其理论带宽 $B_{Pci\_Bus}=$ 133MHz × 64bit = 1064MB/s，根据公式（3-9）以及公式（3-7）有公式（3-10）：

$$B_{Raid\_Controller} \leq B_{Pce\_Bus} = 1064 \ MB/s \tag{3-10}$$

上述公式中 PCI-X 总线带宽是按照理论带宽进行计算的，在实际应用中考虑信号干扰等因素，实际传输率无法达到其理论峰值，PCI-X 总线理论带宽仅仅具有参考意义。为了准确评测阵列控制器带宽，必须准确测试阵列控制器中 PCI-X 总线的实际带宽，为此我们设计相关程序对 PCI-X 总线下的多个磁盘的聚合带宽进行了测试，试图利用多磁盘聚合带宽反映 PCI-X 总线的实际传输能力。测试时仅仅将数据从内存顺序写入 PCI-X 总线下的 SATA 磁盘，每个磁盘均工作在顺序模式下，此模式下磁盘无寻道延迟与旋转延迟，性能最佳，多个磁盘并行，由于单个磁盘的顺序写性能是恒定的，当磁盘数增加，而聚合带宽不再变化时，此时的聚合带宽即可反映 PCI-X 总线的实际带宽。

**表 3-2　不同硬件平台磁盘聚合带宽测试**

| | 磁盘数 | 1 | 2 | 3 | 4 | 5 | 6 | 7 | 8 |
|---|---|---|---|---|---|---|---|---|---|
| 阵列控制器 | 聚合带宽（MB/s） | 70 | 137 | 194 | 260 | 330 | 375 | 373 | 375 |
| | CPU 使用率（%） | 16 | 36 | 54 | 70 | 91 | 100 | 100 | 100 |
| 81348 评估板 | 聚合带宽（MB/s） | 80 | 153 | 229 | 298 | 368 | 439 | 497 | 539 |
| | CPU 使用率（%） | 5 | 12 | 15 | 21 | 24 | 29 | 33 | 38 |
| PC 服务器 | 聚合带宽（MB/s） | 85 | 166 | 249 | 331 | 409 | 479 | 548 | 611 |
| | CPU 使用率（%） | 4 | 8 | 11 | 16 | 22 | 27 | 36 | 41 |

表 3-2 为阵列控制器不同磁盘数目情况下聚合带宽性能对比测试结果，图 3-16 是根据表测试结果绘制出的折线对比图，测试时采用的磁盘为 Maxtor STM3320820AS，分别测试了阵列控制器、Intel 81348 评估板（Intel 下一代 IOP

处理器）、PC 服务器。测试结果表明，在阵列控制器环境下 Maxtor STM3320820AS 硬盘单盘数传率为 70MB/s 以上，不同硬件平台测试结果略有差异，磁盘聚合带宽与磁盘数基本呈线性关系，但当磁盘增加到 6 个时，CPU 资源耗尽，聚合带宽为 370MB/s 左右，继续增加磁盘数目，聚合带宽由于 CPU 资源耗尽不再增长。从增长趋势可以看出，阵列控制器磁盘聚合带宽极限为 370MB/s 左右，造成这一现象的原因在于 DMA 操作也有一定的 CPU 开销，最终聚合带宽受限于 CPU 处理能力，所以测试结果并不能真实反映阵列控制器 PCI-X 总线的实际传输能力，但是该测试结果却能如实反映最大磁盘聚合带宽 $B_{Pci\_Sata}$，由于 $B_{Raid\_Controller} \leqslant B_{Pci\_Sata}$，故磁盘阵列控制器整体带宽也受磁盘聚合带宽 370MB/s 的限制，如果需要进一步提高系统性能，必须采用更高性能的硬件。

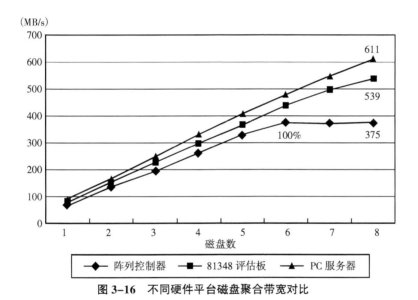

图 3-16 不同硬件平台磁盘聚合带宽对比

从图 3-16 的对比曲线可以看出，采用新一代 IOP 处理器的 Intel 81348 评估板由于处理器主频高达 1.2GHz、内部总线 128bit、400MHz，系统总线采用 PCI-X 266MHz、PCI-Express 8X，相比 Intel 80321 具有更强大的性能，其磁盘聚合带宽在 8 个磁盘时可以达到 539MB/s，且 CPU 占用率仅为 38%，性能基本接近于 PC 服务器的聚合带宽。从测试结果可看出，Intel 81348 应该是下一代磁盘阵列控制器的理想硬件平台。

5. 内存访问瓶颈及优化

I/O 数据在阵列控制器内部传输处理过程中每个阶段均涉及对内存的操作，在 PCI 传输阶段利用 DMA 操作将通道接收到的数据传递到内存缓冲区中，在 CPU 处理阶段由 AAU 硬件异或单元对所有数据进行分条校验运算，最后相关分条数据按照阵列级别定义的规则分条存储到具体磁盘中，也是利用 DMA 方式通过 PCI-SATA 控制器将相关数据从内存存储到磁盘。以上三个阶段均包含对内存缓冲区的操作，该操作均会通过 IOP 80321 CPU 内部总线完成，故以上三个传输阶段分享内部总线带宽以及内存带宽，由于内存工作位宽和频率与内部总线一致，二者理论带宽一致，故得出式（3-11）：

$$B_{Target\_Pci\_Transfer} + B_{Pci\_Sata} + B_{Cpu\_Process} \leq B_{Internal\_bus} \tag{3-11}$$

由于三个传输阶段均依赖于内存进行串行操作，三次内存操作又全部依赖于 CPU 内部总线进行处理，故得出式（3-12）：

$$B_{Target\_Pci\_Transfer} \leq \frac{B_{Internal\_Bus}}{3} \quad B_{Pci\_sata} \leq \frac{B_{Internal\_bus}}{3} \quad B_{Cpu\_Process} \leq \frac{B_{Internal\_bus}}{3} \tag{3-12}$$

IOP 80321 处理器内部总线频率为 200MHz，位宽 64bit，内部总线与内存理论带宽 $B_{Memory} = B_{Internal\_Bus} = 200MHz \times 64bit = 1600MB/s$，根据式（3-7）以及式（3-12）得出式（3-13）：

$$B_{Raid\_Controller} \leq \frac{B_{Internal\_Bus}}{3} = 533 \ MB/s \tag{3-13}$$

如果在 CPU 处理阶段进行一次内存拷贝，则会增加两次内存访问，一次读操作、一次写操作，那么对 I/O 缓冲区的操作就包含五次内存操作，得出式（3-14）：

$$B_{Raid\_Controller} \leq \frac{B_{Internal\_Bus}}{5} = 320 \ MB/s \tag{3-14}$$

根据以上分析，增加内存拷贝会大大影响系统性能，在磁盘阵列控制软件设计时应该尽量避免内存拷贝。上述公式中内部总线与内存带宽也是按照理论带宽进行计算的，为了测试阵列控制器中内部总线及内存的实际带宽，我们同样设计程序对内存访问性能进行测试，测试程序主要是测试利用 memcpy 函数对不同大小数据块进行内存拷贝的时间，然后计算拷贝速率，由于 IOP 80321 支持内存拷贝 DMA 操作，所以此时 CPU 性能瓶颈对内存拷贝的影响不大，具体测试结果如

表 3-3 所示。

表 3-3　阵列控制器 IOP 内存拷贝速率对比

| 拷贝大小（KB） | 16 | 32 | 64 | 128 |
|---|---|---|---|---|
| 阵列控制器（MB/s） | 408 | 410 | 415 | 460 |
| IQ80314 评估板（MB/s） | 828 | 885 | 912 | 929 |

从表 3-3 可以看出，采用 DMA 方式进行内存拷贝速率最高可以达到 460MB/s，由于单个内存拷贝包括内存读写操作各一次，所以这个速率是内存带宽的 1/2，由此可知阵列控制器内存实际工作带宽约为 920MB/s。

根据式（3-13）、式（3-14），如果有拷贝操作存在，则磁盘阵列带宽小于 920/5=184MB/s，如果采用零拷贝技术则磁盘阵列带宽小于 920/3=307MB/s。虽然非零拷贝技术在实现磁盘阵列缓存机制、内存分配等方面较为简单，但其对系统性能影响还是较大的，多次拷贝必将使得内存成为阵列控制器系统的瓶颈，当需要较大吞吐率时，这种设计就显得力不从心了。为进一步评价零拷贝技术对阵列控制器性能的影响，我们分别对采用两种技术的方案进行了对比测试，测试环境中启动器配置如下：CPU Xeon 2.0、512MB 内存、Qlogic 23102G FC 适配卡，阵列控制器挂接为 5 个硬盘构成 RAID0，分条大小为 128K 字节，测试软件为 Iometer，具体测试结果如表 3-4 所示。

表 3-4　零拷贝性能对比测试

单位：MB/s

|  | 拷贝一次 | 零拷贝 |
|---|---|---|
| RAID0 持续读性能 | 169 | 187 |
| RAID0 持续写性能 | 165 | 185 |

从表 3-4 可以看出，采用零拷贝技术对阵列控制器可以获得 10% 左右的性能提升。零拷贝技术是优化阵列控制器性能的关键技术之一。

6. CPU 运算瓶颈及优化

Intel IOP 80321 处理器主频为 400/600MHz，主要负责维护磁盘阵列核心控制算法，对主机发送过来的 I/O 请求，负责从 Cache 中分配缓冲区，控制数据传输，数据从主机端传送到阵列控制器内存中后，对数据进行分条封装，组建相应数据结构。以上操作均不涉及对数据本身的处理，仅仅是数据包的进一步封装处理，对 CPU 资源要求不高，400/600MHz 的主频足够胜任。但是对于以下两类操作，CPU 可能存在潜在的计算瓶颈。

一类是分条校验计算。对于诸如 RAID 3/5 这样一些带奇偶校验的阵列级别，数据在写入的过程中必须利用异或操作（XOR）产生奇偶校验数据，并将校验数据与有效数据一同写入磁盘中。当磁盘发生故障时，可以利用校验信息对数据进行重建。因此，在 RAID 系统中，利用异或运算生成校验信息或进行检错操作是系统中非常频繁的运算，频繁的异或运算势必引起对 CPU 资源的大量占用，也可能引起潜在的性能瓶颈。

另一类是 TCP/IP CRC 冗余校验计算。如果采用 iSCSI 接口主机通道，主机通道数据封装解包过程中必须采用 CRC-32 循环冗余校验算法进行校验数据的生成或者数据的检错操作，待校验的数据必须与生成多项式进行逐位的模二除法（异或运算），每运算一次校验数据右移一位，直至所有数据计算完毕才能得到最终的 CRC 校验数据。利用长除法计算 CRC 校验值每进行一次异或运算仅能处理一位，CRC 校验数据生成或检测均是计算密集型操作，会消耗大量的 CPU 资源，与分条冗余校验中的异或运算相比，CRC 校验运算复杂度更高，对 CPU 资源的占用更大，根据经验规律，1GHz 的 CPU 才能满足 100MB/s 的传输率，故如果采用 iSCSI 主机通道，Intel IOP 80321 处理器 400/600MHz 的频率必将成为系统瓶颈。

关于 iSCSI 通道的性能瓶颈将在第四章进行单独的阐述，本节重点讨论分条校验异或运算造成的 CPU 瓶颈问题。对于基于通用 PC 架构的 RAID 系统，由于 CPU 主频较高，运算能力强，异或运算可以直接利用 CPU 异或指令完成，但对于嵌入式阵列控制器，由于嵌入式处理器主频不够高，计算速度不够快，此时利用 IOP 处理器进行软件异或显得力不从心，校验异或运算成为严重性能瓶颈。为解决这个问题目前主要有两种方法：一种是配置专用的 ASIC 芯片进行硬异或运算；另一种是在处理器内部集成专用异或引擎。本文设计的 RAID 核心阵列控制器上的 IOP321 处理器内部集成了专用异或运算引擎应用加速单元（Application Accelerator Unit，AAU），利用 AAU 可有效分担 IOP 处理器负载，从而提高硬件异或性能。

（1）AAU 硬件接口。AAU 为 CPU 内部总线的主设备，可与内存直接进行数据交换。AAU 通过 IOP321 处理器总线接口单元与 CPU 内部总线连接，对内存的访问采用直接寻址。其原理如图 3-17 所示。

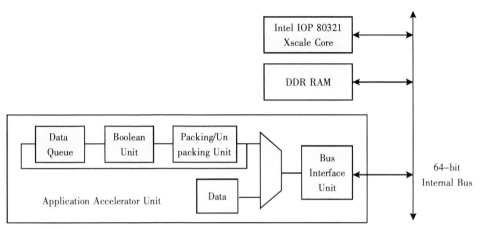

图 3-17　AAU 内部结构框

AAU 内部的 Data Queue 存放异或运算的数据块与异或产生的结果，长度最大为 1KB。在启动异或操作时，第一个数据块首先传送到这里，每进行一次异或运算后的临时结果也存放在这里。Data 存放异或运算的另一个数据块，大小 64bit，所以内存中的另一个数据块每次通过 IOP321 内部总线传送 64bit 的数据到这里，AAU 将这 64bit 与 Data Queue 中对应的 64bit 进行按位异或，结果写回 Data Queue 中原来 64bit 的位置覆盖之前的数据。Boolean Unit 负责逻辑异或运算；Packing/Unpacking Unit 负责处理内存中数据块地址非 64bit 对齐时数据在内存与 AAU 部件间的传输。

AAU 通过一组内存空间映射的寄存器提供编程接口，除 AAU 的设备初始化、工作状态查询与启动异或运算等操作外，大部分对 AAU 寄存器的操作是通过操作内存中链描述符（Chain Descriptor）完成的，链描述符包含参与异或运算的数据块源地址、目的地址、长度等各种控制信息。在执行异或运算之前，一系列的链描述符均要在内存中预先配置好，链描述符的内容会被传送到 AAU 的对应寄存器中。当有多块数据需要进行异或运算时，可以将所有的链描述符相互连接形成链表，AAU 依次处理链表中的每一个链描述符，并将最终的运算结果写入链描述符设置的结果内存区。AAU 提供中断机制实现异或操作与 CPU 程序并行控制，CPU 主程序准备好链描述符，启动 AAU 异或运算后，即可执行其他程序，当 AAU 处理完整个链描述符链表后产生中断告知 CPU 异或运算完成。

（2）异或性能对比测试。为评测硬件异或加速单元在阵列控制器中所起的作用，我们针对不同环境对异或性能进行了评测，测试模拟磁盘分条计算时 4 路数据进行异或运算，其中每路数据大小为 32MB，表 3-5 为不同环境下异或性能数据对比，其中基于 PC 平台的三个测试结果是基于同一颗 2.8GHz 的赛扬处理器进行超频、降频处理得到的。

表 3-5　不同环境下异或性能对比

| 测试环境 | 赛扬 2.1GHz | 赛扬 2.8GHz | 赛扬 3.15GHz | ARM 软件异或 | 硬件异或 |
|---|---|---|---|---|---|
| 异或时间（ms） | 260 | 193 | 173 | 2140 | 480 |
| 异或速度（MB/s） | 492 | 663 | 740 | 60 | 267 |

从表 3-5 可以看出，普通 PC 环境下软件异或速度与频率成正比，阵列控制器中由 Intel IOP 80321 进行软件异或仅能达到 60MB/s 的速率，如果采用软件异或，对于需要进行异或运算的阵列级别，其写性能或者降级读性能均不会超过 60MB/s 这个性能瓶颈，所以软件异或是远远不能满足设计需求的，而采用硬件异或方案可以达到 267MB/s 的速率，基本满足阵列控制器的需求。由测试结果可以看出，Intel IOP 80321 600MHz 主频过低，必须利用硬件异或才能克服软件异或的瓶颈问题。

（3）硬件异或方法优化。为了简化硬件设计，AAU 内部的 Data Queue 存放的既是参与异或运算的数据块，又是异或运算产生的结果，其数学表示为 $P = P \oplus X_1 \oplus X_2 \cdots \oplus X_{n-1} \oplus X_n$，其中 P 为存放在 Data Queue 中的数据，$X_i$ 是通过另外一个 AAU 输入端输入的数据块流，P 作为第一个操作数输入也必须参与实际异或运算，而不是单纯地保存结果。而在实际的阵列分条校验算法中，$P = D_1 \oplus D_2 \cdots \oplus D_{n-1} \oplus D_n$，其中 $D_1$ 为分条中各成员盘的数据，P 为最终的校验结果，为了利用 AAU 软件接口进行异或运算，最简单的办法是将校验数据块清零，然后参与运算，根据异或运算的性质，任何数与零异或的结果还是其本身，所以此时可以利用 AAU 软件接口进行运算，具体为：$P = P \oplus D_1 \oplus D_2 \oplus \cdots \oplus D_n = 0 \oplus D_1 \oplus D_2 \oplus \cdots \oplus D_n = D_1 \oplus D_2 \oplus \cdots \oplus D_n$。

这种方法称为清零运算法，在实际程序实现时，以上运算表达式中的每个变量均对应一个内存缓冲区，完成校验区的清零工作是利用 memset 函数完成。然而实际在测试过程中采用这种方法进行异或后，RAID5 算法性能与 RAID0 级别相差甚远，对 CPU 的评估发现 CPU 资源利用率比 RAID0 算法偏高，经过实际调试，发现是 memset 函数对校验区域清零操作引起的，该函数采用 CPU 指令赋值的方式将缓冲区逐个赋值为零，清零操作依赖于 CPU 指令的运行，memset 函数效率较低，大大影响了系统性能。为解决 memset 引起的性能耗损问题，此处我们另外设计了两种方法优化异或速度。

一种是拷贝运算法。具体思想是将参与运算的一块数据拷贝到校验缓冲区，然后利用 AAU 软件接口进行运算，具体利用 memcpy 函数将数据块 $D_1$ 拷贝到校验缓冲区 P，然后利用公式 $P = P \oplus D_2 \cdots \oplus D_n = D_1 \oplus D_2 \cdots \oplus D_n$ 调用 AAU 软件接口进行异或运算即可。这种方法利用 memcpy 将数据块拷贝到校验缓冲区，内存数据块拷贝采用 DMA 方式进行，无须 CPU 完全依靠指令的执行，每次分条校验运算额外引入一次内存拷贝，包括两次内存访问，一次读，一次写，一定程度上会影响系统性能，而 AAU 对内存数据的访问无须 CPU 干预。

另一种是两次异或法。借鉴清零运算法中 0 参与异或的思路，将校验缓冲区作为操作数进行两次异或即可完成分条校验，具体公式为：$P = P \oplus P \oplus D_1 \oplus D_2 \cdots \oplus D_n = 0 \oplus D_1 \oplus D_2 \cdots \oplus D_n = D_1 \oplus D_2 \cdots \oplus D_n$，此处 P 参与两次运算。相比拷贝运算法，该方法需要将校验缓冲区作为操作数送入到 AAU 两次，校验缓冲区被 AAU 访问两次，另外增加了一次异或运算，看上去比拷贝运算法增加了额外开销，但实际上异或运算是由 AAU 部件完成的，不占用 CPU 资源。另外，此方法中对校验缓冲区的两次访问均是由 AAU 完成，完全不占用 CPU 资源，而拷贝运算法中虽然采用 DMA 拷贝，仍然会存在一定的 CPU 占用，故该方法相比拷贝运算法更优。

为比较以上三种不同异或方法的性能，我们在阵列控制器环境下就不同异或方法测试了利用不同数目磁盘构建 RAID5 写盘时的内部聚合带宽，测试无校验的 RAID0 级别的内部聚合带宽，分条大小均为 128KB。从图 3-18 可以看出，5 块磁盘下采用清零运算、拷贝运算、两次异或组建的 RAID5 以及 RAID0 内部磁盘聚合带宽分别为 126MB/s、242 MB/s、250 MB/s、268MB/s，拷贝运算法与两次异或法均优于清零运算法，两次异或法性能略优于拷贝运算法，相比无须异或校验的 RAID0 级别写聚合带宽最大，两次异或法性能损耗为 6.7%，在可接受的范围之内。

## 7. 硬件性能评估结论

根据前面关于数据在磁盘阵列控制器中流动次序以及加工处理过程的论述，可以得出如下结论。

（1）磁盘阵列控制器带宽受限于主机通道 $B_{Host\_Channel}$、目标器通道 PCI 传输速

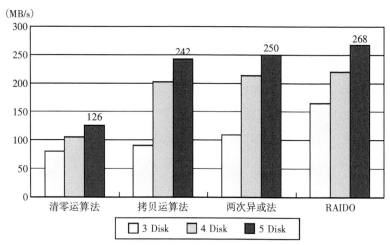

图 3-18　硬件异或方法聚合带宽性能对比

率 $B_{Target\_Pci\_Transfer}$、CPU 对 I/O 封装分条校验速率 $B_{Cpu\_Processor}$ 以及最大磁盘聚合带宽 $B_{Pci\_Sata}$ 中最慢的环节，以上四个阶段均有可能成为系统瓶颈。

（2）目标器通道 PCI 传输与磁盘聚合传输分享 PCI-X 总线，二者传输数据量相等，总体受限于 PCI-X 速率主机通道，多磁盘聚合传输虽然采用 DMA 操作，但仍然会占用 CPU 资源，磁盘数增多时，CPU 资源耗尽，在阵列控制器环境中最大磁盘聚合带宽为 370MB/s，在当前平台下这是阵列控制器的极限传输速率。

（3）阵列控制器内存极限带宽为 920 MB/s，采用零拷贝技术传输一个 I/O 请求仅需要 3 次内存访问，而采用非零拷贝会产生 5 次以上的内存访问，采用零拷贝技术阵列内部数据传输带宽最大为 307MB/s，实际外部传输率 2G 光纤通道磁盘阵列可提升 10%左右。

（4）Intel IOP 80321 软件异或运算性能极低，必须采用硬件异或的方法才能达到 267MB/s 的处理速度，这也是采用 IOP 80321 设计的磁盘阵列控制器所能提供的极限速率，也是上述分析中最严重的性能瓶颈。

综上所述，对于当前设计的磁盘阵列控制器硬件平台，如果采用 2G 光纤通道，通道性能可以发挥到最佳效率，但如果采用 4G 光纤通道，不论是磁盘聚合带宽、内存带宽还是硬件异或速率等均低于 4Gbps 的传输速率，要开发下一代的 4G 光纤磁盘阵列控制器，必须更改主板硬件结构。根据测试评估结果，下一代 Intel IOP 81348 处理器在 CPU 频率、内部总线、外部总线性能方面均具有较大优势，是下一代磁盘阵列控制器硬件设计首选。

本节结合具体阵列控制器硬件体系结构，针对 I/O 数据在阵列控制器内部的具体流动情况，利用排队模型分析了阵列控制器潜在的 I/O 瓶颈，并对阵列控制器内部的 PCI-X 总线传输瓶颈、内存访问瓶颈、CPU 运算瓶颈进行了逐一分析与优化，实际评测了 PCI-X 总线带宽、内存带宽，对比了零拷贝技术与非零拷贝技术对阵列控制器性能的影响，结合阵列控制器核心控制算法中潜在的运算瓶颈，重点分析了异或运算瓶颈、TCP/IP 循环冗余校验瓶颈，分析了硬件异或对阵列控制器的影响，提出了一种两次异或的硬件加速方法，有效加速了 IOP 处理器硬件异或性能，最终完成了阵列控制器硬件平台的整体性能评估。

## 五、磁盘阵列节能

磁盘阵列是目前存储系统中最广泛采用的磁盘组织结构，研究磁盘阵列中的节能技术是当前系统级节能技术的研究热点。在服务器系统中，一般情况下数据请求太密集使得磁盘没有足够长的时间停下来，长时间的磁盘待机时间需要通过一定的策略人为制造出来。有两个主要的办法使得磁盘负载不均衡：数据重定位（Data Relocation）和请求重定向（Request Redirection）。最常用的数据重定位的方法是根据数据存取频率的不同使数据在各个磁盘之间迁移数据；而请求重定向的方法则是将对一个数据的请求（如对待机状态磁盘的请求）重定向为一个或多个对其他磁盘数据的请求。

MAID（Massive Array of Idle Disks）、PDC（Popular Data Concentration）都是应用数据重定位的存储系统节能技术。MAID 技术通过设置缓存磁盘，将访问频率较高的数据缓存到缓存磁盘中，非缓存磁盘则可获得较长的空闲时间。PDC 技术则将数据按访问频率的不同在不同的磁盘中分布，存储数据访问频率较低的磁盘自然负载较低，也能获得较长的空闲时间。

eRAID（energy-efficient RAID）技术是应用请求重定向的存储系统节能技术。eRAID 技术利用 RAID1、RAID5 阵列中已有的数据冗余，在系统 I/O 负载较低时，全部或部分关闭冗余数据磁盘以达到节能的目的。

1. MAID 技术

MAID 技术提出的目的是为了取代传统的磁带库。历史上，因为磁带库相对磁盘阵列来说费用较少，磁带库曾是构建大容量存储系统的首选。现在二者的价格差距越来越小，但是磁带库上文件的存取可以几乎不消耗能量和几乎不产生热量，而磁盘阵列则暂时不能达到如此低的能耗。假设我们使用 60GB 的磁盘组成的磁盘阵列与磁带库进行比较，一个磁带库消耗能量为 1.1kW/h，存储 1000TB的数据需要三个这样的磁带库，也就是 3.3kW/h 的能耗，如果假设磁带库中有一半的磁带驱动器在工作，则还要消耗 11.5kW/h 的能量；而一个 60GB 的磁盘在待机状态下消耗 8kW/h 的能量，即使忽略控制电路和网络等的能耗，1000TB 的磁盘阵列的能耗仍然达到了 144kW/h。另外，通过对超级计算机磁带库的分析，发现 50% 的数据在写入后从未被访问过，有 25% 的数据只被访问过一次。

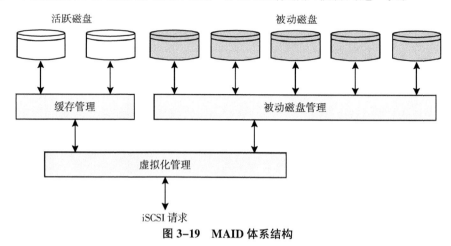

**图 3-19 MAID 体系结构**

如图 3-19 所示，MAID（Massive Array of Idle Disks）技术将磁盘阵列分为一个或多个活跃磁盘（Active Drivers），活跃磁盘则一直保持旋转；其他的则是被动磁盘（Passive Drivers），被动磁盘在一段足够长的空闲时间后会停止旋转。通过 iSCSI 接口访问，请求通过多个 Initiator 访问服务器。

其中，被动磁盘相当于传统的磁盘阵列，活跃磁盘作为系统读写缓存。磁盘每 512 个扇区为一块，缓存索引按照 LRU 策略管理缓存数据。缓存检测所有读请求，为了保证数据一致性，读请求优先查找写缓存中的数据，如果请求数据在缓存中，则从缓存中读取数据；对于写请求，同样查找缓存，如果写地址在缓存中，则写请求会写到缓存中。被动盘则一直处于待机状态，直到缓存中读请求未命中或者某磁盘写数据太多。一旦磁盘恢复到活跃状态，被动盘也能服务读请求和写请求。

2. eRAID 技术

eRAID（energy-efficient RAID）的基本理念是提供一种动态节能管理，利用

RAID 阵列中的冗余信息，通过使镜像磁盘组中部分或全部磁盘进入待机状态达到节能的目的。当镜像盘进入待机状态，对镜像盘的读请求会被重定向到与之对应的主盘上；而写请求会写到控制器缓存中，等到该镜像盘进入活跃状态一次写入。通过使部分磁盘进入待机状态，需要在性能和节能方面有一定的平衡，既能保证较好的 I/O 性能，又能显著地节约能源，在满足性能约束条件下判断是否使部分磁盘进入待机状态。

eRAID 中用系统的平均响应时间和平均吞吐率作为表征系统性能的参数，分别用平均响应时间的变化 $\text{Limit}_T$ 和平均吞吐率的变化 $\text{Limit}_X$ 作为系统性能损失的约束条件，即节能技术实现节能的同时对系统性能的影响应当小于这两个参数预先定义的值。在实际应用中，还要考虑到预测算法准确性的问题。由于预测算法是不可能完全准确的，在预测算法不能完全准确的情况下，预测出的结果来进行磁盘管理则有可能出现性能损失超过约束条件的情况。因此，引入平均预测失效率 $\sigma$，$\sigma$ 是系统运行以来预测算法失效的概率。系统实际运行中的性能约束为 $\text{Limit}_T' = \text{Limit}_T \times (1 - \sigma)$ 和 $\text{Limit}_X' = \text{Limit}_X \times (1 - \sigma)$。

eRAID 使用基于时间窗口的方法来控制磁盘的状态。首先预计下一个时间窗口的工作负载，然后将工作负载作为性能预测模型参数，对系统状态做出预测。时间窗口大小的选择与上文中 MIS 系统中空闲时间阈值的选择类似，如果时间窗口设定得太小则因为磁盘频繁的启动而达不到节能的目的，同时频繁的启动或停止磁盘会影响磁盘驱动器的寿命；如果时间窗口设定得太大则可能出现缓存空间不够的问题。以 IBM Ultrastar 36Z15 磁盘为例，它能保证最少 50000 次的启停周期以及三年的服务时间，可得出其每天启停频率为 45 次。

eRAID 利用了 RAID 系统中的数据冗余，在满足系统性能约束的条件下，使全部或部分镜像盘进入待机状态，达到节能的目的。如图 3–20 所示，在每个时间窗口到来的时候，更新平均预测失败率，得出新的系统性能约束参数 $\text{Limit}_T'$ 和 $\text{Limit}_X'$。然后将此时仍处于工作状态的磁盘按照当前负载由低到高进行排序，这样与随后的磁盘选择过程一起保证了低负载的盘将有较高的优先级进入待机状态。

3. PDC 技术

许多服务器系统的文件访问频率符合高系数的 Zipf 分布。如果将文件按照访问频率的高低进行降序排列，访问频率最高的文件序号为 1，依次类推，则访问的频率 $\tau$ 和它的序号 $\gamma$ 成以下关系：$\tau = 1/\gamma^{\alpha}$。高系数的 Zipf 分布 $\alpha$ 接近于 1，即

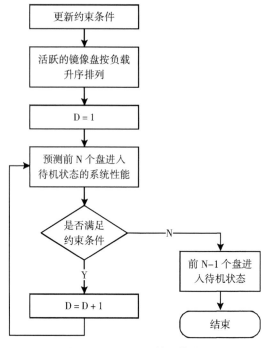

图 3-20 eRAID 控制策略

只有少数的文件被频繁访问，其他的绝大多数文件很少被访问。

　　PDC（Popular Data Concentration）就是基于访问频率进行数据迁移的一种技术，将文件按照访问频率分布在不同的磁盘上。这种存放方式将负载集中到这些存放频繁访问文件的磁盘中，而其他的磁盘存放的文件很少被访问，因此可以进入低能耗模式或待机状态。按照数据访问频率的不同，将访问频率最高的一批文件放在第一个磁盘，次高的放在第二个磁盘，依次存放。实际上，为了避免出现性能瓶颈，必须考虑磁盘的负载，也就是说，在存放第一个磁盘时，先把访问频率最高的文件依次放进来，直到达到预计的磁盘负载，再把剩下的文件中访问频率最高的文件放在第二个磁盘，直到达到预计的磁盘负载，以此类推。

　　Nomand FS 是以 PDC 技术为基础的节能文件系统。通过设置一个空闲阈值，如果一个磁盘的空闲时间超过这个值，则这个磁盘停止旋转。记录文件信息的元数据存放在经常访问的磁盘中。用一个很大的文件存储所有文件的元数据，通过该文件映射到每个文件的物理位置。Nomand FS 使用的是多队列（Multi Queue，MQ）算法。MQ 算法如下：

有多个 LRU 队列：$Q_0$，$Q_1$，$Q_2$，$Q_3$，$Q_4$，…，$Q_{m-1}$，每个队列有一定的长度。

文件块在这 m 个 LRU 队列中，并且有一定的生命周期，生命周期由 MQ 算法根据该文件两次访问的时间间隔修改。如果文件块在它生命周期内未被访问，则该文件块从当前的 $Q_i$ 队列移到 $Q_{i-1}$ 队列中。如果在 $Q_i$ 中某个文件块被访问了 2i 次，则该块被移到 $Q_{i+1}$ 队列中。

文件访问频率的等级在服务器提供服务的时候实时更新，MQ 结构放在链表中，文件访问的频率越高，则它的位置越接近链表头。文件在磁盘中周期性地迁移，经过一段时间，访问频率高的文件将在链表头部集中，而访问频率低的文件则跑到了链表尾。

以上介绍了存储系统节能技术的阵列节能，讨论了其在不同实现层次中的基本原理和实现方法，并针对该层次的典型技术进行了较为详细的分析。单盘级节能技术只做介绍，但多转速磁盘已经有公司研制出来，西部数据在 GreenPower 系列硬盘驱动器中正是采用这种多转速技术，富士通也在其新磁盘中采用了这种技术。但由于多转速磁盘价格昂贵、制造工艺较复杂，暂时没有得到广泛的应用；MAID 技术是目前应用较为广泛的阵列节能技术，在实际应用中，MAID 技术在极低负载下能实现较高的节能效果，但有较大的性能损失，在较高 I/O 负载下，MAID 技术不但不能实现节能，还会增加能耗；对于文件系统层次的节能，EEFS 文件系统是个不错的例子，但其只有在具有特定工作负载特征的应用环境下才能实现节能，例如，在文件容量较大的应用环境下，EEFS 跟普通 Unix 文件系统无异。

# 本章小结

磁盘等基于机械原理的存储设备，以及基于此类设备的存储系统在当前的应用环境下存在很多问题。本章从磁盘阵列的基本概念、原理以及组成入手，深入浅出地介绍了磁盘阵列的基本知识和技术，论述了磁盘阵列的构成、分级以及磁盘阵列的相关构建、使用技能。通过本章的学习，在充分了解磁盘阵列在存储领域的地位和作用的基础上，还应该着重掌握与磁盘阵列紧密相关的可用性、可靠性、性能、节能等领域的研究和发展现状，结合本章的实例，完成对磁盘阵列相关概念、技术的全面了解。

# 习　　题

## 一、简答题

1. 简述磁盘阵列结构及其特点。

2. 简述磁盘阵列的基本原理与构成。

3. 简述磁盘阵列的可靠性、可用性的含义。

4. 简述磁盘阵列可用性的实现原理。

## 二、选择题

1. 下列选项中不是磁盘阵列基本级别的是（　　）。

A. RAID0 　　　　　B. RAID9 　　　　　C. RAID1 　　　　　D. RAID5

2. 下列选项中是磁盘阵列基本级别的是（　　）。

A. RAID0 　　　　　B. RAID0+1 　　　　C. RAID0+5 　　　　D. RAID7

3. 下列 RAID 技术中无法提高可靠性的是（　　）。

A. RAID0 　　　　　B. RAID1 　　　　　C. RAID10 　　　　D. RAID0+1

4. 下列 RAID 技术中可以允许两块硬盘同时出现故障而仍然保证数据有效的是（　　）。

A. RAID3 　　　　　B. RAID4 　　　　　C. RAID6 　　　　　D. RAID5

5. 下列关于 RAID0 的说法不正确的是（　　）。

A. 提供了数据冗余，磁盘容量为组成阵列磁盘容量的一半

B. 代表了所有 RAID 级别中最高的存储性能

C. 缺点是不提供数据冗余，一旦用户数据损坏，损坏的数据将无法得到恢复

D. 特点是其特别适合于对性能要求较高但不很在意数据安全的领域

6. RAID 技术可以提高读写性能，下面选项中，无法提高读写性能的是（　　）。

A. RAID3 　　　　　B. RAID0 　　　　　C. RAID1 　　　　　D. RAID5

7. 下列关于 RAID 1 的说法不正确的是（　　）。

A. 通过把数据分散到阵列的各个磁盘，当系统有数据请求时就可以被多个磁盘并行执行，每个磁盘执行属于自身部分的数据请求

B. 最大限度地保证数据的可用性和可修复性

C. 操作方式是将用户写入硬盘的数据百分之百地自动复制到另一个硬盘上

D. 读取数据时，系统先从 RAID1 的源盘开始读取，若读取成功，系统就不去管备份盘上的数据；若失败，则系统自动转而读取备份盘上的数据

8. 下列关于 RAID3 的说法不正确的是（　　）。

A. 将数据分成多个"块"，按照一定的容错算法，存放在 N+1 个硬盘上

B. 代表 RAID 中最高的磁盘性能

C. 实际数据占用的有效空间为 N 个硬盘的空间总和

D. 其中一个硬盘出现故障时，可以通过其他 N 个硬盘恢复数据，即可以带"伤"工作

9. 8 个 300G 的硬盘做 RAID5 后的容量空间为（　　）。

A. 1200G　　　　　B. 1.8T　　　　　C. 2.1T　　　　　D. 2400G

10. 磁盘空间利用率最大的 RAID 技术是（　　）。

A. RAID0　　　　　B. RAID1　　　　　C. RAID5　　　　　D. RAID10

E. RAID3　　　　　F. RAID6

### 三、论述题

1. 结合实际应用，考虑在社会经济生活中，哪些领域适用 RAID？在不同具体应用领域，怎样选择 RAID 的不同级别？

2. RAID 在实际应用中存在哪些问题？问题的解决一般采用怎样的思路？

# 第四章　直连存储

**【本章导读】**

直连存储是一种简单、低成本的存储解决方案。本章首先介绍了直连存储的基本知识，其次介绍了连接的要素以及磁盘接口的分类，最后对存储系统最常使用的 SCSI 协议进行了介绍。

**【本章要点】**

● 直连存储 DAS

● DAS 连接

● 磁盘驱动器接口

● SCSI 协议

## 第一节　直连存储基础

直连存储的全称是 Direct Attached Storage，简称 DAS，是一种将存储设备（JBOD 或 RAID）通过总线适配器和电缆（SCSI 或 FC）直接连到服务器的架构，如图 4-1 所示。应用程序发送块级别 I/O 请求直接从 DAS 访问数据。DAS 依赖于服务器，本身不带有任何存储操作系统。采用 DAS 存储方案的服务器结构如同 PC 机架构，外部数据存储设备采用 SCSI 或者 FC 直接挂接在服务器内部总线上，因而数据存储是整个服务器结构的一部分，在这种情况下数据和操作系统都未分离。

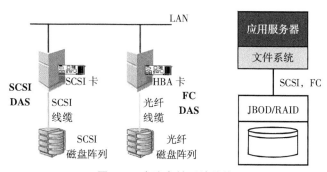

图 4-1 直连存储系统结构

由于 DAS 只能被一台计算机连接，因此被称为"信息的孤岛"。而且，DAS 无法实现共享，这更让 NAS 和 SAN 成为存储系统的主流。当然，DAS 在大部分的单人或小型企业环境还是有其优势的。对于服务器不是很多，要求数据集中管理，需要最大可能降低管理成本的小企业、部门和工作室，DAS 是适合的解决方案。中型的公司使用 DAS 文件服务器和邮件服务器。大型的企业则使用 DAS 作为 SAN 和 NAS 的辅助。主机的内部磁盘或直接连接的外部磁盘组，都是一些 DAS 实例。

## 第二节　DAS 连接

主机和外存储之间进行通信，必须有专用的设备辅助，并通过缆线连接。图 4-2 描述了常见的 DAS 连接方式。

图 4-2　DAS 存储系统的物理连接

1. 主机总线适配器

主机总线适配器（Host Bus Adapter，HBA）是一个在服务器和存储装置间提供输入/输出（I/O）处理和物理连接的电路板和/或集成电路适配器。HBA 卡是主要用于连接主机内部总线和存储网络的设备。HBA 是服务器内部的 I/O 通道与存储系统的 I/O 通道之间的物理连接。HBA 卡的作用就是实现内部通道协议 PCI 和外部通道协议（ATA、SCSI、FC）之间的转换。一个 HBA 和与之相连的磁盘子系统有时一起被称作一个磁盘通道，一台主机可以有多个 HBA。因为 HBA 承载了主机和外存储之间的接口处理功能，减轻了处理器的 I/O 处理负担，因而能够提高服务器的性能。

2. PCI 总线

总线（Bus）是计算机各种功能部件之间传送信息的公共通信干线，它是由导线组成的传输线束，可以传输数据、地址和控制信息。PCI 是一种总线标准，它是 Peripheral Component Interconnect（外设部件互连标准）的缩写，规定 PCI 扩展卡如何与 CPU 交换信息。PCI 是目前主机中使用最为广泛的接口，几乎所有的主板产品上都带有这种插槽。PCI 插槽也是主板带有的数量最多的插槽类型，在目前流行的台式机主板上，ATX 结构的主板一般带有 5~6 个 PCI 插槽，而小一点的 MATX 主板也都带有 2~3 个 PCI 插槽，可见其应用的广泛性。PCI 总线支持 10 台外设，并能在高时钟频率下保持高性能。

3. 端口

端口（Port）即缆线插口，它连接主机和外设，使之能够通信。

4. 缆线

缆线主机和外设之间传输信号的介质，可以由铜或光纤制成。

# 第三节　磁盘驱动器接口

磁盘驱动器接口是磁盘与主机系统间的连接部件，作用是在磁盘缓存和主机内存之间传输数据。不同的磁盘接口决定着磁盘与控制器之间的连接速度，在整个系统中，磁盘接口的性能高低对磁盘阵列整体性能有直接的影响，因此一款磁盘阵列的磁盘接口往往是衡量这款产品的关键指标之一。存储系统中目前普遍应用的磁盘接口主要包括 SATA、SCSI、SAS 和 FC 等，此外，ATA 磁盘在 SATA 磁盘出现前也在一些低端存储系统里广泛使用。当前，存储设备大致可分为三类，即高端、中端和近线（Near-Line）。目前，高端存储产品主要应用的是 FC 光纤通道磁盘，应用于关键数据的大容量实时存储。中端存储设备则主要采用 SCSI、SAS，应用于商业级关键数据的大容量存储。近线是近年来新出现的存储领域，一般采用 SATA 磁盘存储，应用于非关键数据的大容量存储，目的是替代以前使用磁带的数据备份。

1. ATA

ATA（Advanced Technology Attachment）接口标准是 IDE（Integrated Drive Electronics）磁盘的特定接口标准。自问世以来，一直以价廉、稳定性好、标准化程度高等特点，深得广大中低端用户的青睐，甚至在某些高端应用领域，如服务器应用中也有一定的市场。ATA 规格包括了 ATA、ATA/ATAPI、EIDE、ATA-2、Fast ATA、ATA-3、Ultra ATA 以及 Ultra DMA 等。其中，Ultra DMA/133 是 ATA 的最新版本，支持 133MB/s 的吞吐率，并兼容以前的 ATA 版本。一个 ATA 接口最多支持连接两个存储设备，以主从关系进行配置。常见的 IDE 接口有两种，分别是 40 针（pin）和 34 针。在 40 针的连接器中使用标准的 16 位并行数据总线和 16 个控制信号，主要连接 ATA 磁盘；而 34 针的连接器用于连接软盘驱动器到主板。

最早的接口协议都是并行 ATA（Paralle ATA）接口协议。PATA 接口一般使用 16bit 数据总线，每次总线处理时传送 2 个字节。PATA 接口一般是 100MB/s 带宽，数据总线必须锁定在 50MHz，为了减小滤波设计的复杂性，PATA 使用 Ultra 总线，通过"双倍数据比率"或者 2 个边缘（上升沿和下降沿）时钟机制来进行 DMA 传输。这样在数据滤波的上升沿和下降沿都采集数据，就降低了一半所需要的滤波频率。

在过去的 30 年中，PATA 成为 ATA 磁盘接口的主流技术。但随着 CPU 时钟频率和内存带宽的不断提升，PATA 逐渐显现出不足。一方面，磁盘制造技术的成熟使 ATA 磁盘的单位价格逐渐降低；另一方面，由于采用并行总线接口，传输数据和信号的总线是复用的，因此传输速率会受到一定的限制。如果要提高传输的速率，那么传输的数据和信号往往会产生干扰，从而导致错误。

PATA 的技术潜力似乎已经走到尽头，在当今的许多大型企业中，PATA 现有的传输速率已经逐渐不能满足用户的需求。人们迫切期待一种更可靠、更高效的接口协议来替代 PATA，在这种需求的驱使下，串行（Serial）ATA 总线接口技术应运而生，直接导致了传统 PATA 技术的没落。

2. SATA

PATA 曾经在低端的存储应用中有过广泛使用，但由于自身的技术局限性，逐步被串行总线接口协议（Serial ATA，SATA）所替代。SATA 以它串行的数据发送方式得名。在数据传输的过程中，数据线和信号线独立使用，并且传输的时钟频率保持独立，因此同以往的 PATA 相比，SATA 的传输速率可以达到并行的 30 倍。可以说，SATA 技术并不是简单意义上的 PATA 技术的改进，而是一种全新的总线架构。

从总线结构上，SATA 使用单个路径来传输数据序列或者按照 bit 来传输，第二条路径返回响应。控制信息用预先定义的位来传输，并且分散在数据中间，以打包的格式用开/关信号脉冲发送，这样就不需要另外的传输线。SATA 带宽为 16bit，并行 Ultra ATA 总线每个时钟频率传输 16bit 数据，而 SATA 仅传输 1bit，但是串行总线可以更高的传输速度来弥补串行传输的损失。SATA 采用 1500Mbits/s 带宽或者 1.5Gbits/s 带宽。由于数据用 8b/10b 编码，有效的最大传输峰值是 150MB/s。

目前能够见到的有 SATA-1 和 SATA-2 两种标准，对应的传输速度分别是 150MB/s 和 300MB/s。从速度这一点上，SATA 已经远远把 PATA 磁盘甩到了后面。从数据传输角度上，SATA 比 PATA 抗干扰能力更强。此外，串口的数据线由于只采用了四针结构，因此相比并口安装起来更加便捷，更有利于缩减机箱内的线缆，有利于散热。

虽然厂商普遍宣称 SATA 支持热插拔，但实际上，SATA 在磁盘损坏的时候，不能像 SCSI/SAS 和 FC 磁盘一样显示具体损坏的磁盘，这样热插拔功能实际上形同虚设。同时，尽管 SATA 在诸多性能上远远优越于 PATA，甚至在某些单线程任务的测试中表现出了不输于 SCSI 的性能，然而它的机械底盘仍然是为低端应用设计的，在面对大数据吞吐量或者多线程的传输任务时，相比 SCSI 磁盘，仍然显得力不从心。除了速度之外，在多线程数据读取时，磁盘磁头频繁地来回摆动，使磁盘过热是 SATA 需要克服的缺陷。正是因为这些技术上致命的缺陷，导致目前为止 SATA 只能在低端的存储应用中徘徊。

3. SCSI

SCSI（Small Computer System Interface）是一种专门为小型计算机系统设计

的存储单元接口模式，通常用于服务器承担关键业务的较大的存储负载，价格也较贵。SCSI 计算机可以发送命令到一个 SCSI 设备，磁盘可以移动驱动臂定位磁头，在磁盘介质和缓存中传递数据，整个过程在后台执行。这样可以同时发送多个命令同时操作，适合大负载的 I/O 应用，在磁盘阵列上的整体性能也大大高于基于 ATA 磁盘的阵列。

SCSI 规范发展到今天，已经是第六代技术了，从刚创建时候的 SCSI（8bit）到今天的 Ultra 320 SCSI，速度从 1.2MB/s 到现在的 320MB/s 有了质的飞跃。目前的主流 SCSI 磁盘都采用了 Ultra 320 SCSI 接口，能提供 320MB/s 的接口传输速度。SCSI 磁盘也有专门支持热插拔技术的 SCA2 接口（80pin），与 SCSI 背板配合使用就可以轻松实现磁盘的热插拔。目前在工作组和部门级服务器中，热插拔功能几乎是必备的。

首先，SCSI 相对于 ATA 磁盘的接口支持数量更多。一般而言，ATA 磁盘采用 IDE 插槽与系统连接，而每 IDE 插槽即占用一个 IRQ（中断号），而每两个 IDE 设备就要占用一个 IDE 通道，虽然附加 IDE 控制卡等方式可以增加所支持的 IDE 设备数量，但总共可连接的 IDE 设备数最多不能超过 15 个。而 SCSI 的所有设备只占用一个中断号（IRQ），因此它支持的磁盘扩容量要比 ATA 更为巨大。这个优点对于普通用户而言并不具备太大的吸引力，但对于企业存储应用则显得意义非凡，某些企业需要近乎无节制地扩充磁盘系统容量，以满足网络存储用户的需求。

其次，SCSI 的带宽很宽，Ultra 320 SCSI 能支持的最大总线速度为 320MB/s，虽然这只是理论值而已，但在实际数据传输率方面，最快 ATA/SATA 的磁盘相比 SCSI 磁盘无论在稳定性和传输速率上，都有一定的差距。不过如果单纯从速度的角度来看，用户未必需要选择 SCSI 磁盘，RAID 技术可以更有效地提高磁盘的传输速度。

最后，SCSI 磁盘 CPU 占用率低、并行处理能力强。在 ATA 和 SATA 磁盘虽然也能实现多用户同时存取，但当并行处理人数超过一定数量后，ATA/SATA 磁盘就会暴露出很大的 I/O 缺陷，传输速率大幅下降。同时，磁盘磁头的来回摆动也造成磁盘发热不稳定的现象。

对于 SCSI 而言，它有独立的芯片负责数据处理，当 CPU 将指令传输给 SCSI 后，随即去处理后续指令，其他的相关工作就交给 SCSI 控制芯片来处理；当

SCSI "处理器" 处理完毕后，再次发送控制信息给 CPU，CPU 再接着进行后续工作，因此不难想象 SCSI 系统对 CPU 的占用率很低，而且 SCSI 磁盘允许一个用户对其进行数据传输的同时，另一位用户对其进行数据查找，这就是 SCSI 磁盘并行处理能力的体现。

SCSI 磁盘较贵，但是品质性能更高，其独特的技术优势保障 SCSI 一直在中端存储市场占据中流砥柱的地位。普通的 ATA 磁盘转速是 5400RPM 或者 7200 RPM；SCSI 磁盘是 10000RPM 或者 15000RPM，SCSI 磁盘的质保期可以达到 5 年，平均无故障时间达到 1200000 小时。然而对于企业来说，尽管 SCSI 在传输速率和容错性上有极好的表现，但是它昂贵的价格使得用户望而却步。而下一代 SCSI 技术 SAS 的诞生，则更好地兼容了性能和价格双重优势。

4. SAS

SAS 是 Serial Attached SCSI 的缩写，即串行连接 SCSI。和现在流行的 Serial ATA（SATA）磁盘相同，都是采用串行技术以获得更高的传输速度，并通过缩短连接线改善内部空间等。

SAS 是新一代的 SCSI 技术，同 SATA 之于 PATA 的革命意义一样，SAS 也是对 SCSI 技术的一项变革性发展。它既利用了已经在实践中验证的 SCSI 功能与特性，又以此为基础引入了 SAS 扩展器。SAS 可以连接更多的设备，同时由于它的连接器较小，SAS 可以在 3.5 英寸或更小的 2.5 英寸磁盘驱动器上实现全双端口，这种功能以前只在较大的 3.5 英寸光纤通道磁盘驱动器上能够实现。这项功能对于高密度服务器如刀片服务器等需要冗余驱动器的应用非常重要。

为保护用户投资，SAS 的接口技术可以向下兼容 SATA。SAS 系统的背板（Backplane）既可以连接具有双端口、高性能的 SAS 驱动器，也可以连接高容量、低成本的 SATA 驱动器。过去由于 SCSI、ATA 分别占领不同的市场段，且设备间共享带宽，在接口、驱动、线缆等方面都互不兼容，造成用户资源的分散和孤立，增加了总体拥有成本。而现在，用户即使使用不同类型的磁盘，也不需要再重新投资，对于企业用户投资保护来说意义非常。但需要注意的是，SATA 系统并不兼容 SAS，所以 SAS 驱动器不能连接到 SATA 背板上。

SAS 使用的扩展器可以让一个或多个 SAS 主控制器连接较多的驱动器。每个扩展器可以最多连接 128 个物理连接，其中包括其他主控连接、其他 SAS 扩展器或磁盘驱动器。这种高度可扩展的连接机制实现了企业级的海量存储空间需求，同时可以方便地支持多点集群，用于自动故障恢复功能或负载平衡。目前，SAS 接口速率为 3Gbps，其 SAS 扩展器多为 12 端口。不久，将会有 6Gbps 甚至 12Gbps 的高速接口出现，并且会有 28 或 36 端口的 SAS 扩展器出现以适应不同的应用需求，其实际使用性能足以与光纤媲美。

SAS 虽然脱胎于 SCSI，但由于其突出的适于高端应用的性能优势，人们更普遍地把 SAS 与光纤技术进行比较。由于 SAS 由 SCSI 发展而来，在主机端会有众多的厂商兼容。SAS 采用了点到点的连接方式，每个 SAS 端口提供 3Gb 带宽，传输能力与 4Gb 光纤相差无几，这种传输方式不仅提高了可靠性和容错能力，同时也增加了系统的整体性能。在磁盘端，SAS 协议的交换域能够提供 16384 个节点，而光纤环路最多提供 126 个节点。而兼容 SATA 磁盘所体现的扩展性是 SAS 的另一个显著优点，针对不同的业务应用范围，在磁盘端用户可灵活选择不同的存储介质，按需降低用户成本。

在 SAS 接口享有种种得天独厚的优势的同时，SAS 产品的成本从芯片级开始，都远远低于 FC，而正是因为 SAS 突出的性价比优势，使 SAS 在磁盘接口领域，给光纤存储带来极大的威胁。目前已经有众多的厂商推出支持 SAS 磁盘接口协议的产品，虽然目前尚未在用户层面普及，但 SAS 产品部落已经初具规模。SAS 成为下一代存储的主流接口标准，成就磁盘接口协议的明日辉煌已经可以预见。

5. FC

光纤通道（Fibre Channel，FC）是一种高速网络互联技术，它包含了一组标准，定义通过串行通信从而将网络上各节点相连接所采用的机制。尽管被称为光纤通道，但其信号也能在光纤之外的双绞线、同轴电缆上运行。通常的运行速率有 2Gbps、4Gbps、8Gbps 和 16Gbps。光纤通道由信息技术标准国际委员会（INCITS）的 T11 技术委员会标准化。INCITS 受美国国家标准学会（ANSI）官方认可。

最初，光纤通道专门为网络设计，随着数据存储在带宽上的需求提高，才逐渐应用到存储系统上。过去，光纤通道大多用于超级计算机，但它也成为企业级存储 SAN 中的一种常见连接类型，为服务器与存储设备之间提供高速连接。光纤通道是一种跟 SCSI 或 IDE 有很大不同的接口，它很像以太网的转换头。

光纤通道是为服务器这样的多硬盘系统环境而设计的。光纤通道配置存在于底板上。底板是一个承载物，承载有印刷电路板（PCB）、多硬盘插座和光纤通道主机总线适配器（HBA）。底板可直接连接至硬盘（不用电缆），并且为硬盘提供电源和控制系统内部所有硬盘上数据的输入和输出。

光纤通道可以采用双绞线、同轴电缆和光纤作为连接设备，但大多采用光纤媒介，而传统的同轴电缆如双绞线等则可以用于小规模的网络连接部署。但采用同轴电缆的光纤通道受铜介质特性的影响，传输距离短（30米，取决于具体的线缆）并易受电磁干扰。虽然铜介质也适用于某些环境，但是对于利用光纤通道部署的较大规模存储网络来说，光纤是最佳的选择。光纤现在能提供100MBps的实际带宽，而它的理论极限值为1.06GBps。不过为了能得到更高的数据传输率，市面的光纤产品有时是使用多光纤通道来达到更高的带宽。

光纤通道有许多显著的优点。首先，光纤通道连接设备多，最多可连接126个节点。此外，它的CPU占用率低，支持热插拔，在主机系统运行时就可安装或拆除光纤通道硬盘。它可以使用光纤、同轴电缆或双绞线实现连接，具有高带宽，在适宜的环境下，光纤通道是现有产品中速度最快的。光纤通道连接距离大，连接距离远远超出其他同类产品。但它也有一些缺点，比如产品价格昂贵、组建复杂等。

# 第四节　SCSI 协议

SCSI（Small Computer System Interface）是由美国 Shugart Associates 公司的小型硬磁盘驱动器和软磁盘驱动器的接口协议 SASI（Shugart Associates System Interface）过渡而来的。

## 一、SCSI 的发展

从 SASI 开始发展至今，已形成 SCSI-1、SCSI-2、SCSI-3 系列协议。

1. SCSI-1

它是最早的 SCSI 接口，是 1979 年由 Shugart（希捷公司前身）制订的，在 1986 年获得美国标准协议承认的 SASI（Shugart Associates System Interface，施加

特联合系统接口）。它的特点是支持同步和异步 SCSI 外围设备，支持 7 台 8 位的外围设备，最大数据传输率为 5MB/s，支持 Worm 外围设备。

### 2. SCSI-2

它是 SCSI-1 的后续接口，在 1992 年提出，也称为 Fast SCSI。如果采用原来的 8 位并行数据传输则称为 "Fast SCSI"，它的数据传输率为 10MB/s，最大支持连接设备数为 7 台。后来出现了采用 16 位的并行数据传输模式即 "Fast Wide SCSI"，它的数据传输率提高到了 20MB/s，最大支持连接设备数为 15 台。

### 3. SCSI-3

它是在 SCSI-2 之后推出的 "Ultra SCSI" 控制器类型，Ultra320 SCSI 单通道的数据传输速率最大可达 320MB/s，如果采用双通道 SCSI 控制器可以达到 640MB/s。

## 二、SCSI 命令

对于直接存取存储设备，SCSI 命令主要有 Format Unit、Read（6）、Read（10）、Read Capacity、Inquiry、Write（6）、Writer（10）、Test Unit Ready、Start Stop Unit 等。所有 SCSI 命令的正常执行都要从总线空闲阶段开始，经仲裁阶段到选择阶段或再选阶段，再到一个或多个信息传输阶段，最后通常以消息输入阶段结束，由此传送一个 Disconnect 或 Command Complete 消息，此后即返回总线空闲阶段。例如，在执行写类型命令［Write（6）、Write（10）等］SCRIPTS 程序过程中，总线阶段变化过程为：空闲—选择—消息输出—命令—数据输出—状态—消息输入—空闲。又如，在执行读类型命令［Read（6）、Read（10）、Read Capacity、Inquiry 等］时，总线阶段变化过程为：空闲—选择—消息输出—命令—数据输入—状态—消息输入—空闲。Test Unit Ready、Start Stop Unit 等无数据输入、输出的命令，则直接由命令阶段转换为状态阶段。

因此，在常规磁盘阵列系统中执行一条 SCSI 命令的 I/O 周期为：命令接收、数据接收（对写命令）、命令分解、磁盘 I/O、数据回送（对读命令）、状态回送。只有当一条 SCSI 命令正确执行完毕，磁盘阵列才会接收到下一条命令。

对于读命令，必须要经过数据返回之后才能进入状态阶段和消息阶段。对磁盘阵列来讲，如果读缓存不命中，就必须等待磁盘 I/O 完成，取出需要的数据之后才能返回数据和状态，然后进入下一个读命令周期。对于写命令，根据 SCSI

命令的 I/O 周期，在写命令的数据阶段之后必须有一个消息阶段，只有向文件服务器正确地返回消息之后，才能接收写一个写命令。所以，在常规磁盘阵列的命令队列里始终只会有一条来自文件服务器的 SCSI 命令。

整个 SCSI 命令的执行过程原则上划分为八种总线阶段（Bus Phase），SCSI 的总线阶段是指总线在完成 I/O 操作过程中的不同状态，它由 SCSI 总线上的控制信号 C/D、SEL、MSG、BSY、ATN 等决定。这八种不同的总线阶段即：总线空闲阶段（Bus Free Phase）；仲裁阶段（Arbitration Phase）；选择阶段（Selection Phase）；再选阶段（Reselection Phase）；命令阶段（Command Phase）；数据阶段（Data Phase）；状态阶段（Status Phase）；消息阶段（Message Phase）。

## 三、Linux 下的 SCSI 协议栈

SCSI 接口以其高可靠性、高数据传输率得到了广泛应用。Linux 作为一个开放式系统也得到了广泛的应用，其中就实现了 SCSI 协议栈。

SCSI 协议将 SCSI 设备划分为两类：Initiator 设备和 Target 设备。Initiator 设备请求执行一个 I/O 进程，并发出 I/O 命令；Target 设备则是一个进程的执行者，在文件服务器上和磁盘阵列相连的 SCSI 适配器充当 Initiator 角色，并负责向磁盘阵列发出 SCSI 命令。Linux 下的 SCSI 协议栈可以分为上、中、下三层，如图 4-3 所示，由于这种分层设计，使下层 SCSI 设备驱动只需为上层提供几个基本的功能函数。

1. SCSI 协议栈上层

SCSI 协议栈中的上层驱动主要维护一类 SCSI 设备和文件系统的接口（提供标准的读写接口）。它负责从 SCSI 协议栈外接收请求，然后转化为 SCSI 请求，并为每一个请求构造聚/散链表，最后交给 SCSI 协议栈的中间层去处理。当相应的请求处理完毕，SCSI 协议栈的上层驱动会从中间层接收处理的相关状态，并将该状态依次返回给 SCSI 协议栈外的请求。

在 SCSI 协议栈中，共有四种上层的 SCSI 设备驱动：SD（SCSI Disk）和 SR（SCSI CD-ROM）为块设备，ST（SCSI Tape）和 SG（SCSI Generic）为字符设备。块设备和字符设备都可以通过 ioctl 来控制。SG 的主要目的是允许直接将 SCSI 命令从应用层发送到 SCSI 设备，并获取该命令的执行结果，有时也将这一类的驱动称为 pass through，主要用于光盘刻录、文档扫描等特殊的场合。

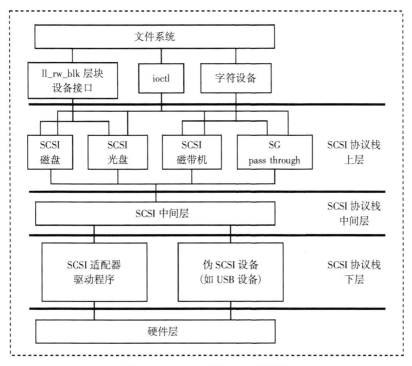

**图 4–3  Linux 下的 SCSI 协议栈**

SCSI 协议栈外的请求主要来自三个方面，对于块设备，主要来自 ll_rw_blk 层。ll_rw_blk 层提供块设备驱动的标准接口，它收集来自文件系统的请求，合并块设备上物理位置相邻的请求，并采用升降机算法对请求按一定的扇区号顺序排序。对于字符设备，当用户试图操作该设备时，请求将直接来自文件系统；第三种请求主要来自 ioctl。

2. SCSI 协议栈中间层

中间层是 SCSI 协议栈的核心，它定义了其他所有 SCSI 驱动所必需的内部接口和服务。主要包含和 SCSI 协议模块化相关的一些功能，如 Proc 文件系统、总线扫描、错误处理、SCSI 命令排队、底半处理等。一个标准 SCSI 设备的地址依次为适配器号、总线号、ID 和逻辑单元号。按设备文件系统的命名规则依次为 <host，bus，target，lun>。总线扫描主要是扫描系统中所有的 SCSI 适配器、SCSI 总线、SCSI ID 和 LUN。当在系统中加载 SCSI 上层或下层驱动时，系统会主动加载并调用 SCSI 协议栈中间层模块。

### 3. SCSI 协议栈下层

SCSI 协议栈的下层主要和硬件层交互，它控制各种不同的 SCSI 适配器。主机将通过这些适配器和 SCSI 总线来控制相关的 SCSI 设备。

很多采用其他物理总线的设备（如 ATAPI CDROM、USB 存储设备以及 IEEE 1394）都采用 SCSI 命令集。通过使用 SCSI 协议栈下层的伪 SCSI 设备驱动，可以将一些非 SCSI 协议转换为 SCSI 协议，使上层的 SCSI 设备驱动包括 SG 都可以控制非 SCSI 设备（如 FC 和 USB）。

### 4. SCSI 协议栈的核心数据结构

SCSI 协议栈的核心数据结构如图 4-4 所示。对于每一个 SCSI 上层设备，系统都维护一个 Scsi_Device 数据结构，而对于每一类 SCSI 上层设备（如同一厂商生产的 SCSI 磁盘、CDROM、磁带机等），系统则维护一个 Scsi_Device_Template 的模板数据结构。所有的 Scsi_Device_Template 构成一个 Scsi_Devicelist 链表。当 SCSI 协议栈上层驱动接收到来自文件系统的读写 Request 时，会将其封装成标准的 Scsi_Request，然后交给 SCSI 中间层，由中间层填充 SCSI 命令描述块（CDB），并将其转化为 Scsi_Cmnd。

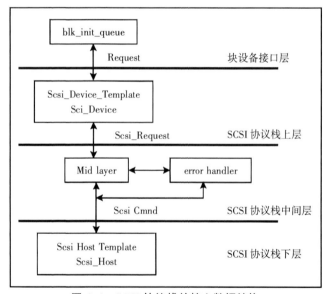

图 4-4 SCSI 协议栈的核心数据结构

对于每一个 SCSI 下层设备（如 SCSI HBA），系统都会注册一个 Scsi_Host 数据结构，而对于每一类 SCSI 下层设备，系统则维护一个 Scsi_Host_Template 模板数据结构。例如，当系统中有两块 SYM53C8XX 的 SCSI HBA，则系统会维护两个 Scsi_Host 数据结构和一个 Scsi_Host_Template 数据结构。所有的 Scsi_Host_Template 形成一个 Scsi_Hosts 链表，每加入一个新的模板数据结构都会挂在链表的表头。

当接收到来自 SCSI 中间层的 Scsi_Cmnd 时，会由 Scsi_Host_Template 结构的域函数 queuecommand（ ）进行排队，然后通过硬件层将 Scsi_Cmnd 发给 SCSI Target。当收到来自 SCSI Target 的命令应答后，SCSI 下层驱动会将该命令的应答或数据通知 SCSI 中间层。SCSI 子系统的中间层还专门维护一个底半处理句柄（也可称为无限循环的内核线程），用来检测命令应答的状态，如果状态良好，则标志着该 SCSI 命令结束。

# 本章小结

相较于 NAS 和 SAN，DAS 存储系统只能为单台主机提供存储服务，而且在数据备份时会耗费主机的大量资源，因而在可扩展性和可用性方面有自己的局限性。但由于其简单、廉价和便利的特点，DAS 在中小型部门中依然得到了广泛使用。DAS 连接的要素有：HBA、端口、缆线、磁盘接口协议。在磁盘接口协议中，SCSI 协议是最流行的存储接口协议。

# 习　　题

## 一、简答题

1. 简述 DAS 的优势和劣势。

2. 简述建立一个 DAS 需要哪些基本要素。

3. 简述有哪些磁盘接口类型，各自适应的存储应用是什么。

4. 并行 SCSI 协议是怎样演化的？

## 二、选择题

1. 不具备扩展性的存储架构有（　　）。

A. DAS　　　　　　B. NAS　　　　　　C. SAN　　　　　　D. IP SAN

2. DAS 代表的意思是（　　）。

A. 两个异步的存储　　　　　　　　B. 数据归档软件

C. 连接一个可选的存储　　　　　　D. 直连存储

3. DAS 的数据访问级别是（　　）。

A. 文件级（File Level）　　　　　　B. 异构级（NFS Level）

C. 通用级（UFS Level）　　　　　　D. 块级（Block Level）

4. SCSI 磁盘接口速率发展到 320MBps，基本已经达到极限，SCSI 硬盘下一代产品的接口为（　　）。

A. SAS　　　　　　B. FC–AL　　　　　C. SATA　　　　　D. PATA

5. 目前哪种磁盘接口传输速率最快？（　　）

A. SAS　　　　　　B. FC　　　　　　　C. SATA　　　　　D. IDE

6. 服务器的总线技术包括（　　）。

A. PCI　　　　　　B. PCI–E　　　　　C. PCI–X　　　　　D. AGP

# 第五章　附网存储

【本章导读】

本章从附网存储的基础和基本结构入手，介绍了 NAS 的相关概念、原理、特点等内容，论述了 NAS 的基本体系结构和组成，并通过实例详细描述了 NAS 构成中的一些组建与功能。最后，针对 NAS 的存储特点，论述了提高 NAS 系统性能及其可靠性的相关技术和方法。

【本章要点】

● 附网存储的基本概念和基础知识
● 附网存储的系统架构及其组成
● 附网存储的主要性能瓶颈，以及缓解问题的相关技术、方法
● 提高附网存储可靠性的相关技术和理论

## 第一节　附网存储基础

### 一、附网存储概述

附网存储的全称是 Network-Attached Storage，简称 NAS，是一种以数据为中心的数据存储模式。在 NAS 存储结构中，存储系统不再通过 I/O 总线附属于某个特定的服务器或客户机，它完全独立于网络中的主服务器，可以看作一个专用的文件服务器。也就是说，客户机与存储设备之间的数据访问已不再需要文件服

务器的干预，允许客户机与存储设备之间进行直接的数据访问。在 LAN 环境下，NAS 已经完全可以实现异构平台之间的数据级共享，如 NT、UNIX 等平台之间的共享。

按照存储网络工业协会（Storage Network Industry Association，SNIA）的定义：NAS 是可以直接连到网络上向用户提供文件级服务的存储设备。NAS 基于 LAN 按照 TCP/IP 协议进行通信，以文件的方式进行数据传输。NAS 是从传统的文件服务器发展起来的一种专有系统，它和其他节点一样直接连接到互联网上，可以像网络打印机一样被其他节点共享。NAS 技术直接把存储连接到网络上，而不再挂载在服务器后面，给服务器造成负担。

一个 NAS 包括处理器、文件服务管理模块和多个硬盘驱动器用于数据的存储。 NAS 可以应用在任何的网络环境当中。主服务器和客户端可以非常方便地在 NAS 上存取任意格式的文件，包括 SMB 格式、NFS 格式和 CIFS 格式等。NAS 系统可以根据服务器或者客户端计算机发出的指令完成对内在文件的管理。

此外，与传统的将 RAID 硬盘阵列安装到通用服务器上的方法相比，NAS 系统还具有以下优点：

首先，NAS 系统简化了通用服务器不适用的计算功能，仅仅为数据存储而设计，降低了成本。并且，NAS 系统中还专门优化了系统硬软件体系结构，其多线程、多任务的网络操作内核特别适合于处理来自网络的 I/O 请求，不仅响应速度快，而且数据传输速率也更高。

其次，由于是专用的硬件软件构造的专用服务器，不会占用网络主服务器的系统资源，不需要在服务器上安装任何软件，不用关闭网络上的主服务器就可以为网络增加存储设备，安装、使用更为方便。并且，NAS 系统可以直接通过 Hub 或交换机连到网络上，是一种即插即用的网络设备。

再次，由于独立于主服务器之外，因此对主服务器没有任何需求。如此可以大大降低主服务器的投资成本。

最后，NAS 具有更好的扩展性、灵活性。存储设备不会受地理位置的约束，在不同地点都可以通过物理连接和网络连接连起来。

## 二、附网存储的硬件结构

NAS 硬件部分由核心控制部分和存储子系统构成，如图 5-1 所示。

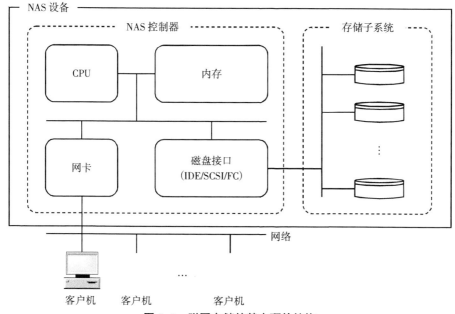

图 5-1 附网存储的基本硬件结构

核心控制部分主要包括处理器内存、网络适配器和磁盘接口。整个核心控制部分通常采用已广泛应用的 Intel x86 服务器体系结构，这样兼具高性能和低成本的优点。

磁盘接口一般选用集成电子驱动器（Integrated Drive Electronics，IDE）、小型计算机系统接口（Small Computer System Interface，SCSI）或光纤通道。这三种接口当前主流的数传率分别为 100MB/s、160MB/s、200MB/s，均能较好地满足存储数传率的要求。

为了优化数据传输，避免网络接口成为传输路径上的瓶颈，多数 NAS 设备采用千兆以太网卡接口、多个网卡链路聚集（Trunking）乃至多台 NAS 设备集群等技术，从而能充分利用计算能力和系统总线带宽，获得极高的数据吞吐率。

存储子系统中的存储设备通常使用磁盘阵列，但也有特殊的 NAS 服务器同时使用磁盘和光盘库作为存储设备，这样的 NAS 被称为 NAS 光盘镜像服务器。NAS 光盘镜像服务器是一种将硬盘高速缓存和 NAS 技术相结合，专为光盘网络共享而设计的 NAS 设备，它将光盘库中被频繁访问的光盘上的数据缓存到磁盘中，这样使得客户机能以磁盘的存取速度来访问光盘上的信息资源，消除了光盘驱动器的"瓶颈"，改善了光盘的网络共享性能。

### 三、附网存储的软件组成

NAS 系统软件设计的基本要求是较高的稳定性和 I/O 吞吐率，并能满足数据共享、数据备份、安全配置、设备管理等要求，其结构如图 5-2 所示。该结构可划分为五个模块：操作系统、卷管理器、文件系统、网络文件共享和 Web 管理模块。

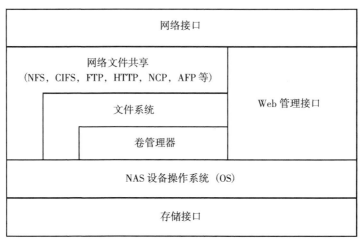

图 5-2 附网存储的软件组成

操作系统通常采用 32 位甚至是 64 位的开放源码或 Windows 操作系统，具有多线程、多任务的高稳定性内核，这样能更好地支持对存储器的读写，是保证系统具有高数据吞吐率的必要条件。操作系统内核针对文件服务器和数据管理进行了裁剪，并针对特定硬件环境进行了优化。在核心操作系统中包含网络设备、存储设备的驱动模块，并保留一些基本网络协议栈（如 TCP/IP、SPX/IPX 以及 Apple Talk 等）。鉴于 Linux、FreeBSD 等免费的开放源码操作系统具有稳定、可靠、高效的优秀特性和遵守 GPL 或 BSD 的版权协议，现在大部分 NAS 设备都是基于此类操作系统开发的。

卷管理器的主要功能是磁盘和分区的管理，主要包括磁盘的监测与异常处理和逻辑卷的配置管理，一般应支持磁盘的热插拔、热替换等功能和 RAID0、RAID1、RAID5 类型的逻辑卷。卷管理器实现简化的、集中的存储管理功能，保证数据的完整性，并增强数据的可用性。图 5-3 表示卷管理器在 FreeBSD 内核中的层次结构。卷管理器是以伪设备的形式实现的，处于文件子系统和磁盘驱动之间。当需要使用卷管理器时，用户通过系统调用访问设备开关表，对伪设备层进行控制，即对卷管理器进行控制。

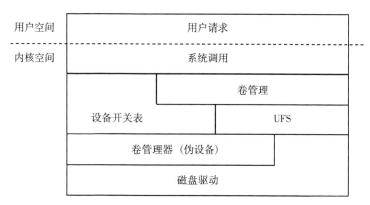

**图 5-3 卷管理器在 FreeBSD 内核中的层次结构**

文件系统提供持久性存储和管理数据的手段，它必须是 32 位或以上并能支持多用户，应具备日志文件系统功能，以使系统在崩溃或断电重启后能迅速恢复文件系统的一般性和完整性，进一步提高 NAS 的可用性。此外，文件系统还应具有快照（Snapshot）功能。快照不仅能恢复被用户错误修改或删除的文件，而且能实现备份窗口为零的文件系统活备份。

网络文件共享一般支持以下一些文件传输和共享协议，如 FTP 和 HTTP 协议、Unix 系统的 NFS、Windows 系统的 CIFS、Novell 系统的 NCP（Novell Core Protocol）、Apple 系统的 AFP（Appletalk File Protocol）等，因此 NAS 设备具有较好的协议独立性。NAS 服务器端仅需简单配置就能支持 Windows、Unix、NetWare、Apple 或 Intranet WEB/FTP 等客户的数据访问，客户端不需为此另外安装其他的软件。此外，NAS 设备可仿真成为相应的 Windows、Unix 或 Novell 服务器，对于不同类型的客户进行访问权限、用户认证、系统日志、警报等的配置和管理。

Web 管理提供给系统管理员一个友好的界面，使之仅通过 Web 浏览器操作就能远程监视和管理 NAS 设备的系统参数，如网络配置、用户与组管理、卷以及文件共享权限等。用户只要拥有适当的管理权限，就可以在网络上的任何接入点的任何操作系统平台上对 NAS 设备进行管理。该模块与"瘦"服务器、存储专用等一起构成了 NAS 设备有别于其他服务器的主要特征。

# 第二节　附网存储 NAS 的体系结构

## 一、NAS 文件共享

NAS 遵守的基本协议是网络传输协议和文件共享协议。文件共享协议有两类：一类是与操作系统相关的系统厂商定义的共享协议，如 Windows 系统的 CIFS/SMB、Unix 的 NFS、苹果系统的 AFP、Novell 系统的 NCP；另一类是与系统平台无关的 Internet 服务协议，如 HTTP 和 FTP。NAS 设备只要遵守并实现了这些协议，就能够与这些主机系统共享文件，成为"文件服务器"。

1. NFS

网络文件系统（Network File System，NFS）由 SUN 公司于 1984 年推出，基于远程过程调用（Remote Procedure Call，RPC）构建，使 Unix 网络用户可以通过网络连接来共享服务器上的文件和数据资源。通过 NFS，服务器导出（Export）一个或多个本机上可供远程客户端共享的目录，客户端则通过 mount 服务器上的目录来实现对服务器文件资源的共享。客户端通过 RPC 对服务器提出服务请求，服务器根据请求做相应的操作并返回结果。服务器可以把远地的文件系统以本地文件系统的形式呈现给每一个客户端，客户端上看到的只是多了一个共享的逻辑卷。

NFS 在 Unix 核心底层实现，对服务器上数据的访问采用了 cache 技术，数据访问具有较高的效率，它在系统引导时从用户空间启动。在 NFS 的服务器端运行有三个守护进程：portmap、mounted 和 nfsd。其中，nfsd 根据客户对文件系统的需求情况而启动文件系统请求服务守护进程，以处理客户的需求；portmap 负责监听固定的端口并提供相应的 RPC 服务，主要功能是将 TCP/IP 通信协议的端口号转换为 RPC 程序号。

当 NFS 客户端需要 mount 服务器的文件系统时，操作过程是：①客户端的 mount 进程给具有固定端口号的 portmap 守护进程发送一个消息，请求服务器 mounted 端口号的地址；②portmap 守护进程返回 mounted 端口号给客户端；③客户端的 mount 进程给服务器的 mounted 进程发送它需要加载的文件系统的路径；④服务器的 mounted 进程取得请求文件系统的 mount 点的文件句柄，如果请求成功，发送文件句柄给客户端的 mount 进程，否则返回错误的信息给客户端。如果以上请求成功，客户端 mount 进程利用得到的文件句柄产生一个 mount 调用，整个 mount 过程结束。

为了提高数据性能，NFS 在客户端设置了一个 nfsiod 的守护进程，这个进程负责响应 I/O 操作，它使用预读（Read-Ahead）和后写（Write-Behind）来执行同步 I/O，以提高吞吐率。当进行读操作时，它首先在客户端的 cache 中查找，看是否有用户请求的数据，如果请求的数据刚好在 cache 中，可以立即返回给用户，如果没有，nfsiod 则会通过 RPC 访问服务器，获取相应的数据并返回。NFS 客户端进行写操作的流程为：①客户端产生一个 write( )的 I/O 系统调用；②数据被写入客户端上核心态的缓冲区，标记为脏数据，并返回，这样使得客户端不用去等待较长的写盘时间，大大提高了访问效率；③核心态的 nfsiod 的守护进程被唤醒，把缓冲区的数据发送给运行在服务器核心态的 nfsd 守护进程；④ nfsd 把接收到的数据写入系统的某个逻辑盘，然后等待 I/O 完成；⑤I/O 操作完成以后，nfsd 守护进程给客户端上的 nfsiod 守护进程发送任务完成的应答消息。接收到应答消息后，nfsiod 重新标记那些脏数据。

NFS 支持 Unix 文件系统的语法，也支持采用其他 OS 的客户共享服务器文件资源，保留了 Unix 文件的权限设置，保留了 Unix 文件系统中的文件读写。执行这样的权限设置，对异类文件系统也可灵活掌握。它可采用面向流的协议（一般为 TCP）或面向数据报的协议（一般为 UDP），既可采用 IP，也可采用非 IP 协议。

NFS 是一个无状态的协议，服务器不需要维护任何诸如当前客户端是谁、哪些文件被打开之类的状态信息，每个 RPC 都是自维持的，也就是说它包括了完成 RPC 操作所需要的全部信息。例如，客户端的一个读操作请求包括了用户请求的认证信息、文件句柄信息、数据在文件中的偏移量和读数据的大小等信息，服务器仅仅通过这些信息就可以知道该如何响应客户端的请求，而不需要借助其他的状态信息。客户端每一个请求操作，都是一个原子操作，不可分割。

NFS 采用无状态协议的一个最大优点为：在系统出现故障时能自动恢复工作，即当客户端与服务器之间出现一段时间的间歇故障时，如服务器重新启动，系统仍然能够正常工作，不需要进行状态恢复这样的工作，客户端在一定的时间之内得不到响应，会自动重新发送请求，当服务器端恢复正常以后，客户端又可正常访问。在这一点上，NFS 比较适合于容错/容灾功能的实现。

## 2. CIFS/SMB

SMB（Server Message Block，服务器消息块）是在 Microsoft 操作系统或相关产品中用来实现网络资源共享的标准协议，可共享的资源包括文件和打印机，最初由 Microsoft 和 Intel 在 1987 年基于 NetBIOS 接口开发实现。随着 Internet 的流行，Microsoft 希望将 SMB 协议扩展到 Internet 上去，成为 Internet 上计算机之间相互共享数据的一种标准。因此，它将原有的几乎没有多少技术文档的 SMB 协议进行整理，重新命名为 CIFS（Common Internet File System，公共万维网文件系统），并打算将它与 NetBIOS 相脱离，试图使它成为 Internet 上的一个标准协议。

CIFS/SMB 协议和 NFS 一样，采用客户/服务器模式，客户端给服务器发出请求，服务器响应客户端的请求，把自身的文件系统及打印机等资源呈现给网络上的用户，供其共享使用。CIFS/SMB 协议可以运行在多个协议上，它既可以运行在 TCP/IP 上（实际上是在 TCP/IP 上的 NetBIOS 协议层上），也可以运行在 Net-BEUI 或者 IPX/SPX 协议上。

CIFS/SMB 协议定义了两种资源访问的安全模式，一种称为共享级安全性（Share Level Security），另一种称为用户级安全性（User Level Security）。在用户级安全性中，客户必须提供正确的用户名/口令，服务器在经过验证之后，为客户机提供与连接用户相当的访问权限。这样，不同的用户得到的访问权限可能不同；而在共享级安全性中，只要知道该共享资源的访问口令，就能够访问该共享资源，不同的用户得到的访问权限是相同的。应当注意的是，共享级安全性是Windows 95 操作系统的默认安全模式，而在 Windows XT 中只有用户级安全性一种安全模式。

每个客户机与服务器通信，首先必须发送一个 Negprot 命令给服务器，服务器接收到此命令以后，选定一个双方都能接收的协议，然后通过 Negprot 响应返回给客户机。一旦选定好协议之后，客户机就可以利用所选定的协议登录服务器，如果需要，客户机可以发送一个 seesetuX 命令给服务器，服务器对 seesetuX 提供的用户名、口令对用户进行身份验证，并把验证的结果通过 seesetuX 响应返回给客户机。通过身份验证以后，客户机才能响应相应的共享资源。客户机登录上服务器以后，就可以通过 tconX 命令告诉服务器它需要访问什么共享资源，如果服务器认证了客户机的访问，则返回给客户机一个 TID，客户机得到这个 TID 以后就可以对服务器上的文件进行读写操作，每个操作同样也有相应的请求命令和响应，如打开、关闭、读写文件的请求等。

由于在 Windows 操作系统中，每一个机器都可以充当服务器，同时也可以充当客户机，所以如此多的服务器在网络上需要一定的管理方法。通常 CIFS/SMB 协议采用了一种浏览（Browse）的协议，使得用户可以很方便地知道网络上有多少支持 CIFS/SMB 的服务器、它们都分别提供哪些服务。在这种浏览机制中，每一个服务器加入网络以后，会给网络中所有的客户机发送广播信息，客户机监听到广播信息以后，就可以知道该服务器提供的服务，并把这个新增加的服务器放在本机的浏览列表里面。

由于 CIFS/SMB 仅仅是一种协议，它应当与具体的计算机平台无关，因此，在 Unix 系统上实现 CIFS/SMB 协议并不困难，最常见的方式是 Samba 模块的使用。

3. NFS 和 CIFS 的比较

NFS 和 CIFS 由不同的公司开发，主要运行于 Unix 或 Windows 系列的平台，二者的差异较大，主要表现在以下几个方面：

（1）CIFS 是一种面向连接的网络共享协议，需要一种可靠的网络传输机制，如 TCP/IP；而 NFS 协议独立于传输层，它通过一系列 RPC 调用来实现客户机对服务器的访问，它既可以在 TCP 层，也可以在 UDP 层实现。

（2）NFS 比较明显的一个弱点是它需要在客户机安装软件才能实现共享，而 Windows 95/98/ME/NT/2000、OS/2、Linux 等系统均内置了 CIFS 协议，通常用户不需要安装任何客户端软件就可很方便地使用 CIFS 协议通过网上邻居访问其他机器上的文件。

（3）NFS 是无状态协议，而 CIFS 是一个有状态的协议。由于 NFS 是无状态的协议，使得在服务器出现间歇性故障时，客户机可得到及时的恢复，不会受很大的影响；而对于有状态的协议进行故障恢复时，因为服务器上维护状态信息丢失，所以必须重新恢复和建立所有的状态信息，才能进行数据传输。但是，有状态的协议由于服务器上维护着客户机与服务器之间的连接状态，所以进行数据访问时大大减少了一些不必要的重复信息的传递，从而提高了网络数据访问的效率。而无状态的协议由于每次进行 RPC 都必须包含过多的冗余信息，使得其进行数据传输的效率与有状态的协议相比要差一些。

（4）NFS 和 CIFS 都存在着不同操作系统之间文件系统格式的转换，NFS 保留了 Unix 操作系统中文件的所有者、组等权限，而 CIFS 则完全忽略了服务器上文件系统中文件的权限，全部转换成 Windows 系列操作系统的文件规范。

## 二、NAS 中的数据访问

NFS 和 CIFS 协议对发送到由 NAS 设备管理的远程文件系统上的文件 I/O 请求进行处理。NAS 的 I/O 过程如下：

（1）请求者将一个 I/O 请求封装成 TCP/IP 报文，通过网络协议栈进行转发。NAS 设备从网络上接收请求。

（2）NAS 设备将 I/O 请求转换为一种对应的物理存储请求，即块级 I/O 请求，然后对物理存储池执行相应操作。

（3）当数据从物理存储池返回时，NAS 设备对其进行处理并封装为相应的文件协议响应。

（4）NAS 设备将这个响应封装成 TCP/IP 报文，通过网络转发给用户。

以下是在 NAS 上创建文件系统和导出共享的一些步骤：

（1）创建存储阵列卷：在存储阵列上创建卷，为卷分配逻辑设备编号（LUN），然后提交新创建的卷到 NAS 设备上。

（2）创建 NAS 卷：在 NAS 设备上进行探测操作，识别出新的阵列卷，并创建 NAS 卷（逻辑卷）。存储阵列上的多个卷可以合并为一个更大的 NAS 卷。

（3）创建 NAS 文件系统：在 NAS 卷上创建 NAS 文件系统。

（4）挂载文件系统：在 NAS 设备上挂载新创建的 NAS 文件系统。

（5）访问文件系统：将新挂载的文件系统用 NFS 或者 CIFS 协议发布到网络上，使客户可以对其进行访问。

## 三、NAS 文件系统分析

### 1. 存储系统和文件系统的关系

虽然 NAS 设备常被认为是一种存储架构，但 NAS 设备最核心的东西实际上在存储之外，那就是文件管理服务。至于通过 NFS/CIFS 共享文件，完全属于高层协议通信，根本就不在数据 I/O 路径上，所以数据的传输不可能以块来组织。正是由于这种功能上的重叠，在 SAN 出现以后，NAS 头（或 NAS 网关）设备逐渐发展起来，基于 SAN 上的 NAS 方案越来越多，NAS 回归了其文件服务的本质。由此可知，NAS 与一般的应用主机在网络层次上的位置是相同的，为了在磁盘中存储数据，就必须要建立文件系统。有的 NAS 设备采用专有文件系统，而有的 NAS 设备则直接借用其操作系统支持的文件系统。由于不同的 OS 平台之间文件系统不兼容，所以 NAS 设备和客户端之间就采用通用的 NFS/CIFS 来共享文件。

2. Ext2/Ext3 文件系统

Ext3 文件系统是直接从 Ext2 文件系统发展而来的，目前 Ext3 文件系统已经非常成熟、稳定和可靠，它完全兼容于 Ext2 文件系统，用户可以平滑地从非日志文件系统 Ext2 过渡到一个日志功能健全的文件系统 Ext3。

Ext3 提供三种日志模式：日志（Journal）、预定（Ordered）、写回（Writeback）。

Ext3 文件系统的主要特点：①系统比较稳定；②易于转换；③易于修复；④支持大文件；⑤不支持反删除（Undelete）操作。

3. XFS 文件系统

XFS 是一种高性能的 64 位文件系统，由 Silicon Graphics Incorporation 公司为其 IRIX 系列的系统研制。XFS 通过保持 Cache 的一致性、定位数据和分布处理磁盘请求来提供对文件系统数据的低延迟、高带宽的访问。XFS 文件系统的特点：①数据完全性好；②反应、传输速度快；③文件扩展性强。

4. JFS 文件系统

JFS 是提供基于日志的字节级、面向事务的高性能文件系统。它具有可伸缩性和健壮性，与非日志文件系统相比，它的优点是其快速重启能力，JFS 能够在几秒或几分钟内就把文件系统恢复到一致状态。JFS 是完全 64 位的文件系统，所有 JFS 文件系统结构化字段都是 64 位大小，这允许 JFS 同时支持大文件和大分区。

虽然 JFS 主要是为满足服务器（从单处理器系统到高级多处理器和集群系统）的高吞吐量和可靠性需求而设计的，但 JFS 还可用于想得到高性能和可靠性的客户机系统。

JFS 能够保证数据在任何意外宕机的情况下，不会造成磁盘数据的丢失与损坏。

JFS 文件系统的特点：①存储空间大；②动态磁盘 inode 分配；③基于盘区

的寻址结构；④块尺寸可变。

### 5. ReiserFS 文件系统

ReiserFS 是一个非常优秀的文件系统。ReiserFS 可轻松管理上百 G 的文件系统，这在企业级应用中非常重要。ReiserFS 也是一款带有日志的文件系统，与 Ext3 一样，ReiserFS 也有三种日志模式：Journal、Ordered 和 Writeback。它在自动检测和修复上具有很强的功能，自动恢复的速度比 Ext3 文件系统要快，特别是对于意外断电的情况，能够在较短的时间内恢复文件系统。

ReiserFS 文件系统的主要特点：①先进的日志机制；②高效的磁盘空间利用；③快速的搜寻方式；④支持大文件；⑤避免不必要的磁盘活动；⑥支持反删除。

### 6. 文件系统的使用策略

通过以上的分析和总结，我们了解了 Ext3、XFS、JFS 和 ReiserFS 文件系统的相关特点。根据这些特点可以总结出有关文件系统使用方面的一些策略或建议：

（1）ReiserFS 和 JFS 文件系统对小文件操作比较快，适用于邮件服务器或小规模的电子商务系统这样大量频繁操作小文件数据的应用。

（2）XFS 和 JFS 在设计结构上都比较好，它们支持大型的文件和文件系统，同时也是 64 位的文件系统，文件系统的扩展性比较强。这两种文件系统在管理大型文件系统方面性能较为突出，适用于科学计算等涉及大型文件操作的应用。

（3）综合看来，JFS 文件系统对小文件和大文件的操作都比较胜任，性能比较稳定，在文件系统崩溃后，可以利用日志系统进行较快恢复，是服务器设备的首选文件系统。JFS 文件系统 CPU 占用率和 ReiserFS 差不多，但是读写的速度较快，因此综合性能比较优越。

（4）Ext3 的使用历史较长，经过长时间的使用，系统错误和缺陷都比较少，同时也支持日志系统，考虑到与 Ext2 文件系统的兼容性，也可以选择 Ext3 作为一般应用的通用文件系统。

## 四、NAS 典型实例体系结构

EMC 提供的 NAS 解决方案是 Celerra 产品系列。Celerra 同时包括了网关式和集成式配置方案。EMC Celerra 提供了一个支持文件级 I/O 访问的专用的、高性能的、高速率的通信基础设施。它使用精简的或调优过的操作系统。它支持网络数据管理协议（Network Data Management Protocol，NDMP），用于备份、CIFS、NFS、FTP 和 iSCSI 等。Celerra 支持快速以太网信道，通过使用 PAgP 或 IEEE 802.3adLACP，将两个或多个数据信道合并成一个数据信道，以实现高可用性。

Celerra 由控制站和 NAS 头（数据移动设备）组成。数据移动设备是一个集网络和存储接口于一体的设备，控制站则是一个管理接口设备。

1. 数据移动设备

数据移动设备是一个独立的、自治的文件服务器，用于传递请求的文件给客户端。典型的数据移动设备包含 NS40 和 NSX 刀片式数据移动设备。DART（Data Access in Real Time）是 Celerra 的专用操作系统，运行在数据移动设备上。这种操作系统针对从存储阵列传送数据到网络上的文件操作进行了优化。DART 支持标准的网络文件访问协议，如 NFS、CIFS 和 FTP。

Celerra 能够被配置成一个防失效（Fail-Safe）的网络设备，将网络失效引起的数据访问失效影响降低到最小。逻辑设备中，多个物理端口或逻辑端口组合在一起创建设备的冗余端口组。在逻辑上进行了分组的数据移动设备网络端口监控着端口上的网络流量。Celerra 也包含一个活跃的防失效（Fail-Safe）设备端口，可以用于探测流量的中断。备用的或不活跃的端口也分配有 IP 地址和 MAC 地址，以最小化数据存取的中断。Celerra 的数据移动设备的特性包括以下几点：

（1）双 Intel 处理器。

（2）支持 PCI 或 PCI-X。

（3）大内存容量。

（4）多端口网卡。

（5）与存储阵列连接的光纤通道。

（6）高度定制的操作系统（DART）。

创建和访问文件系统是 Celerra 数据移动设备提供给客户端使用的两个重要功能。文件系统的创建可以通过手动或自动卷管理（Automatic Volume Management，AVM）功能来完成。文件系统的访问可以通过在 UNIX 环境进行导出操作或在微软 Windows 环境进行共享发布来完成。

数据移动设备的实现允许在一个物理数据移动设备上创建多个虚拟数据移动设备。一个虚拟数据移动设备又可以创建多个虚拟 CIFS 服务器。因为每个虚拟数据移动设备可以维护独立的 CIFS 服务器及其根文件系统环境，所以虚拟数据移动设备整合了多个服务器的文件服务功能。虚拟数据移动设备使得整个虚拟环境可以被装载、卸载，甚至在物理数据移动设备间进行复制。Celerra 数据移动设备为环境提供了两个配置选项：主数据移动设备或后备数据移动设备。

作为高可用性的配置方案，后备数据移动设备也可以被配置成主数据移动设备。一组主数据移动设备也会提供一个后备数据移动设备。Celerra 数据移动设备可以运行在三种模式下，不同的模式会对失效切换过程产生不同影响。在"自动模式"下，失效切换过程不需要尝试恢复失效的数据移动设备，而是直接发生切换；在"重试模式"下，数据移动设备在进行失效切换过程之前要首先重启（以尝试恢复）；在"手动模式"下，失效切换过程需手动完成。

2. 控制站

控制站主要用于完成控制、管理和配置 NAS 解决方案。控制站运行着一个用来安装、管理和配置数据移动设备的 Linux 操作系统，它同时负责监控环境状态和所有部件的性能。控制站也提供高可用性的特性，如错误监控、错误恢复、错误报告、售后呼叫（Call Home）以及远程诊断等。用户可以通过本地控制台、SSH 或 Web 浏览器等方式使用管理功能。

3. 存储连接

Celerra 数据移动设备采用两种方式与存储系统进行连接：集成式和网关式。在集成式配置中，Celerra 使用了专用的存储系统。在这种配置中，控制站通过私有的内部 IP 网络连接到数据移动设备上。每个数据移动设备通过双光纤通道直接连接到存储阵列上。数据移动设备为控制站提供的接口包括内部以太网和串口连接两种。

在 DART 被装载之后，数据移动设备就可以与客户网络进行连接。数据移动设备与控制站连接可以进行远程管理。然后控制站通过相应指令将存储阵列上的物理磁盘进行划分，建立系统卷和数据卷，用于客户端的访问。

在网关式配置中，Celerra 使用共享存储阵列中预先分配的独立存储系统。在共享存储阵列进行适当的分区和 LUN 掩码配置后，阵列上所有剩余的容量都可以分配到常规的 SAN 主机上，这些主机连接到光纤交换机上。在网关式配置中，每个数据移动设备都是双链路连接到存储阵列上以保证冗余，它们与一个或多个光纤通道交换机进行连接。网关式连接中的客户访问和配置步骤与集成式连接是相似的。

# 第三节 附网存储系统的性能

## 一、NAS 性能的影响因素

由于 NAS 使用了 IP 网络，IP 带来的带宽和延迟等问题会影响 NAS 的性能。在 NAS 环境里，网络拥塞是其中最明显的延迟来源。

其他不同程度地影响 NAS 性能的因素有以下几点：

（1）跳转次数。大量的网络包跳转会增加延迟，因为每一次跳转都需要进行 IP 处理，这就会增加路由器的延迟。

（2）认证。目录服务的认证，如 LDAP、活动目录或 NIS。认证服务是网络上必需的服务，而且必须拥有充足的带宽和足够的资源来支持认证过程产生的负载。否则，大量的认证请求发向服务器会增加延迟。当然，只有当认证发生时才会增加延迟。

（3）重传。链路错误、缓冲区溢出和流量控制机制都会导致重传。这会导致未到达指定目的地的报文被重新发送。在配置网络设备的速率参数、双工通信参数以及 NAS 头参数时，要注意使它们彼此匹配。不恰当的配置会导致错误和重传，增加延迟。

（4）过载的路由器和交换机。在网络中，一个过载的设备所需要的响应时间总是比优化状态下使用的或低负载使用的设备所需的响应时间要长。网络管理员可以查看厂商特定的统计值，来确定网络中的路由器和交换机的利用率。如果当前设备过载，则需要增加额外的设备。

（5）文件/目录查找和元数据请求。NAS 客户访问 NAS 设备上的文件时，在找到相应的文件或目录之前所需的查找过程也会产生一定的延迟。有时延迟是由于目录的层次比较深而造成的，这个可以通过平面化目录结构来解决。拙劣的文件系统布局和过载的磁盘系统也会降低性能。

（6）过载的 NAS 设备。客户访问多个文件可能造成 NAS 设备上的使用强度增高，这可以通过查看利用率统计数据来确定。高利用率强度可能是由拙劣的文件系统结构或存储子系统资源不足造成的。

（7）过载的客户端。客户端访问 CIFS 或 NFS 数据时也会产生过载。一个过载的客户端需要更长时间去处理从服务器接收到的响应，而这也会增加延迟。不同的操作系统都有其特定的性能监控工具，可以帮助确定客户端资源的利用率。

## 二、高性能 NAS 网络技术

在 NAS 中很多技术可用于提高 NAS 的性能，然而它们或多或少与应用到其他存储系统中的高性能技术相似。针对 NAS 的网络特征，本节给出提高 NAS 性能的相关网络技术。

配置 VLAN、设置合适的最大传输单元（Maximum Transmission Unit，MTU）和 TCP 窗口大小可以改进 NAS 的性能。链路聚合和冗余网络配置可以确保 NAS 的高可用性。

虚拟局域网（VLAN）是一个从逻辑上进行划分的交换网络，划分的依据可以是功能、项目团队或应用程序等，而不需要考虑用户的实际物理位置。一个 VLAN 与一个物理 LAN 很相似，但 VLAN 可以将不同终端工作站分组，即使它们物理上不在同一块网络区域中。VLAN 是第二层（数据链路层）的结构。一个网络交换机可以划分为多个 VLAN，这样可以更好地利用端口，降低总的网络基础设施的部署开销。

VLAN 可以控制总的广播流量。一个 VLAN 上的广播流量不会传输到这个 VLAN 之外，这就可以充分降低广播负载，使得网络带宽可以被更多的应用程序使用，增强了网络对广播风暴的抵抗力。

VLAN 也用于提供安全防火墙功能，能够限制个人用户接入、识别网络入侵、控制广播域的组成和大小。

MTU 的设定决定了可以不分段传输的最大报文尺寸。路径最大传输单元探测过程用于发现在网络中传输而不需分段的最大报文尺寸。缺省的 MTU 设置是由每个协议自己指定的，同时取决于所安装的 NIC 的类型。以太网卡默认的 MTU 设置是 1500 字节。有一种帧技术称为 Jumbo 帧，可以用来发送和接收超过 1500 字节 MTU 的以太网帧。实际部署中，最常用的 Jumbo 帧的 MTU 为 9000 字节。在网络流量繁重的情况下，服务器发送和接收大帧比小帧的效率更高。Jumbo 帧能够提升效率是因为它使用更少而更大的帧来传输与现存以太网帧同样多的数据。在同样的有效载荷情况下，更大的帧降低了原始网络带宽的消耗，同时能够平滑突发的 I/O 流量。

TCP 窗口大小是指任何时候网络上一个连接能承载的最大的数据量。例如，一对主机通过 TCP 窗口大小为 64KB 的 TCP 连接进行对话，则发送者每次只可以发送 64KB 的数据，然后必须等待接收者的确认才能继续发送数据。当接收者确认接收到所有发送的数据后，发送者才可以发送另外 64KB 的数据。如果发送者接收到一个接收者发回的确认，表明只有 32KB 的数据被接收到，也就是说，另外 32KB 的数据还在发送中或者丢失了，那么发送者就只能发送另外的 32KB 数据，因为传输中不能有超过 64KB 的未确认数据。

理论上，TCP 窗口大小应该被设置成可用网络带宽与数据在网络上发送的往返时间两者的乘积。例如，如果一个网络拥有 100Mbit/s 的带宽，数据往返时间为 5ms，那么 TCP 窗口大小的计算应该如下：

$$100Mbit/s \times 0.005s = 524288bit$$

$$524288bit/8bit/Byte = 65536Byte$$

所以，用于控制数据流量的 TCP 窗口字段应该在 2~65536 字节取值。

链路聚合（Link Aggregation）过程将两个或多个网络接口合并为一个逻辑网络接口，从而实现高吞吐率、负载共享或负载均衡、透明的路径失效切换以及可扩展性等。NAS 设备中的链路聚合用合并信道的方法来实现冗余的网络连接。通过链路聚合，多个连接到同一交换机上的活跃以太网连接可以组合成一个链路。如果聚合中的一个连接或一个端口丢失了，所有在那条链路上的网络流量就会被重新分配到其他剩余的活动连接上。聚合的主要目的就是实现高可用性。

# 第四节　附网存储的可靠性技术

数据被破坏，一旦无法恢复，就会造成灾难性的后果，因此，企业关键性业务要求确保数据的完整、一致、安全、可靠。为使作为数据载体的 NAS 系统在运行中的故障不影响数据的正确性，可以采取容错技术来提高 NAS 系统的可靠性。

NAS 系统存在以下单一失效点：磁盘 I/O、网络 I/O 和服务器主机本身。任何一处出现故障，都将导致服务的中断，甚至存储在上面的数据的丢失。要提高 NAS 的可靠性，就要采取措施使其不再存在单一失效点。根据 NAS 的结构和特点，结合当前主流技术，本书提出了一个四层次的 NAS 容错模型。这四个层次分别是存取控制层、文件系统层、网络传输层和节点层。

存取控制层，解决磁盘失效对数据完整性和系统可靠性的影响，主要是采用软件 RAID 实现存储 I/O 容错；文件系统层，针对系统盘是软件 RAID 中的单一失效点，实现了文件系统镜像放置，并采用了在线数据重构机制和磁盘热插拔技术；网络传输层，解决网络传输的问题，针对网络传输环节中的失效点，实现网络 I/O 容错；节点层，解决数据备份和单机系统失效的问题，实现实时双机热备份。

本节以华中科技大学国家光电实验室信息部课题组开发的 NAS 为例，介绍 NAS 文件系统层、网络传输层和节点层的容错技术及实现方法。课题组开发的 NAS 设备采用的操作系统为 FreeBSD，主板内置两块 Intel 百兆网卡，有 4 个 IDE 主盘分别挂在 4 个 ATA 通道上，支持 RAID0、RAID1、RAID5、RAID5 + SPARE。支持多种计算机平台，内置常见的网络通信协议和文件共享/传输协议，支持 Windows、Unix、NetWare、Apple 或 Intranet WEB/FTP 等客户的数据访问。对于不同类型的客户，NAS 可仿真成为相应的 Windows、Apple、Novell 或 Unix 服务器，进行访问权限、用户认证、系统日志、警报等的控制和管理。此外，NAS 还可方便地利用现有的工具，如 IE/Netscape 浏览器、SSH 等，进行远程管理，如设置 IP 地址、服务器名称、用户信息、RAID 的级别、磁盘限额等。

## 一、镜像数据分布

在我们开发的 NAS 系统中，有 4 个 IDE 主盘分别挂在 4 个 ATA 通道上，分别是 ad0、ad2、ad4 和 ad6（为了便于检测磁盘状态，所以全部采用主盘）。

a 分区是 FreeBSD 启动时所需的分区，内核存在于该分区。FreeBSD 自举时，从该分区加载内核程序。Root 是 NAS 使用的根系统，用户可用卷空间是给用户提供的可使用的磁盘空间，用户可在这部分空间自由进行卷操作，建卷、删卷或存储数据等。所有的卷都可指定 RAID 级别对数据进行容错。

这种文件系统分布的最大问题是，只有用户可用卷空间是受 RAID 保护的，因为在 mount 根文件系统前无法使用 RAID，因而系统只能容忍 ad2~ad6 磁盘的失效，无法修复 ad0 失效。如果 ad0 失效，则会导致整个系统崩溃，所有数据丢失。

鉴于传统的文件系统分布策略存在盲区，不能修复系统盘的失效，我们提出了一个解决方案——文件系统镜像分布策略，即启动分区复制，根文件系统采用 RAID1 镜像。

Component（x）是 NAS 系统真正使用的根系统，是基于卷管理器实现的，采用 RAID1 算法，具有完全冗余、容错功能。这样，不仅用户可用卷空间受 RAID 保护，根系统也实现了容错，任何一个磁盘都可以启动系统。如果 ad0 失效，可由 ad2，甚至 ad4、ad6 接替。

加载伪设备作为根系统的伪码如下：

```
BootStrapO；              /* FreeBSD 自举 * /
LoadKernelO；             /* 系统加载内核 */
HardwareProbeO；          /* 检测硬件设备，譬如 PCI 总线、IDE 磁盘 * /
SubSystemLoadO；          /* 初始化模块，譬如根系统、伪设备 * /
raidattachO；             /* 伪设备初始化 */
mountPartitionAO；        /* 加载 FreeBSD 默认根系统 U 分区 * /
InitO；                   /* 初始化，譬如交换分区等 */
MountRootO；              /* 根据 partition A 的 fstab 文件，重新 mount 根系统，
                            这里根系统是基于卷管理器的，支持冗余功能的
                            RAID1 */
```

## 二、网络传输容错技术

NAS 设备通过网卡与网络连接，并经由网络向客户提供服务。由于局域网络的分散特性，其本身并没有针对服务器的保护措施，因此容易产生网络断开、检测失效等错误，故必须对网络 I/O 容错技术加以讨论。

网络传输环节中存在两个失效点：一个是网卡 NIC 失效；另一个是网络电缆中断。因此，相应地要从这两个方面来考虑提高网络的可靠性，一般采用硬件上的冗余，主要是服务器网卡的冗余和传输链路的冗余以增加容错的能力。

为了提高性能，一般情况下服务器都会配置多个网卡，进行网络物理分段，并对可能发生的失效进行隔离。任何网卡的失效并不会影响其他网卡的连接，只

有该网卡所在子网的客户机受影响。然而，这种配置没有容错特性，扩展也不方便。另外，网卡的吞吐能力利用也不充分，每块网卡只负责自己物理子网数据的传输。可能会出现这样的情况：网卡 1 达到了最大带宽，而其他网卡却处于闲置状态。

为了更有效地利用服务器上的多个网络接口，可以把多个物理网卡绑定成一个逻辑的或虚拟的网卡，这就是链路绑定（Bonding）技术。操作系统中的软件协议栈把这种绑定后的虚拟网卡视为一个逻辑网卡。每一个网卡是一个物理端口，每一个物理端口都有自己的 MAC 地址。如果其中一个物理网卡失效，在负载均衡模式下，传输流量会自动重新均衡；在故障接管模式下，传输会从主网卡切换到从网卡。

绑定技术在网络存储系统中的应用包括以下几个方面：

通过实现故障接管（Failover）提高系统可用性：有一个或多个网卡作备用。通常只有一块网卡工作，当工作网卡出现故障时，备用网卡接替工作，保证网络不会中断，起到容错的作用。

通过实现链路聚集（即负载均衡）提高网络吞吐率：可以使用 2~4 块网卡通过特定的网卡驱动程序进行设定。通常多块网卡并行工作，性能比网卡冗余方式要高。当某块网卡出现故障时，其余网卡继续工作，保证网络不会中断，因此使用负载均衡功能要好于网卡冗余。

从 Bonding 的原理来看，Bonding 技术可以在 OSI 模型的四个层次上实现。

第一层 Bonding：在物理层绑定链路，要求额外的 MAC 层和物理层部件。将数据包分成小段传输，在另一端重新组合。传输同步要求相对宽松。负载均衡功能需要复杂的分段和重组，故障接管功能需要有同步协议，如 ISDN Bonding、Beowulf 的 Channel Bonding。

第二层 Bonding：多个链路使用同一个 MAC，在各个链路中利用确定性的算法分发数据包。负载均衡功能要求交换机采用源地址分发策略，服务器采用目的地址分发策略。故障接管功能利用现有的链路监测机制，如 Sun 公司的 Trunking1.0 和 Cisco 公司的 Fast Ether Channel 技术。

第三层 Bonding：通过特殊的负载均衡解析协议将单个网络地址映射到多个 MAC 地址，保持了网络地址的固定；利用不同的 MAC 地址实现单向负载均衡，且只能实现单向负载均衡功能，要实现双向均衡功能需要修改网络协议栈。故障接管功能要求有动态 MAC——网络地址映射机制配合，如 Novell 的 balance.nlm。

第四层 Bonding：通过特殊的名字解析协议将单个网络名字映射到多个网络地址，保持了网络名字的固定。负载均衡功能需要特殊设备或者修改应用软件。故障接管功能在系统软件层实现，意味着要修改应用软件，如 NAT、Local Director、WEB Server Director、CORBA。

第一层实现需要额外的 MAC 层和物理层部件；第二层实现的方案易于实施而且透明；第三层实现对端设备和交换机来说不透明；第四层实现需要修改应用程序或插入中间件程序。一般认为，第二层实现 Bonding 的方案是最佳的。

切换器在中间件层，即通过纯软件的方式即可实现 Bonding。目前，在 Linux 下面已经实现了模块加载形式的 Bonding，但 FreeBSD 并不支持 Bonding 特性。Linux 是通过向系统内核注册一块虚拟网卡实现的，实际的数据传输则通过加入 Bonding 的真实网卡。这样的好处是不同品牌、不同速率的网卡均可加入 Bonding 中，但这种方法的实现颇为复杂。

我们开发的 NAS 设备有一个硬件特点，即主板内置的两块网卡均为 Intel 百兆网卡，共用一个相同的设备驱动。利用这一点，我们提出了一种更为简捷的实现方案——多网卡链路绑定 MNCB（Multiple Network Channel Bonding），它直接修改内核网卡驱动，然后重新编译新内核并实现 Shell 调用。

监测网络连接有效性的方法一般有两种：一种是后台不断地"ping"另外一个网卡，根据是否能收到消息包即可判知；另一种是利用以太网络物理收发器提供的连接状态信息 MII。Intel 系列网络接口支持 MII 状态监控，驱动中也已使用。因此，我们利用 MII 状态信息来监测网络连接有效性。

通过修改 Intel 网卡的驱动程序，MNCB 开发了一个中间件驱动来实现原型系统。整个功能通过划分的四个模块来实现，其中网卡调度器和网卡收发器主要实现数据包负载均衡的数据传输功能，网卡故障检测器和网卡切换器主要实现网络的故障检测和自动恢复功能。当某一网卡与交换机的连接中断时，Bonding 程序能够检测到网络失效并自动恢复。从实现的层次上看，网卡调度器和网卡故障检测器属于应用程序，在应用层上实现；网卡收发器与网卡切换器在中间件层实现，中间件层位于 MAC 层与物理层之间。

在整个实现中，四个模块的功能分工如下：

网卡收发器：它处于整个系统的核心位置，负责拦截由上面的数据链路层传递下来的 MAC 帧，并采用轮转算法将数据包依次从网卡队列中发送出去，而不是仅仅使用操作系统原先所指定的某一固定网卡。这样，该网卡上的流量分摊到了各个物理网卡上，充分利用了系统硬件资源。

网卡切换器：它和网卡收发器都在内核态实现。当网络出现故障时，由应用层的网络故障检测器控制进行网络通道切换，实现故障接管（Failover）功能。

网卡故障检测器：通过 MII 检测机制检测网卡的状态，执行差错检测和恢复功能。它实际上是一个运行在用户态的后台守护进程。当某网卡失效后，通过调用内核模块的网卡切换器，切换器把请求再传递到收发器，将失效的网卡从网卡队列中删除，这样系统不会再使用这块失效的网卡，而将数据包从队列中下一块好的网卡中发送出去，保证了数据的连通性。只有当队列中所有的网卡全部失效时，服务器才会与网络断开。若失效的网卡又重新恢复正常，故障检测器会控制切换器将此网卡设备加入到网卡队列中，该网卡继续开始工作。

网卡调度器：为用户提供了一系列的命令接口，主要是添加或删除网卡队列中的设备。用户可以指定哪些网卡绑定起来一起工作，或者可以清空队列中所有网卡使服务器处于非绑定模式。在将网卡进行绑定之前，调度器首先要进行一些操作，其中有检查网卡是否已处于激活状态，检查该网卡与交换机的连通性，将该网卡的配置参数设置成与队列中的主网卡一致，如 IP 地址、MAC 地址、子网掩码、MTU 值等。若队列为空，该网卡就指定为主网卡。这些操作完成后，才可将该网卡插入到队列尾。

与 Bonding 类似的技术有 Sun 的 Trunking（链路聚集）、Cisco 的 Fast Ether Channel（FEC）技术、Intel 的 Advanced Network Service（iANS）、3COM 的 Dynamic Access 和 Alteon 的 Fault Tolerance。Intel、3COM 和 Alteon 的实现与所用交换机无关，而 FEC 要求使用的交换机必须支持 FEC。Bonding 驱动最早来自于 Donald Becker 的 Beowulf 对 Linux Kernel 2.0 的补丁，现在已经有了很大的改进和变化。另外，2000 年 3 月，国际电气和电子工程师协会（IEEE）通过了802.3ad 端口聚集标准，这个标准提供了链路聚集或绑定，以达到更高的带宽和在一组冗余连接之间提供故障接管的功能。

## 三、节点级容错技术

在一般的 NAS 设计中，当文件备份时，系统会限制对文件的访问，这种备份对系统的性能会产生很大的影响。针对这种情况，我们设计并实现了一种基于日志的双机热备份方案。在这个方案中，使用日志来记录发生在主服务器文件系统的改变，并将日志而不是整个被更新的文件传递给备份服务器。备份服务器根据日志中的内容，在适当的时候从主服务器中获取更新文件的内容。

我们研究的双机热备份方案还提供了故障接管的功能。当主服务器正常运行时，备份服务器仅仅完成文件备份的功能，不需要对外提供服务。一旦主服务器失效，备份服务器将自动转换为主服务器，对外提供相同的服务。这样做能充分利用备份服务器的处理能力，提高系统的整体效率。

此外，本书在内核中实现了可选择的日志缓冲，提高了文件操作的响应速度，从而进一步减小了热备份对存储服务性能的影响。

为了适应故障接管的要求，采用对称式的系统设计，即主服务器和备份服务器的系统结构是完全一致的。主服务器和备份服务器由用户指定或者在系统运行中自动转换。正常工作的时候，备份服务器和主服务器之间是客户机与服务器（Client/Server，C/S）的关系。主服务器对外提供网络存储服务，同时自动生成更新日志。备份服务器批量地从主服务器中获取更新日志，并以此为依据在本地同步地执行数据更新。数据更新的内容从主服务器上获得，一旦备份服务器发现主服务器失效，立即自动转换为主服务器。失效的服务器恢复后自动成为备份服务器，从当前的主服务器中取得备份的数据。

系统由三大部分组成：日志文件系统、日志处理/通信模块和转换控制模块。日志文件系统在内核中实现，它是在本地文件系统的基础上加上一个文件操作器和一个内核日志缓冲来实现的。在主服务器中，过滤器截获对文件系统中指定卷的修改性操作，生成修改记录。修改记录被直接发送到处于用户态的日志处理/通信模块；或者存放在内核日志缓冲中，当缓冲填满时被自动发送到日志处理/通信模块。在备份服务器中，过滤器的功能被关闭。

日志处理/通信模块是处于用户态的守护进程。因为每次将修改记录从内核态传递到用户态都需要操作系统进行进程上下文切换、用户态到内核态的切换以及进行系统调用的其他相关处理，这需要使用一定的系统开销。因此，采用内核日志缓冲，将多个修改记录一次性地传送到日志处理/通信模块。

日志处理/通信模块的作用有两个：记录和截断日志文件，在网络上发布或获取日志信息和文件。在主服务器中，得到文件系统的修改记录后，需要将其立即写入存放在稳定介质的日志文件中，并在日志文件过大时进行截断处理以节省空间，提高效率。在备份服务器中，从主服务器获得的修改日志必须记录下来，并且记录当前更新的进度。当更新完成后，同样要记录本地的实际更新情况，但为了提高效率，这个日志文件不需要本地的文件系统过滤器来提供修改记录。当备份服务器根据所获得的更新日志与主服务器实现数据同步的时候，它与主服务器通信，获得更新过的文件。这个工作是由主服务器和备份服务器的日志管理/通信模块协作完成的。

除了文件系统数据的改动之外，整个主服务器系统配置的变化也要被及时地同步传送到备份服务器中，其中一部分的改变必须立即在备份服务器上同步，如卷信息的变化；而另外一些改变则需要在备份服务器中记录下来而不需要立即同步，如网络地址信息的变动。在主服务器中，这些配置信息的变化由 NAS 的网络管理模块通知日志处理/通信模块。备份服务器模块得到系统配置信息的更改之后，根据上述的分类分别提交给本地的 NAS 网络管理模块或者仅仅对主服务器的状态进行跟踪记录。在主服务器失效之后，这些跟踪记录才会在本机上生效。

作为主服务器时，日志处理/通信模块应答备份服务器对日志文件和一般文件的请求，自动跟踪备份服务器的更新状态。备份服务器的日志处理/通信模块总是试图获得主服务器上的更新日志，并根据获得的日志信息控制本地数据与主服务器上的数据同步。它通过某种网络共享协议获得主服务器上更新的数据，或者直接请求主服务器上对等的日志处理/通信模块获得更新的数据。

转换控制模块是为 Failover 而设计的。当备份服务器上的日志处理/通信模块发现与主服务器的通信发生故障，并在一定时间内不能恢复时，或者在规定的时间间隔内没有收到主服务器对等模块直接发送过来的心跳信号时，就可以断定本机与主服务器通信中断。它首先检查本机是否仍然在网络，如果本机已经脱离网络，则报警并在网络中恢复与主服务器的连接。如果本机网络连接正常，则断定主服务器失效，这时它启用转换功能，将其他模块的状态改变为主服务器模式，然后设置本机的网络参数，使其与主服务器失效前一致，接着启动 NAS 网络服务模块对外提供服务，最后将转换模块自身的工作模式也转换为主服务器模式。在主服务器模式下，转换控制模块的工作是定期检查 NAS 服务模块是否正常运行，并通过网络给备份服务器发送心跳信号。如果发现 NAS 服务模块失效，则控制底层的网络通信模块让出主服务器的网络地址并报警。

# 本章小结

针对当前存储中心、数据中心等存储领域广泛使用的附网存储技术，本章深入浅出地讲述了附网存储的基本知识、概念以及相关技术。首先，通过对基础知识以及附网存储系统结构的论述，说明了一个典型、实用的附网存储系统的基本构成和实现路径。其次，详细论述了附网存储在实际应用中面临的性能、可靠性问题和相关用户需求，并论述了相关的解决思路、方法和技术。

# 习　　题

**一、简答题**

1. 简述 NAS 的概念和基本特点。

2. 简述 NAS 的构成。

3. 简述 NAS 文件共享应该注意的一些问题。

**二、论述题**

1. 论述在 NAS 架构下，为什么网络往往会成为整个系统的性能瓶颈？

2. NAS 中如何保障文件名字空间的统一性？

# 第六章 存储区域网 SAN

## 【本章导读】

本章首先介绍了存储区域网 SAN 的基本概念，论述了与 SAN 紧密相关的技术基础、光纤通道以及 SAN 技术的特点和优势。其次，着重论述了 SAN 存储技术、系统的基本构成要素和构成方法、模式，并针对当前主流的几种 SAN 的架构和技术进行了详细的讲解。最后，就 SAN 系统、技术在当前存储领域应用过程中存在的一些问题以及解决问题的基本思路和关键技术进行了介绍。

## 【本章要点】

● 存储区域网基本概念以及理论技术基础
● 光纤存储区域网的相关结构、技术和理论知识
● IP 存储区域网的相关结构、技术和理论知识
● 与存储区域网应用相关的各种关键技术及其原理

## 第一节 存储区域网基础

### 一、SAN 概述

SAN 独立于传统的局域网之外，通过网关设备和局域网连接。其传输速率极高，不但可以进行跨平台处理数据，还可以在多种存储设备和服务器以及其他网络设备之间通信。以 SAN 为代表的网络存储具有现代数据存储所需的高速度、

高可用性、高可扩展性、跨平台、远程虚拟存储等特性，并通过两个网络的分离充分保证了应用系统的效率。其未来发展的目标是成为集系统监控、资源管理、系统配置、安全策略、高可靠性、容量计划及冗余管理等众多功能于一身的集成式数据分发与检索架构解决方案。网络存储被视为继处理技术、网络技术之后的第三次 IT 革命浪潮，近年来在西方国家方兴未艾。

存储区域网（SAN）指的是通过一个专用的网络把存储设备和挂在 TCP/IP 局域网上的服务器群相连。当有海量数据的存取需求时，数据可以通过存储区域网在相关服务器和后台存储设备之间高速传输。

SAN 以光纤通道（Fiber Channel）为基础，实现了存储设备的共享；突破现有的距离限制和容量限制；服务器通过存储网络直接同存储设备交换数据，释放了宝贵的局域网资源。一般而言，网络拓扑是基于传统 LAN 或 WAN 的技术，它提供终端用户与服务器间的连接，但是，在特殊要求下，终端用户的设备可直接连接光纤存储区域网提供的存储设备。服务器可以单独地或者以群集的方式接入存储区域网。存储子系统通过光纤集线器、光纤路由器、光纤交换机等不同的连接设备构成光纤通道网络，与服务器、终端用户设备相连。

从逻辑的角度看，一个存储区域网包括存储区域网组件、资源以及它们之间的关系、相关性与从属关系；存储区域网组件间的关系并不受物理连接的限制。

SAN 的一个概念是允许存储设备和处理器（服务器）之间建立直接的高速网络（与 LAN 相比）连接，通过这种连接实现只受光纤线路长度限制的集中式存储。SAN 可以被看作是存储总线概念的一个扩展，它使用局域网（LAN）和广域网（WAN）中类似的单元，实现存储设备和服务器之间的互连。图 6-1 是一个典型的 SAN 结构，它解决了传统方式存在的所有弊端。存储数据流从 LAN 中被分离到一个专用高速的网络中，数据可以在服务器和存储设备之间共享，同时数据的管理也得到了简化。SAN 通过路由器、网关、集线器、交换器等互联单元实现 any-to-any 的连接，消除了单服务器访问数据容量和存储设备数量的限制，实现了服务器或多个异构服务器共享存储设备（包括磁盘、磁带和光盘）。

SAN 的接口可以是企业系统连接（ESCON）、小型计算机系统接口（SCSI）、串行存储结构（SSA）、高性能并行接口（HPPI）、光纤通道（FC）或任何新的物理连接方法。

SAN 的另一个概念是，它是一个集中式管理的高速存储网络，由多供应商存

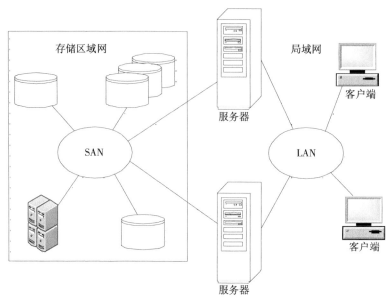

图 6-1 典型的 SAN 结构

储系统、存储管理软件、应用程序服务器和网络硬件组成。由于 SAN 的基础是存储接口，所以是与传统网络不同的一种网络，常常被称为服务器后面的网络。SAN 可绕过传统网络的瓶颈，它通过以下三种方式支持服务器与存储设备之间的直接高速数据传输。

服务器到存储设备：这是服务器与存储设备之间的传统的相互作用模式，其优点在于多个服务器可以串行或并行地访问同一个存储设备。

服务器到服务器：SAN 可用于服务器之间的高速大容量数据通信。

存储设备到存储设备：通过这种外部数据传输能力，可以在不需要服务器参与的情况下传输数据，从而使服务器周期能更多地用于其他活动，如应用程序处理等。这样的例子还包括磁盘设备不需服务器参与就可以将数据备份到磁带设备上，以及跨 SAN 的远程设备镜像操作。

早在 20 世纪 90 年代初，就有人提出了 SAN 的构想。光纤通道（Fiber Channel，FC）的发展为 SAN 的构想铺平了道路。由于传统 SCSI 协议具有相当的局限性，在效率与可扩展性方面存在着一定的缺陷，很早人们就想提出一种改进型的协议以弥补其不足。在设计智能化设备接口（Intelligent Peripheral Interface，IPI）时，人们已经意识到了这点。FC 结构的设计开始于 1989 年，历经五年，于 1994 年 10 月最终制定了相应的 ANSI 标准。各大主机与存储设备生产厂家均意识到了其先进性，纷纷研发对应的 FC 产品。1997 年后，产品日趋成熟，逐步开始大规模地生产与应用，从此 SAN 产品开始进入市场。SAN 产品涵盖光纤交换设备、光纤磁盘阵列、光纤磁带库、光纤适配卡、光电收发设备以及群集软件系统和群集管理系统等诸多方面，这些产品的逐渐成熟使得 SAN 的解决方案瓜熟蒂落。与此同时，1998 年，存储网络工业协会（Storage Network Industry Association，SNIA）成立，SAN 的概念正式出现。

## 二、SAN 的特点与优势

存储区域网技术有如下特点：

（1）先进性。光纤通道（Fibre Channel）SCSI 技术是 SAN 技术的物理基础。Fibre Channel 采用高频（1GHz）串行位（Bit）传送，单环速度可达 100~200MB/s（相当于 1.5Gigabit 左右），双环共用可达到 200~400MB/s。每个环可挂接 126 个 SCSI 设备，不加中继时最远距离可达 10 千米，而且有很大的继续发展空间。传统的 SCSI 总线电缆因受制于电子技术和电气物理特性，在速度（20~160MB/s）、容量（每条总线 8~16 个 SCSI 设备）、距离（1.5~25 米）等方面都已近极限。

（2）高效性：Fibre Channel 采用 FC-AL 仲裁环机制，使用 Token（令牌）的方式进行仲裁，其效率远比传统 Ethernet 的 CSMA/CD 高；另外，SAN 的网络协议为 SCSI-3，在数据流的包/帧结构上，其效率远比 TCP/IP 高。

（3）安全性。SAN 不仅保留了传统的 RAID、Cluster 等安全措施，而且提供了双环冗余、远程备份等新的安全手段。

（4）齐备性。基于 Fibre Channel 的交换及接入设备，如 Switch、Hub、Bridge 等，以及基于 SAN 技术的各种管理及应用软件已完全成熟并在国内外有大量实际应用案例。

存储区域网的巨大优势如下：

（1）基于千兆位的存储带宽，更适合大容量数据高速处理的要求。

（2）完善的存储网络管理机制，对所有存储设备，如磁盘阵列、磁带库等进行灵活管理及在线监测。

（3）将存储设备与主机的点对点的简单附属关系升华为全局多主机动态共享的模式。

（4）实现 LAN-free 备份，数据的传输、复制、迁移、备份等在 SAN 网内高速进行，不需占用 WAN/LAN 的网络资源。

（5）灵活的平滑扩容能力。

（6）兼容以前的各种 SCSI 存储设备。

更详细来说，也就是：

（1）可实现大容量存储设备数据共享。在目前的计算机应用中，要求的存储量越来越大。例如，数据库中存储了大量的图片文件，网络服务中存储了多个用户的多种数据，视频制作中有大量的声音和图像文件等，这些都需要 100 个 GB 甚至几个 TB 的磁盘存储容量。SAN 提供了大容量存储设备共享的解决方案。

（2）可实现高速计算机与高速存储设备的高速互联。计算机的主频每年都要翻一倍，内存容量和存储设备容量也在不断提高，这就要求存储设备的传输速度必须适应计算机整体性能，光纤通道正是为了打破这一瓶颈提出来的。SAN 采用光纤网，不但提供了主机和存储设备之间 Gigabit/s 的高速互联，而且在设备数量（可达数十个）和传输距离（可达 10 千米）上有较大提高，为基于 Client/Server 或 Internet/Intranet 结构的大容量数据的频繁访问及快速处理奠定了完备的物理基础。

（3）可实现灵活的存储设备配置要求。主机和存储设备的分离是当今计算机发展的一大趋势。这主要是由于存储容量的不断提高，存储设备已不再是某个计算机的外设，而是很多计算机的共享设备。采用 SAN 技术传输距离可达 10 千米。通过 FC-AL 的 Hub 和 Switch 可以建立星型连接。在 SAN 上的设备、主机、存储设备和磁带设备，不但在物理位置安排上十分灵活，而且可以将不同用途的设备划分为不同的区，分别建立虚拟专用网，使得主机访问 SAN 上的存储设备十分方便。

（4）可实现数据快速备份。数据备份对于大型存储设备是非常必要的，由于重要的数据都在存储设备中，数据丢失会造成不可估量的损失。所以在数据库的应用中，进行数据备份是必要的日常维护工作。传统的数据备份有两种方式：一种是通过数据镜像的方法，将一个存储设备通过 LAN/WAN 镜像到另一个存储设备，在一个存储设备上的数据修改要及时传输到另一个存储设备上，极大地增加了 LAN 的负担；另一种是通过磁带，备份时占用大量的 LAN 资源，而且需要进行多个小时才能完成，且存储量越大备份的时间就越长。SAN 提供了理想的快速备份工具，如果两个存储设备（如一个磁盘阵列、一个磁带库）都在 SAN 上，进行数据备份式镜像十分理想，可不占用 LAN/WAN 的带宽，直接通过 SAN 存储网络进行备份。如果进行磁带备份，还可以将要备份的设备隔离开来，不受其他设备干扰，完全实现局域网无关备份（LAN Free Back Up）。

（5）可以兼容以前的存储设备。新建立的 SAN 不但可以连接光纤通道设备，而且可以连接 SCSI 设备。有两种类型的 Bridge 可以将 SCSI 存储设备，如外接磁带、磁盘阵列和磁带机及带库连接到光纤通道 SAN 上，这样保护了用户以前的投资。

（6）提高了数据的可靠性和安全性。数据的可靠性和安全性在当前的应用中显得十分重要。存储设备中的单点故障可能引起巨大的经济损失。在以前的 SC-SI 设备中，SCSI 的损坏可能引起多个存储设备失效。在 SAN 中可以采用双环的方式，建立存储设备和计算机之间的多条通路，提高数据的可用性。建立虚拟专用网络可以提高数据的可靠性和安全性；同时在 SAN 中也可以通过建立双机容错、多机集群，实现 RAID 校验等方式，进一步保证数据的安全性和作业的连续性。

# 第二节　光纤存储区域网的构成

存储区域网络（Storage Area Network，SAN）是随着光纤通道（FC）技术的出现而产生的新型存储系统。它通过不同的连接设备（如光纤集线器、光纤路由器、光纤交换机等）构成光纤通道网络，将各种存储设备（磁盘阵列、NAS、磁带等）以及服务器连接起来，形成高速专用存储子网，数据通过存储区域网在服务器和存储设备之间高速传输。

光纤通道是一种在系统间进行高速数据传输的技术标准，提供高性能的传输和高带宽的可视化计算，适用于 CPU、海量存储器互联的分布式计算机系统，提供类似 I/O 的带宽和并行处理能力。FC 由于其实际协议的低消耗，其实际可用带宽几乎接近于实际数据传输带宽，并且具有扩展带宽的潜力，已成为 SAN 的事实标准。除了光纤通道，有的存储区域网络以 ESCON、SCSI、SSA 或 HIPPI 作为接口。

SAN 将传统的 DAS 结构中存储设备为某个服务器专用的模式改进为由网络上的所有服务器共享模式，实现了数据的高度共享。同时，它将通道技术和网络技术引入存储环境中，提供了一种新型的网络存储解决方案，能够同时满足吞吐率、可用性、可靠性、可扩展性和可管理性等方面的要求。SAN 的推出真正实现了存储系统的高速共享，并使服务器和存储设备之间的连接方式发生了根本性变革。

尽管 SAN 和 NAS 都属于网络存储的范畴，但二者有很大的差异。一方面，NAS 是一种可以与网络直接相连的存储设备，而 SAN 则是一个网络的概念；另一方面，NAS 基于现有的 LAN 构建，按照 TCP/IP 等现有网络协议进行通信，以文件 I/O 方式进行数据传输，而 SAN 基于专用的光纤通道网络构建，数据传输方式是块传输。SAN 是为海量数据的传输而设计的，考虑的是如何利用光纤通道把现有的存储设备和服务器等资源连接成一个共享的网络。同时，两者又不是互斥的，它们在功能上是可以互补的。现在越来越多的存储解决方案融合了 NAS 和 SAN 两种技术。

从 1999 年开始，EMC、IBM、Compaq、Sun、HP 等公司相继推出自己的 SAN 产品。近年来，SAN 技术得到了长足发展。

## 一、SAN 组件

SAN 由三个基本组件构成：服务器、网络基础设施和存储设备。这些部件可以进一步细分为以下关键元素：节点端口、线缆、互连设备（例如 FC 交换机或者集线器）、存储阵列和管理软件。

### 1. 节点端口

在光纤通道中，设备如主机、存储器和磁带库都被称作节点。每个节点就是其他 1 个或多个节点的信息源或目标。每个节点需要一个或多个端口来提供物理接口，用于与其他节点进行通信。这些端口是 HBA 和存储器前端适配器的一个集成部件。每个端口都是全双工传输模式，拥有一个发送（Transmit，Tx）链路和一个接收（Receive，Rx）链路，如图 6-2 所示。

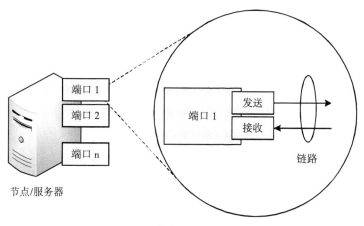

**图 6-2 节点、端口和链路**

2. 线缆

SAN 的实现使用光纤进行布线。铜缆可以用于短距离的后端连接，因为它在 30 米距离内才能提供更好的信噪比。光纤线缆用光信号来携带数据。光纤分为两种：多模和单模。

多模光纤（Multi-Mode Fiber，MMF）线缆可携带多个光束，以不同的折射角度同时在线缆核心内传输。根据带宽的不同，多模光纤被分为 OM1（62.5/125um）、OM2（50/125um）和激光器优化的 OM3。在 MMF 传输中，多条光束在线缆里穿越，容易发生色散和碰撞。这些碰撞会导致信号在长距离传输后强度减弱，这也被称作模间色散（Modal Dispersion）。由于模间色散效应，MMF 线缆通常被用作距离在 500 米以内的传输。

单模光纤（Single-Mode Fiber，SMF）线缆携带单个激光束，在线缆芯线中央穿越。这些线缆的直径有 7~11um 的规格，最常用的是 9um。在 SMF 传输中，单条光束在光纤的线芯正中直线穿越。极细的线缆线芯和单束光波都减少了模间色散。在所有类型的光纤线缆中，单模光纤提供了最小的信号衰减和最大的传输距离（长达 10 千米）。单模光纤被用于长距离的线缆传输，只受发射端的激光功率和接收端的灵敏度的限制。

MMF 一般用于数据中心的短距离传输，SMF 则用于长距离传输。MMF 收发器也比 SMF 收发器的价格低廉。

SC 连接器（Standard Connector）和 LC 连接器（Lucent Connector）是两种常用的光纤连接器。SC 的数据传输率为 1Gbit/s，LC 的数据传输率为 4Gbit/s。

171

ST 连接器（Straight Tip）是一个有插栓和插孔的光纤连接器，可以锁住一个半螺旋锁扣。在早期的 FC 部署时，光纤主要使用 ST 连接器。这种连接器常用于光纤通道接插面板。

小型封装可热插拔式收发器（Small Form-factor Pluggable，SFP）是一种用于光通信的光收发器。标准的 SFTP 收发器支持的数据传输率达到了 10Gbit/s。

3. 互连设备

集线器、交换机和控制器是常用于 SAN 的互连设备。

集线器是用于 FC-AL 的互连设备。集线器将节点连接成一个逻辑环或者一个星型的物理拓扑。所有节点都必须共享带宽，因为数据会流经所有的连接点。由于廉价而性能较高的交换机的出现，集线器不再被用于 SAN 中。

交换机比集线器更加智能，将数据从一个物理端口直接发送到另一个端口。所以，节点不再共享带宽，而是每个节点都有一个专用的通信路径，从而实现了带宽的聚合。

控制器比交换机更大，主要部署在数据中心。控制器的功能与 FC 交换机相似，但是控制器有更多端口，并有更强的容错能力。

可扩展性和性能是交换机和集线器的两个主要差异。一个交换机可以使用 24 位的地址编码，支持超过 1500 万个设备，但集线器实现的 FC-AL 只支持最多 126 个点。

Fabric 交换机在多对端口间通过 fabric 提供全带宽，于是成为了一个可扩展性很强的结构，可同时支持多点间的通信。

集线器提供共享带宽，在同一时刻只可以支持单个通信。集线器提供的是低廉的连接扩展解决方案。交换机则是用于建立动态的、高性能的 fabric，可以支持多点同时通信。但交换机却比集线器要昂贵许多。

4. 存储阵列

SAN 的基本目标是提供主机访问存储资源的能力。存储阵列的能力已在第四章描述。现代存储阵列所提供的大容量存储已经被 SAN 环境所利用，作为一种存储整合和集中化的方案。SAN 实现了存储阵列的标准特性，提供了高可用性和冗余性，提高了性能、业务的连续性以及多主机的连接性。

5. 管理软件

SAN 管理软件管理主机、互连设备以及存储阵列之间的接口。它提供了 SAN

环境的一个可视化视图，并且可以在一个中心控制台进行多种资源的集中管理。它提供了关键的管理功能，包括存储设备、交换机和服务器的映射、监控和发现新设备时的通知机制，还包括对 SAN 进行逻辑划分，称为分区（Zoning）。另外，这些软件还提供管理传统 SAN 组件的能力，如 HBA、存储部件和互连设备等。

## 二、FC 链接

FC 结构支持三种可选的基本互连方案：点对点、仲裁环（FC-AL）和 fabric 连接。

### 1. 点对点

点对点是最简单的 FC 配置方案——两个设备直接相连，如图 6-3 所示。这种方案为每对节点间的数据传输提供专用的连接。但是，点对点配置方案只能提供有限的互连能力，在同一时间只能在两个设备间相互通信。而且，它不能容纳大量的网络设备。标准的 DAS 就使用点对点连接。

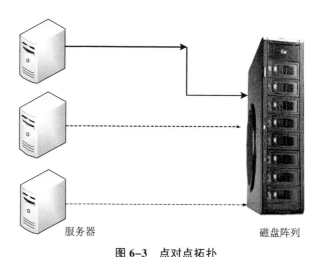

服务器　　　　　　　　　　　　磁盘阵列

**图 6-3　点对点拓扑**

### 2. 仲裁环

在 FC-AL 的配置里，设备连接到一个共享的环，如图 6-4 所示。FC-AL 拥有令牌环拓扑和星型物理拓扑的特性。在 FC-AL 里，每个设备都与其他设备争用信道以进行 I/O 操作。在环上的设备必须被仲裁才能获得环的控制权。在某个给定的时间点，只有一个设备可以在环上进行 I/O 操作。

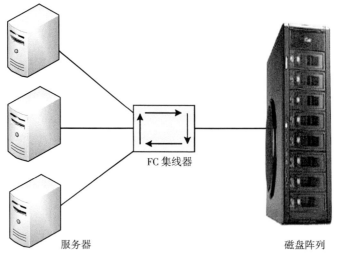

图 6-4 光纤通道仲裁环

作为一个环配置方案，FC-AL可以抛开任何互连设备来实现，设备与设备通过线缆直接相连，构成环状结构即可。

但是，FC-AL实现也有可能使用集线器，尤其是在仲裁环的物理连接采用星型拓扑的时候。FC-AL配置方案有以下几项可伸缩性方面的局限性。

（1）FC-AL在环内共享带宽。一个时刻只能有一个设备进行I/O操作。因为每个环上的设备都必须排队等待I/O请求的处理，所以在FC-AL拓扑里数据传输的速率会变得很低。

（2）FC-AL使用8位地址编码。在同一个环上，最多只支持127个设备。

（3）增加和移除设备都会导致环的重置，这可能导致环流量的瞬间中断。

FC-AL传输：

当一个在FC-AL拓扑上的节点尝试传输数据时，该节点会发送一个仲裁帧（Arbitration Frame，ARB）给环上的每个节点。如果两个节点同时尝试获得环控制权，具有最高优先级的那个节点就被允许与其他节点通信。优先级是由仲裁环物理地址（Arbitrated Loop Physical Address，AL-PA）和环ID决定的，后面章节将进一步描述。

当发起方节点接收到自己发送的ARB请求时，它就获得了环的控制权。该发起方就开始与目标方节点建立虚链接并传输数据。一个FC-AL配置方案进行数据传输的过程如下：

节点 A 需要与节点 B 通信：

①高优先级的发起方，节点 A 插入 ARB 帧到环中。

②ARB 帧传输到下一个环上的节点（节点 D）。

③节点 D 接收到高优先级 ARB 帧，于是保持空闲。

④ARB 帧转发到下一个环上的节点（节点 C）。

⑤节点 C 接收到高优先级 ARB 帧，于是保持空闲。

⑥ARB 帧转发到下一个环上的节点（节点 B）。

⑦节点 B 接收到高优先级 ARB 帧，于是保持空闲。

⑧ARB 帧转发到下一个环上的节点（节点 A）。

⑨节点 A 接收到返回的 ARB 帧，现在它就获得了环的控制权并开始与目标方节点 B 通信 。

3. fabric 连接

不像环配置方案那样，一个光纤通道交换 fabric（FC-SW）提供互连设备、专用带宽以及可扩展性。在一个交换网里增加或移除设备极少引起网络服务中断，它不会影响其他节点正在传输的数据流量。

FC-SW 也被称作 fabric 连接。一个 fabric 是一个逻辑空间，所有节点都可以在其中互相通信。这个虚拟空间可以通过一个交换机或一个交换机网络来构建。每个在 fabric 中的交换机包含一个唯一的域标识符，同时也是 fabric 寻址机制的一部分。在 FC-SW 中，节点并不共享一个环；相反，数据是通过一个专用的路径在节点间进行传输。每个 fabric 上的端口都有一个唯一的 24 比特的光纤通道地址用于通信。图 6-5 展示了 FC-SW 的一个例子。

一个 fabric 拓扑可以用其包含的层数目来描述。一个 fabric 的层的数量取决于相距最远的两个节点所穿越的交换机的数量。但是，注意这个数字完全由 fab-ric 拓扑决定，它并不考虑存储器和服务器如何跨越交换机进行连接。

当 fabric 中层的数量增加时，fabric 管理信息到达每个交换机所必须穿越的距离也会增大。距离上的增大会造成 fabric 重设置事件传播和完成的时间增大，如新交换机加入，或一个区域设置传播事件。

FC-SW 传输：

FC-SW 使用交换机这种智能设备。它们可以通过交换端口，将数据流量从一个发送方节点直接转发到另一个目标方节点。fabric 所做的就是在源和目标之

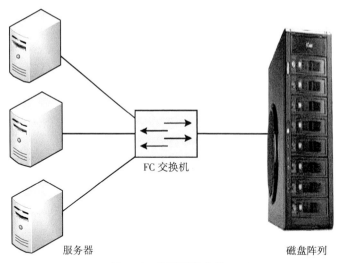

图 6-5 光纤通道交换 fabric

间进行帧的路由转发。

如果节点 B 需要与节点 D 通信，节点首先应该单独地登录，然后通过 FC-SW 发送数据。这条链路被看作一条发起方和目标方之间专用的连接。

## 三、光纤通道端口及其结构

1. 光纤通道端口

端口是建构 FC 网络的基础模块。交换机上的端口类型包括以下几种：

（1）N 端口（N_Port）：一种 fabric 上的末端端口。这种端口也被称作节点端口（Node Port）。 这通常是一种主机端口（HBA）或一个存储阵列端口，连接到交换 fabric 的交换机上。

（2）NL 端口（NL_Port）：一种支持仲裁环拓扑的节点端口。这种端口也被称作节点环端口（Node Loop Port）。

（3）E 端口（E_Port）：一种 FC 端口，可以用于两个 FC 交换机之间的连接。这种端口也被称作扩展端口（Expansion Port）。在 fabric 里，一个 FC 交换机上的 E 端口通过一条链路连接到另一个 FC 交换机的 E 端口，也被称作内部交换链路（Inter-Switch Link，ISL）。ISL 被用作传输主机到存储器的数据，同时也包括 fabric 的管理流量从一个交换机传输到另一个交换机。ISL 也是 SAN 连接可扩展机制的一部分。

（4）F 端口（F_Port）：一种交换机上的端口，用于连接 N 端口。它也被称为 fabric 端口，但不能用于 FC-AL 中。

（5）FL 端口（FL_Port）：一种 fabric 端口，可以用于 FC-AL。这种端口连接到 FC-AL 环上的 NL 端口。一个 FL 端口也可以连接一个环到交换 fabric 的交换机上。于是，所有在环上的 NL 端口都可以用于 FC-SW 中。这种配置也被称为公共环（Public Loop）。另外，一个没有任何交换机的仲裁环被称作私有环（Private Loop）。一个私有环包含 NL 端口，但不包含 FL 端口。

（6）G 端口（G_Port）：一个通用端口，可以作为 E 端口或 F 端口来用，并且可以在初始化时自动决定其功能。

2. 光纤通道结构

FC 结构是带标准互连设备的通道/网络集成方案。SAN 内部通过 FC 连接。主机到存储设备的传统传输方式是在通道连接上进行的，如并行总线。通道技术由于协议开销很低，所以能提供很好的性能。这是由通道的静态本质以及通道技术所采用的紧密软硬件集成所决定的。但是，这种技术有其固有的局限性，体现在可以连接的设备数量以及设备间的距离限制上。

光纤通道协议（Fibre Channel Protocol，FCP）是串行 SCSI-3 在 FC 网络上的一个实现。在 FCP 结构中，所有外置的和远程的存储设备都连接到 SAN 上，对于主机操作系统来说就像本地设备一样。FCP 的关键优势有以下几点：

（1）在较长距离上保持较高的传输带宽。

（2）支持网络上大量的可寻址设备。理论上来说，FC 可以支持超过 1500 万个设备地址在同一个网络上。

（3）显现出通道传输的特性，提供达到 8.5Gbit/s 的速率（8GFC）。

另外，在一些研究和商业实例中，还有其他一些类似技术，如大型机 SAN 使用 FICON（光纤连接）作为低延迟、高带宽地连接到存储控制器的方案。FICON 是一个 FC-4 型的技术，其在 FC 结构中的位置与 FCP 相似。FICON 被设计为 ESCON（Enterprise System Connection）的替代方案，用于支持大型机连接存储系统。

FCP 由 T10 制定的标准文档进行详细说明。FCP-3 是最新发布的标准，FCP-4 仍在制定之中。FCP 定义了光纤通道映射层（FC-4），使用由 ANS X3.230-199X 所定义的服务，即光纤通道—功理和信号接口（FC-PH），进行

SCSI 发起方和 SCSI 目标方之间的 SCSI 命令、数据和状态信息的传输。FCP 依照 SCSI 结构模型定义了光纤通道信息单元。FCP 也定义了光纤通道服务如何执行由 SCSI 结构模型定义的服务。

FC 标准可以将几个已存在的高层协议（Upper-Layer Protocols，ULP）映射到 FC 帧上进行传输，包括 SCSI、IP、高性能并行接口（High Performance Parallel Interface，HIPPI）、企业系统连接（Enterprise System Connection，ESCON）以及异步传送模式（Asynchronous Transfer Mode，ATM）。

3. 光纤通道协议栈

将一个通信协议看成是独立层次结构会更容易理解。FCP 定义了五层通信协议：FC-0 到 FC-4（除了 FC-3 层没有实现外）。在一个分层通信模型中，每个节点的对等层都会通过已定义的协议进行互相对话。

FC-4 是最高层的 FCP 协议栈协议。这一层定义了应用程序接口和高层协议映射到低层 FC 协议层的方式。FC 标准定义了几种可以在 FC-4 层操作的协议。其中一些协议包括 SCSI、HIPPI 组帧协议、企业存储连接（Enterprise Storage Connectivity，ESCON）、ATM 和 IP 等。

## 四、光纤通道协议

在多个处理器之间或处理器和外围设备之间，有通道和网络两种基本的通信类型。通道在通信设备之间提供一种直接的或点到点交换的连接，它偏向硬件（Hardware-Intensive），数据传输速率高，开销非常低，其操作只在预先编址的少量设备中进行。而网络是分布节点（如工作站、文件服务器或外围设备）的聚集，用自己的网络协议支持节点间的交互作用，其开销相对较高，速度和效率比通道要低，因为它偏向软件（Software-Intensive）。由于网络操作不是在固定连接的环境中进行，所以网络处理任务的范围和规模比通道大得多。较好的网络标准包括 IEEE 802、TCP/IP 和 ATM 协议。

ANSI X3T11 在 20 世纪 90 年代中期提出光纤通道协议，试图集成通道、网络和存储标准，目的是为了在工作站、主机、超级计算机、存储设备和显示器之间进行联网、存储和数据传输，期望减轻系统制造商在支持现有的不同通道和网络方面的负担。光纤通道是构建 SAN 的基础，是 SAN 系统的硬件接口和通信接口。

和其他网络技术如以太网、ATM 和令牌环网不同，光纤通道技术是 ANSI 为网络和通道 I/O 接口建立的一个标准集成。它既具有通道的特点，又具有网络的特性。它为通道和网络数据通信提供了一个通用接口，支持串行 HIPPI、IH（智能外设接口）、SCSI、IP、ATM 等多种高级协议，其目的是为了在工作站、主机、超级计算机、存储设备之间进行联网、存储和数据传输，同时定义了多种传输速度，包括 25MB/s、100MB/s、200MB/s、400MB/s、1GB/s。

1. 协议体系

FC 协议涉及网络协议中的物理层、链路层、网络层和传输层。支持三种服务类型：①有确认的面向连接的服务；②有确认的无连接服务；③无确认的无连接服务。光纤通道协议栈包括五个标准层，如图 6-6 所示。

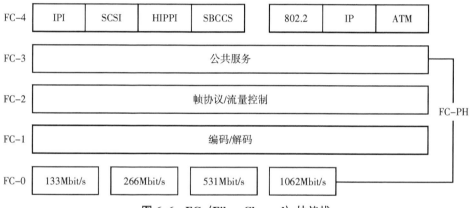

图 6-6  FC（Fibre Channel）协议栈

（1）FC-0。FC-0 是物理层底层标准。FC-0 层定义了连接的物理端口特性，包括介质和连接器、驱动器、接收机、发射机等的物理特性、电气特性和光特性、传输速率以及其他的一些连接端口特性。物理介质有光纤、双绞线和同轴电缆。带有 ECL 的铜芯同轴电缆，用于高速、短距离传输。双绞线用于 25MB/s 数据传输，距离可达 50 米。带有激光器和 LED（发光二极管）发射机的光纤，用于长距离的传输。FC 的数据误码率低于 $10^{-12}$，它具有严格的抖动容限规定和符合串行 I/O 电路能够进行正常管理的其他一些电气条件。

（2）FC-1（传输协议）。FC-1 根据 AN51X3TH 标准，规定了 5B/10B 的编码/解码方式和传输协议，包括串行编码、解码规则、特殊字符和错误控制。传输编码必须是直流平衡，以满足接收单元的电气要求。特殊字符确保在串行比特流中出现的是短字符长度和一定的跳变信号，以便时钟恢复。5B/10B 码在现实中的应用是稳定和简单的。

（3）FC-2（帧协议）。FC-2 层定义了传输机制，包括帧定位、帧头内容、使用规则以及流量控制等。FC 数据帧长度可变，可扩展地址。用于传输数据的 FC 数据帧长度最多达 2KB，因此非常适合于大容量数据的传输。帧头内容包括控制信息、源地址、目的地址、传输序列标识和交换设备等。64B 可选帧头用于其他类型网络在 FC 上传输时的协议映射。FC 依赖数据帧头的内容引发操作，如把到达的数据发送到一个正确的缓冲区里。

（4）FC-3（公共服务）。FC-3 层提供高级特性的公共服务，即端口间的结构协议和流动控制，它定义了三种服务：条块化（Striping）、搜索组（Hunt Group）和多路广播（Broadeast Multicast）。条块化的目的是为了利用多个端口在多个连接上并行传输，使传输带宽能扩展到相应的倍数。搜索组用于多个端口响应一个相同名字地址的情况，它通过降低到达占线的端口的概率来提高效率。多路广播用于将一个信息传递到多个目的地址。

（5）FC-4（ULP 映射）。它是 FC 标准中定义的最高等级，固定了 FC 的底层跟高层协议（ULP）之间的映射关系以及与现行标准的应用接口，这里的现行标准包括现有的所有通道标准和网络协议，如 SCSI 接口和 IP、ATM、HIPPI 等。

2. 光纤通道的数据传输结构

Frame、Sequence 和 Exchange 是 FC 中的三个主要数据传输结构。Frame 是 FC 中数据传输的基本单元，它的长度是可变的，但必须是 4 字节的倍数，标识符 SOF 和 EOF 分别表明 Frame 的开始和结束。Sequence 由一组相关的 Frame 组成，所有的 Frame 都必定属于某一个 Sequence，同一个 Sequence 中的 Frame 有相同的 SEQ-D，Sequence 是网络中端口之间的单向信息传输，在下一个 Sequence 被发送或接收前，当前 Sequence 必须完成。Exchange 由一系列不相关的 Sequence 组成，Exchange 是双向的，它能同时在两个方向上传输信息。

3. 光纤通道主机适配器

为完成上述 FC-0 层至 FC-4 层的功能，光纤通道主机适配器（Fibre Channel Host Busadaptor，FC-HBA）应具备相应的结构。在 FC-4 层中，FC-HBA 主要提供用于 Windows、Unix 或 MacOS 等操作系统的 SCSI-3 和 IP 软件驱动程序。

一般地，FC-HBA 具有 PCI 接口、FC 接口、帧缓存、DMA 通道、RISC 及其存储器等部分硬件电路，在一般的 FC-HBA 功能单元结构原理下，主控电路应具备总线结构，并具有通道协议处理能力，能够不需要主机干涉而管理多端口的操作和完成多种数据的传输。其核心电路应包括四个部分：一个高速 RISC 处理器、一个包括千兆位收发模块和通道控制等的 FC 接口、一组帧缓存和一个有多个通道的 PCI 总线 DMA 控制器。其中，FC 接口中的通道控制部分完成传输接收/发送、时钟恢复、串行/并行转换、8B/10B 编解码等功能，完成 FC-0 层和部分 FC-1 层所定义的功能；帧缓存中能够完成 CRC 校验计算，实现 FC-1 层和FC-2 层的部分功能，其他较为高层的功能通过 RISC 处理器在固件和主机驱动程序的控制下由 FC 接口和 DMA 控制器正常工作实现。整个适配器的控制功能包括各处理部分的控制信息传递、使能信号、错误检测信号等，能实现光纤通道协议中的连接控制状态协议、丢失同步控制状态协议、检测功能、指令识别和错误状态识别等功能。

在 FC-HBA 中，FC 接口和 PCI 总线 DMA 控制器在 RISC 处理器的控制下独立或并行地运行，能够使 FC-HBA 的 I/O 吞吐率达到最大，并提高了主机和光纤通道的利用率，最大化地发挥系统的性能，并使 FC-HBA 的可扩展性呈现出几乎是线性递增的能力。

FC-HBA 的硬件、软件和固件（Firmware）的设计一般应采用高速数据流水线技术，以提高吞吐量、吞吐率，并减少主机系统的开销。这个结论对于其他网络存储设备的接口设计也具有指导意义。

由 Qlogic 公司生产的 QLA2X00 系列是目前全球销量最大的 FC-HBA 产品，具有优异的性能、较多的支持平台和较好的性能价格比，因而得到广泛应用。下面以 QLA2200 为例，研究 FC-HBA 的电路结构及其作业流程。

QLA2200 的核心处理芯片为 ISP2200A，它连接 PCI 总线光纤通道端口，完成通道控制及协议转换中的底层工作，具备相当高的智能，其内部结构包括四部分：RISC 模块、PCI 接口、FC 接口和帧缓存；其作用相当于一台高效率的通道处理机，它与外围存储器一起构成了一条能够双工工作的高速数据流水线。LT1086 为电源模块，具有 1.5A、3.3V 三端固定的电压输出。LM334 为可调电流源，用于建立工作电流的温度感应，作为板卡的温度控制器，保护芯片不因过热而毁坏。电压与绝对温度呈线性关系，当温度为 25℃ 时电压为 64mV，接一简单的外接电阻后，温度每升高 1℃ 电流产生约 0.33% 的变化。93LC56B 为 2.5Kb 低电压串行电可擦除 EPROM，总线宽为 16b，用作 ISP2200A 的串行 BIOS，以存储配置信息。Am29LV010B 是一个 1Mb、3.0V 电压的闪速存储器，用作 ISP2200A 的并行 BIOS，存储固件数据及代码。CY7C1021V 是 64KX16b 的高性能 CMOS 静态 RAM，工作电压为 3.3V，具有高位、低位的独立控制，用作 ISP2200A 的内存。

QLA2200 有三种频率的时钟信号：PCI 接口的 33/66Hz、通道接口的 1GHz 和内部 RISC 的 100MHz，其间通过高速缓冲逻辑实现速度匹配。

QLA2200 采用通道处理机和高速数据流水线技术，相当于一个多任务主机适配器，提供了与主机系统的 IP 通信以及完成 SCSI 指令与数据的传送功能，使主机系统从 SCSI 和 IP 通信的并发执行中解脱出来。为进一步明确光纤通道适配器的电路原理，下面先分析其工作流程。

光纤通道中的信号是以 4 个 10b 数据为一个传输字的串行差分数据流在网上传输的。FC-HBA 在接收数据时，经过该卡的接收 FIFO 队列、帧缓存以及适配器内存，并进行相应处理成为 32b 或 64b 的数据后，批量进入主机内存，经历的过程如下：

（1）通道中的串行数据经过适配器接收通道中的一个串/并转换电路转换为并行数据。

（2）接收通道判断接收到的数据的类型，根据协议规定进行相应处理。若接收到帧开始定界符，则根据帧头中的控制字进行相应处理。如果是数据帧，则根据帧头中的目的地址通过一个转发逻辑判断电路进行转发判断；若该数据帧发往本机，后续的每个 4×10b 数据均流向接收 FIFO 队列，否则，所接收到的数据经缓存 2 个时钟周期后转发到发送 FIFO 队列，在这 2 个时钟周期内，发送帧开始定界符和控制字符。

（3）接收 FIFO 队列中的数据进行 10B/8B 解码，将 4×10b 的传输字符变换为 4×8b 的数据发送到接收帧缓存中。

（4）流入接收帧缓存中的数据通过硬布线逻辑进行 CRC 校验计算，并锁存中间结果。

（5）完整的一帧数据全部进入帧缓存（即接收通道接收到帧结束定界符）后，若 CRC 校验正确，则数据就被读到 FC 适配器的内存里，否则数据被丢弃。

（6）在 DMA 控制器的控制下，FC 适配器内存中的数据向主机 PCI 总线发送，完成数据输入主机内存空间中的过程。

在 FC-HBA 发送数据时，数据从主机内存经 PCI 总线、FOHBA 内存、ISP2200A 帧缓存以及发送 FIFO 队列后，以串行差分数据的形式输出到光纤通道，其过程如下：

（1）主机内存中的数据在 DMA 控制器的作用下传送到 FC 适配器内存。

（2）FC 适配器内存中的数据被解析为帧数据后以 32b 的方式送入发送帧缓冲区中。

（3）FC 适配器捕获光纤通道中的仲裁原语（Arbitrated Primitive Signal）并取出其中地址与本机地址比较，若本机地址的数值较低，则把仲裁原语中的地址换为本机地址，并继续发出仲裁原语。当主机再次收到仲裁原语且其中的地址就是本机地址时，主机就获得数据发送权，能够主动地向通道发送数据。

（4）对所发送帧中的数据加上帧开始定界符后，发送数据到发送通道中的 FIFO 队列。

（5）帧缓冲的硬布线逻辑电路对流出发送帧缓冲区的每一个 32b 数据进行 CRC 计算，并锁存中间结果。

（6）该帧数据从帧缓存中发送完毕后在帧尾加上 CRC 校验字符，再加上帧结束定界符。

（7）发送 FIFO 队列中一旦有数据，就停止通道空闲字的发送，将所接收到的 32b 数据以 8b 为一个字节进行 8B/10B 编码，变成 $4 \times 10b$ 的传输字符后将并行传输字符转变为串行差分传输数据，串行地输出到光纤通道中。

需要特别指出的是，在 FC 适配器收发数据时，上述过程中的相当一部分工作同时进行，保证了通道处理机作业的不间断性。

综合对 QLA2200 的分析和研究可知，在设计光纤通道主机适配器时，必须充分考虑千兆比特的网络传输速度和协议变换要求，尽量减轻数据传输对主机 CPU 的负担，与主机内存的数据通信应采用 DMA 方式进行，体系结构应采用高速数据流水线和通道处理机技术，并以 RISC 芯片作为核心控制器。这样，就能够直接吸纳高速网络通信技术、通道传输控制技术和存储技术等的最新成果，使系统具备优异的性能和完全开放的结构。

4. 光纤通道网络设备

联网拓扑结构的灵活性是 FC 的最大优点之一，它支持点到点、仲裁环及交换拓扑结构。其中，点到点连接能够以最高可能的带宽连接计算机和计算机或计算机和磁盘；在仲裁环中，带宽可由多至126个设备所共享；交换结构提供最大的吞吐量，许多不同速度的设备能连接到中央光纤交换开关上。

FC集线器和交换机是应用最广的网络连接设备，下面将分析其工作机理。

（1）FC集线器。FC集线器使得FC设备在物理结构上呈现出星型而逻辑结构为仲裁环。FC集线器电路结构的一个显著特征是具有自动旁路电路，它相当于一个时钟频率感应开关，只有当节点端口设备的信号频率与光纤通道的频率完全一致时，该电路才可能处于接通状态，否则将处于旁路状态，如当信号频率较高或较低时，该端口设备都不能接入SAN。

集线器用节点旁路电路将每个端口连接在一起，实现环形拓扑结构，它将上一个节点的发送器端口连向下一个节点的接收器端口。当一个环节点端口（NL-Port）接入集线器时，该端口信号必须具备有效的光纤通道时钟（如1.0625Gb/s），这样节点旁路电路才能正常工作。

自动旁路电路使光纤通道环路能够自动适应设备的增减，例如，如果一个设备从端口4移走，旁路电路将把路由路径直接从端口3连向端口5，并在连接协议层上重新初始化环路和自动配置端口地址以适应新接入的设备。

对于具备管理功能的集线器，节点旁路电路的工作还可受控制信号的控制，如可在主机上通过向集线器发送命令，使其某端口处于旁路，该端口所连接的FC设备就不能访问该环路。

（2）FC交换机。在现代交换技术中，报文（Packet）的传输方式主要有两种：存储转发（Store-Forward，SF）和切通（Cut-Through，CT）。在存储转发网络中，基本的传输单位是报文。在传输过程中，中间节点必须收齐报文且存储在缓冲区后，它才可能传向下一节点。在切通网络中，将报文进一步分成更小的片（数据片和包头）进行传输。虫蚀（Worm Hole）选路是切通选路的一种形式。在传输过程中，中间节点只备有很小的片缓冲区，一旦收到包头就传至下一节点。同一报文中的所有片一同以流水线方式穿越网络，整个报文犹如一列火车，由火车头（包头）牵引着车厢（数据片）顺序前进。理论分析和实验研究表明，存储转发网络的延迟与源和目的之间的距离成正比；而切通网络的延迟时间与源和目的之间的距离无关，虫蚀选路比存储转发的延时要小，具有更优的性能。

FC交换机的交换结构中普遍使用了交叉开关、最短路由协议和带缓冲的虫蚀选路等最先进的技术，使FC交换机具备极其优异的性能。例如，Brocade的

SilkWorm 2050 是 8 端口的 FC 交换机，采用了最短路由优先（Fabric Shortest Path First, FSPF）协议和一个 8×8 的交叉开关，如果不存在冲突，能使 8 个报元（Packet Cell，也称数据片 flits）以每 1/40μs 的周期通过交换开关。当存在热点冲突时，每次只允许 1 个交叉开关工作，被阻塞的数据片缓存在中央队列中。这种缓存使得输入端口可以从前 1 个交换阶段解脱出来以接收后续的数据片。中央队列是用双端口的 RAM 实现的，它能在每个时钟周期内执行一次读和一次写。为了匹配最大的带宽，每个输入端口首先从 FIFO 队中并行化 8 个数据片，使之成为一个数据块，然后在 1 个周期内将整个 64 位的数据块写到中央队列中。

# 第三节 基于 IP 的存储区域网（IP-SAN）

传统的 SAN 环境中，数据是以块 I/O 的形式在光纤通道上进行传输的，而 NAS 环境中数据以文件 I/O 的形式在 IP 网络上传输。用户不仅需要 SAN 的高性能和可扩展性，也希望融合 NAS 解决方案的高易用性和更低的总拥有成本。支持在 IP 网络之上的块 I/O 操作的 IP 技术正是定位于客户的这种需求。

IP 网络具有更好的管理性和更好的互操作性。如果块 I/O 可以在 IP 网络进行传输，那现有的网络基础设施可以被复用，这远比投资一个新的 SAN 硬件和软件环境更加经济。现在许多远程、灾难恢复（DR）解决方案正在复用 IP 网络。此外，基于 IP 网络的块 I/O 存储网络（IP-SAN）还可以极大地利用现有的成熟、可靠的 IP 网络技术安全解决方案。借此技术，用户还可以扩展其存储基础设施的地理范围。

IP-SAN 的技术可融合和应用于各种不同的用户环境中。FC 存储和 IP 存储在组织机构中可以协同使用，其中核心任务应用使用 FC 存储，关键业务应用和办公应用则使用 IP-SAN。而灾难恢复解决方案可以同时使用这些技术。

iSCSI 和 FCIP（Fibre Channel over IP）是现行的两种主要的基于 IP 网络的传输协议：

iSCSI 协议是对主机发送或接收的 SCSI 数据进行封装，使其成为 IP 数据包，然后由以太网网卡或 iSCSI HBA 设备进行传输。IP 数据可以路由至一个能够从

IP 封装包中解析 SCSI I/O 的网关设备或者路由至一个 iSCSI 存储阵列。然后，网关设备将解析之后的 SCSI I/O 发送给一个基于 FC 的外部存储阵列。如果是发送给 iSCSI 阵列，该阵列自身可以直接进行解析和处理封装的 I/O 操作。

FCIP 使用 TCP/IP 作为数据传输协议，通过 FCIP 网关以桥接的方式对现有的 FC-SAN 网络进行扩展和连接，而且这种方法可以实现长距离的 FC-SAN 网络之间的互联。

目前，由于成本相对较低且易于实现，iSCSI 已经广泛应用于服务器和存储设备之间的连接，特别是在原来没有部署 FC-SAN 的环境中。FCIP 也广泛应用于灾难恢复之中。数据通过 FCIP 被复制到备份站点的磁盘或者磁带上。

## 一、IP-SAN 概 述

在基于 IP 的存储区域网络（IP-SAN）中，TCP/IP 协议栈是作为传输块数据（Block Level Data）的存储互联手段而存在的，但凡采用 TCP/IP 技术承载块数据的协议都可归结到 IP 存储协议之中。国际互联网工程任务组（IETF）专门设立了 IP 存储工作组（IP Storage Working Group），全面负责 IP 存储及其协议的开发工作。利用 TCP/IP 协议传输数据的技术由来已久，CIFS 和 NFS 就是经典的文件级传输协议。同样，利用网络传输块数据也并不新鲜，FC-SAN 就是该技术的体现。在传统意义上的文件级访问方式中，无论是直连存储（DAS）或是附网存储（NAS），都要经过文件服务器或 NAS 设备，将文件的逻辑信息映射到块信息上，这种负担对于追求快速响应时间的关键事物应用来说是无法容忍的。而 IP 存储协议则是直接将块操作命令通过网络传输到目标设备上，避免了类似的中间转换环节。

相对于传统基于光纤通道的存储区域网（FC-SAN）而言，基于 IP 的存储区域网络（IP-SAN）的优势主要体现在：

（1）基于成熟的 SCSI、Ethernet 和 IP 技术，一定程度上保护了现有投资，降低了配置、维护、管理方面的复杂度，也可获得经济上易于承受的存储区域网架构部署能力。

（2）IP 存储超越了地理距离的限制，大大延伸了传统并行 SCSI 存储的距离限制，也易于超越 FC 网络的服务距离限制。从理论上讲，IP 存储技术十分适合于对现存关键数据的远程备份服务。

（3）可以预期的 10Gb/s 以太网的推出将极大地改善 IP 存储的服务性能。

IP 存储的不足之处主要表现在：

（1）IP 存储的产品目前总体上还不十分成熟，用户可选择的余地较小。

（2）部署 IP 存储并不像在现有的 IP 网络上连接一个带网卡的存储设备那样简单，同样需要一些专门的驱动设备及相关知识的帮助。

（3）由于 IP 网络，尤其是以太网本身的效率较低，QoS 也不高，所以 IP 存储比较消耗系统资源，在对 QoS 要求较高的应用场合，IP 存储将面临挑战。

目前，利用 IP 网络实现块数据传输的技术主要有三种，包括 iSCSI、iFCP 以及 FCIP。iSCSI 技术的实现仅涉及 IP 协议，属于端到端的纯 IP 存储技术，组成 iSCSI SAN 的设备（Devices）和网络服务（Fabric Services），包含 iSCSI 协议和/或 IP 协议的实现。而 iFCP 和 FCIP 实现的网络架构中既包含 IP 技术又涉及 FC 网络，其中，iFCP SAN 和 FCIP SAN 中的设备一般要实现 FC 协议，而前者的网络服务应支持 IP 协议，后者则要部署 FC 技术。

## 二、IP-SAN 的架构

### 1. Fibre Channel over IP（FCIP）

FCIP 基本是由 Fiber Channel over IP 的首字母缩写构成。在同一个 FC-SAN 范围内，将 Fiber Channel 的命令和数据封装成 TCP/IP 数据包，从而在 IP 网络上传输 Fiber Channel 命令和数据。远端再将得到的 FC 命令和数据解包出来，完成规定的 I/O 操作。

端节点之间建立的 IP 隧道，将各个孤立的 FC-SAN 连接起来形成统一的 FC-SAN 环境。FCIP 一般需要桥接设备的支持，其中的 FCIP 网桥（Bridge）是 FC 网络与 IP 网络之间的桥接设备。FCIP 协议的实质是利用隧道技术在 IP 网上传输 FC 的数据帧，FC 帧到 IP 数据包需要转换。

FC 的命令和数据帧最终是作为 IP 的载荷融入 IP 数据包之中。其间，IP 层并不需要了解任何关于 FC 负载的信息，同样，FC 网络也似乎感觉不到 IP 网络的存在，只是 FCIP 桥/网关必须关心 FC 帧到 IP 数据包的打包/解包细节。

在 FCIP 协议模型中，两个 FCIP/FC 实体通过 IP 网络连接起来。其中，FCIP 实体主要包括两个功能：一个是 FCIP 控制和服务模块，负责链路的初始化与分解以及为 FC 实体提供 IP 网络接口等功能；另一个是打包/解包模块，对于从接收端口 1 进入的 FC 帧进行封装后，交由发送端口 2 的 TCP 连接进入 IP 网络。同样，对于从 IP 网络经接收端口 3 收到的数据包，经过解封装后，由发送端口 4 直接注入 FC 网络；而 FC 实体则是包含 FC-0、FC-1 和 FC-2 功能实现的逻辑模块，接入 FC 交换网/环网之中；FCIP Link 则可包含一个/多个 TCP 连接。目前，关于 FCIP 协议的 RFC 已于 2004 年完成，可查阅 RFC3821 获得技术细节。

2. Internet Fibre Channel Portocol（iFCP）

多个 FC-SAN 之间利用 TCP/IP 网络传输 FC 命令和数据的另一种方式是采用 iFCP 协议。iFCP 是 Internet Fibre Channel Protocol 的首字母缩写，它使用 TCP/IP 协议完成拥塞控制、错误检测和纠错功能。FCP 互连的 FC-SAN 各自维护自己的地址空间，而且需要硬件 FCIP 网关支持。

iFCP 两端（或多端）是采用 FCP（Fibre Channel Protocol）协议工作的 FC 网络，经由采用 iFCP 协议工作的 iFCP 网关设备互连，接入 IP 网络，除实现 FC 网络互通外，利用无处不在的 IP 网络，还可极大地拓展 FC 网络的通信距离。

iFCP 协议将 FC 地址映射到 IP 地址，将 FC 会话映射成 TCP 会话，属于网关到网关协议，其交换和路由的实现均由 IP 技术完成。

另外，还存在一个 iFCP 的简化版本 mFCP（metro Fibre Channel Protocol），其思想源自 Nishan Systems 最早提出的 Storage Over IP 协议，而真正实用的协议是 mFCP。与 iFCP 相比，它使用 UDP 代替 TCP 作为传输协议，在一定意义上将降低数据传输的可靠性，提高传输效率。目前，iFCP 协议还处于草案阶段。

3. Internet SCSI（iSCSI）

iSCSI 是 SCSI over IP 的标准协议，最初由加利福尼亚的 IBM Almaden 和以色列的 Haifa 两大技术研究中心共同开发出来，其初衷是希望能将 SCSI 指令集放到 IP 协议上来，这样不仅能解决传统 NAS 设备因为使用文件传输方式而带来的应用上的诸多问题，而且还能形成一套足以与传统光纤通道（FC）技术相抗衡的廉价的 SAN 技术体系。在 2001 年，IBM 为此专门推出了 IP Storage 200i，Cisco 也推出了第一款针对该应用的 SN5420 路由器。到了 2003 年 2 月 11 日，IETF（Internet Engineering Task Force）正式通过了 iSCSI 标准，不久该协议的 RFC3720 也正式发布。一项报告显示，2003 年 iSCSI 的全球收入仅为 1800 万美元，而 2004 年第一季度，iSCSI 的收入达到了 1600 万美元。截至目前，HP、EMC、HDS、NetApp、Cisco、Brocade、McDATA 等多家厂商都在其推出的产品中提供

iSCSI 协议支持。除此之外，早在 2002 年 2 月，Intel 就推出了 Intel PRO/1000 TIP 存储适配器，而微软 2003 年 6 月就提供了免费的 iSCSI Initiator 软件，2003 年 11 月；微软又对 14 家存储供应商的硬件产品进行了 Windows 环境下的 iSCSI 兼容性测试，包括 Adaptec、Cisco、Intel、McDATA、QLogic、ADIC、EqualLogic、Intransa、LeftHard、NetApp、Spectra Logic 等知名公司都参与了测试；稍后的 12 月，微软在中国召开了据说是有史以来规模最大的一次发布会，隆重推出 Windows Storage Server™ 2003 软硬件存储解决方案，其中的一个亮点是对 iSCSI 技术的支持。由此，人们有理由相信 iSCSI 会越走越好，并逐渐成熟起来。

在 TCP/IP 协议的共同基础之上，iSCSI 技术封装的是串行 SCSI，iFCP 实现封装的是 FC 协议的最高层协议 FCP，而在 FCIP 的实现中封装的是 FC 协议的全部五层内容，这种差别也可从前面的各自协议数据帧格式图中看出。它们三者的上层支持的都是标准的 SCSI 命令集、操作系统以及应用程序。

## 三、iSCSI 技术

### 1. iSCSI SAN 构成

一般地，iSCSI SAN 在基于 iSCSI 的存储解决方案中应包含以下功能部件：

（1）iSCSI 启动器（Initiator），在主机（包括服务器、工作站或客户端）中以驱动程序的形式存在，用于对网络目标器（Target）设备发起 SCSI 请求，与主机操作系统中的 SCSI 驱动并存。在实现过程中，既可采用软件方式，如 Windows iSCSI Initiator 1.0 以及 Linux 下的各种 iSCSI Initiator 驱动等，也可以按主机总线适配器 HBA（Host Bus Adapter）的方式实现。许多著名厂商如 Intel、Adaptec、Alacritech 等都提供该类产品。

（2）iSCSI Target，是 Target 端管理 SCSI Over IP 请求实现的功能软件。目前，市场可见的主要产品有 IBM Total Storage IP、Storage 200i、OKAPI ipXpress™ iSCSI Disk Appliance 以及 Equal Logic Peer StorageIM Array 100E 等。2005 年，String Bean 公司推出的 WinTarget 软件使用微软公司的 iSCSI Initiator，可将任意有本地磁盘的 Windows 服务器转变成 iSCSI Target。

（3）管理软件 iManager，主要用于 iSCSI Target 的配置、存储策略的制定以及其他附加功能的实现等。它既可采用专门的设备在带内（位于数据通路内）或带外（位于数据通路外）实现，也可附加在 iSCSI Target 的功能实现中。

2. iSCSI 启动端的 Linux 实现

iSCSI 的启动端（iSCSI Initiator）从理论上讲可在任何操作系统环境下实现。启动端的实现包含三种主流做法。

（1）纯软件方式。利用普通的以太网网卡（100Mbps/1Gbps），将 iSCSI 协议和 TCP/ IP 协议的实现放到主机当中。一般的主流操作系统都内置了对 TCP/IP 协议栈的实现，只是在对 SCSI 的支持上稍有不同。该实现在 Windows 下表现为在"设备管理"的"SCSI 和 RAID 控制器"项目中多出一项内容，成为逻辑上的一块 SCSI/RAID 卡。在 Linux 环境中也表现为一种类似的逻辑 SCSI 设备。

（2）软件 iSCSI 实现加硬件 TOE（TCP/IP Offload Engine）技术。TOE 技术采用卸载主机的 TCP/IP 处理到板卡的方式，大大减轻主机 CPU 在处理 TCP/IP 协议时的负担，该技术可用于任何基于 IP 的服务器系统中。该方式的 iSCSI 实现依然在主机当中进行。与纯软件方式相比较，该实现有助于提高 iSCSI 服务的整体性能。

（3）iSCSI HBA。该方式将 iSCSI 协议连同 TCP/IP 协议的实现一起放到了板卡当中，最大限度地缩减了主机 CPU 在处理相关协议方面的开销，从性能表现上看是三者当中的最优者。

以下结合 UNH 的代码，重点介绍 iSCSI 启动端在 Linux 操作系统下的一般实现方式。Linux 操作系统下的 iSCSI 启动端是按照内核模块的方式实现的。运行 insmod iscsi_initiator.o 命令。insmod 是插入模块的命令，据此 iSCSI 启动端的功能被动态加入内核当中。作为加载工作的一部分，iscsi_initiator 将调用 scsi_register（）向 Linux SCSI 子系统注册，并成为类似"Iscsi_initiator"命名的一个 HBA，然后，SCSI 子系统就可以通过该 HBA 探测目标设备。

在 Linux 中，host（主机）是一个从 0 开始的顺序号；bus（总线）表示 HBA 可访问的硬件总线数，总是 0；target 表示 SCSI 总线上的设备数目，为 0，1，2，…；而 lun（逻辑单元号）在 Linux 中总是 0。

Linux 下 iSCSI_Initiator 模块的配置工具是 iscsi_manage，可以对 iSCSI_Initiator 模块的工作方式进行改变。其一般用法格式为：

./iscsi_manage init set/restore/force key＝value

其中，set 用于改变参数值；restore 可恢复默认值；而 force 则用于强制 iSCSI Initiator 进入某种协商模式或执行某种指定算法等。通过 iscsi_manage 设置的 key

值将在 Login 阶段和对等的 iSCSI_Target 进行协商。其中，至少应指定的 key 包括 TargetName 和 InitiatorName。然后，通过显式执行程序：

./iscsi_config up ip＝X. X. X. X host＝X lun＝X

式中的 X. X. X.X 表示点分十进制形式的 iSCSI_Target 的 IP 地址，host＝X 和 lun＝X 的 X 表示对应主机的编号。于是就可建立从 iSCSI_Initiator 到 Target 的新的会话连接，如果连接成功，则可开始通过 Login PDU 进行参数协商，直到收到合法的 Login Response 后就可进入正常的数传阶段 FFP（Filll Feature Phase）。如果一切顺利的话，SCSI 子系统可通过 iSCSI_Initiator HBA 探测到连接的 iSCSI_Target 设备，接下来，SCSI 子系统向该设备发出 INQUIRY 命令，对磁盘设备而言，下一个命令会是 TEST_UNIT_READY，接着是 READ_CAPACITY 命令。然后，会发出 READ_10 命令去读磁盘的第 0 块信息。对该磁盘的后续操作和对待本地盘的操作相类似。最后，可通过命令：./iscsi_config down ip＝＝X. X. X. X host＝X（X 的含义同上）断开连接，用命令：rmmod iscsi_initiator 卸载 iSCSI_Initiator 模块。

3. iSCSI 协议栈与通信

iSCSI 架构是基于客户机/服务器模型的。iSCSI 协议是一个层次模型，SCSI 命令通过物理载体进行传送时需按照一定的顺序封装。

SCSI 是工作在 OSI 模型的应用层的命令型协议。发起方/主机和目标方使用 SCSI 命令和应答来互相通信。SCSI 命令描述块、数据和状态的信息被封装入 TCP/IP 数据包，然后通过网络在发起方/主机和目标方之间传输。

iSCSI 是一种会话层协议，它启动了可以识别 SCSI 命令和 TCP/IP 的设备之间的可靠会话。iSCSI 会话层接口负责处理登录、验证、目标发现和会话管理。TCP 可以为 iSCSI 在传输层上提供可靠的传输服务。

TCP 被用来控制消息流、窗口、错误恢复和重发功能。它依赖于 OSI 模型的网络层提供全局址和连接。此模型数据链路层的第 2 层协议允许通过单独的物理网络提供节点到节点的通信。

发起方/主机在与可用目标建立会话之前，必须可以发现目标在网络上的位置以及目标的名字。这种发现可以有两种方式来实现：发送目标发现和网络存储名称服务（iSNS）。

在发送方发现中，发起方/主机需要手动配置目标方的 iSCSI 端口的网络信息，它用来与目标方的 iSCSI 服务建立发现会话。发起方/主机发出发送目标的命令，目标方会以主机的可用名称和地址来响应。

iSNS 协议能自动发现 IP 网络上的 iSCSI 设备。发起方/主机和目标方可以配置为在 iSNS 服务器上自动登记。每当发起方/主机想知道它可以访问的目标时，它可以查询 iSNS 服务器来获取可用目标列表。

发现也可以通过服务定位协议（SLP）来实现。然而，相比发送目标发现和 iSNS 来说，这种方式比较少见。

全球唯一的 iSCSI 的标识符称为 iSCSI 名称，用来命名 iSCSI 网络内的发起方/主机和目标方，以方便它们之间的通信。这种唯一标识符可以用来识别和管理存储资源，它可以是部门、应用、制造商名称、序号、资产数量或任何标记的组合。有两种类型的 iSCSI 名称。

（1）iSCSI 认证名称（IQN）：一个组织必须拥有一个注册域名，以便生成 iSCSI IQN。此域名不需要映射到激活的或已解析的地址。它只是保留下来以防止其他组织使用相同的域名来产生 iSCSI 名称。名称中包含日期，以避免转让域名所造成的潜在冲突；该组织必须在该日期内拥有该域名。IQN 的例子如下：iqn.2008-02.com.example：optional_string。optional_string 可以由序号、资产数量或任何存储设备标识符组成。

（2）扩展的唯一标识符（EUI）：EUI 是基于 IEEE EUI-64 命名标准的全局唯一标识符。扩展唯一标识符包括 EUI 前缀和后续 16 个十六进制字符名字，如 eui.0300732A32598D26。

这 16 个字符包括由 IEEE 分配的 24 位的公司名称和 40 位的唯一 ID，如序列号。尽管对用户来说不太友好，但这样可以更加精简。因为由此产生的 iSCSI 名称是由 EUI 加上十六进制字符组成的 WWN。

在这两种格式中，允许的特殊字符包括点、短划线和空格。iSCSI 的合格名称使得存储管理员可以为存储设备分配有意义的名字，从而使管理更加容易。

网络地址授权（NAA）是一种额外的 iSCSI 节点名字类型，是由国际信息技术标准光纤通道协议委员会（INCITS）的 T11 技术委员会所制定的全球命名格式，并应用于串行连接 SCSI（SAS）中。

iSCSI 会话是在发起方/主机和目标方之间建立的。会话 ID（SSID）标识一个会话，它包括发起方/主机 ID（ISID）和目标方 ID（TSID）。会话可以为下列中的一项而建立：

（1）发现发起方/主机的可用目标和指定目标方在网络的位置。

（2）iSCSI 正常运行（发起方和目标方之间的数据传输）。

在会话过程中，可能会增加和删除 TCP 连接数。每个 iSCSI 连接会话都具有唯一的连接 ID（CID）。

iSCSI 发起方/主机和目标方使用 iSCSI 协议数据单元（PDU）进行通信。所有的 iSCSI PDU 都包含一个或多个包头部分，其后没有或跟随多个数据段。PDU 被封装进 IP 数据包以便传送。一个 PDU 包含很多组件。IP 包头提供数据包在网络上传输的路由信息。TCP 包头包含的信息可以保证数据包被传送到目标。iSCSI 包头描述目标方如何提取 iSCSI 命令和数据。

除了 TCP 校验和以太网 CRC 校验，iSCSI 还增加了一个可选的 CRC，称为数据摘要，以确保数据报文的完整性。包头和数据的摘要在 PDU 中是可选的，它们用于验证完整性、数据的位置和操作的正确性。

一条消息会分成若干个数据包，然后在网络上传输。如果有必要，每个数据包可以发送到不同的路由，然后在网络上传送。数据包可以按不同于发送的次序到达目的地。TCP 负责将它们恢复到和发送相同的次序。目标方再根据 iSCSI 包头里包含的信息提取 SCSI 命令和数据。

每个 iSCSI PDU 与 IP 数据包并不是一一对应的。根据其大小，一个 iSCSI PDU 可以对应多个 IP 包，甚至两个 PDU 在同一个 IP 包内共存。

发起方/主机和目标方之间的 iSCSI 通信是基于请求—应答的命令序列来进行的。一个命令序列引可能会生成多个 PDU。一个 iSCSI 会话中的命令序列号（CmdSN）是用来给会话中的发起方/主机到目标方的命令 PDU 进行编号的。这个编号用来确保每个命令的传输和发送顺序相同，和会话中的 TCP 连接无关。

命令编序从第一个登录命令开始，其后每一个命令的 CmdSN 是递增加 1 的。iSCSI 目标协议层负责按 CmdSN 定义的顺序将命令传送到 SCSI 协议层。即使发起方/主机和使用端口组的目标方之间存在多个 TCP 连接，目标接收到的数据和命令也有正确的顺序。类似于命令编号，状态序列号（StatSN）用于对状态应答进行顺序编号。这些唯一的编号是在 TCP 连接级别上建立的。

当目标方准备好接收数据时，会向发起方/主机发出 Request-to-Transport（R2T）PDU。数据序列号（DataSN）确保在同一命令内为数据提供正确的传送顺序。DataSN 和 R2T 序列号分别为 PDU 和 R2T 的数据编序。每个序列号由 iSCSI 定义的一个无符号 32 位整数计数器存储在本地。这些序列号在命令、状态和数据交换过程中通过适当的 iSCSI PDU 在发起方/主机和目标方之间传输。

在进行读操作时，DataSN 初始值为零，其后在该命令序列中每一个数据单元的序列号将逐一递增。如果是写操作，第一个主动提供的数据单元或第一个 R2T 响应的数据单元的 DataSN 初始值为零，其后每一个数据单元序列号也逐一递增。R2TSN 命令初始化时设定为零，其后目标方每发送一个 R2T 命令，序号就逐一递增。

## 四、IP-SAN 的设备发现机制

采用 SLP 协议，可在 LAN 环境下，以一种灵活的、扩展良好的架构，为主机访问服务器提供必要的信息支持。主机只需提出对所需服务的类型、属性描述后，SLP 就可提供相关服务的网络地址。该架构的三个主要因素是：用户代理（User Aagent，UA）、服务代理（Service Agent，SA）和目录代理（Directory Agent，DA）。该协议一般有以下两种工作模式：

（1）用户代理直接和服务代理打交道。用户代理向服务代理发请求服务的广播包（Multicast SrvRqst），应答的服务代理单播回应（Unicast SrvRply）。请求包中含有对特定服务的特性描述。

（2）若干目录代理做中介。当网络规模较大时，可采用若干目录代理（Directory Agent）做中介，起 Cache 作用。先是由服务代理单播进行服务注册，目录代理单播回应，然后，用户代理直接向目录代理请求单播服务，应答的目录代理做单播回应。

对于 iSCSI 启动器（Initiator）而言，有两种方式可用来找到要连接的目标器（Target）设备。一种是在 iSCSI 启动器端静态配置目标器的地址信息，包括名字、IP 地址和端口号以及域名等。另外，iSCSI 协议本身提供的发现会话（Discovery Session）过程也可用于获取目标器设备列表。此时，并不需要 SLP 的参与，从而省去了配置 iSCSI 启动器的工作。在采用 SLP 做设备发现的过程中，其中 SLP 的目录代理根据网络需要为可选项，工作是按照 SLP 的协议要求进行的。FCIP 实体之间的发现也可以采用 SLP。

iSNS 是在 IP 网络中为了方便配置和管理 iSCSI 设备和 FC 设备而提出的，可适用于 iSCSI 和 iFCP 协议，对于前者，iSNS 是可选项，而后者是必需的。FCIP 不使用 iSNS。iSNS 体系中的组件包括：iSNS 协议（iSNSP）本身、iSNS 客户端（iSNS Client）、iSNS 服务器（iSNS Server）以及 iSNS 数据库（iSNS Database）等。一般地，iSNS 客户端可采用 SLP、DHCP 等协议找到 iSNS 服务器。而多个 iSNS 服务器之间交换 Database 记录可采用 LDAP（Lightweight Directory Access Protocol）、SNMP（Simple Network Management Protocol）等协议。

iSNS 的功能主要包括：

（1）名字服务功能，用于提供存储服务发现；iSNS Client 向 iSNS Server 注册的信息存放在 iSNS Database 中。

（2）目录域（Discovery Domain）服务和登录控制服务（Login Control Service）。目录域用于大型网络环境的管理细化，登录控制负责维护存储对象间的授权关系。

（3）状态变迁通知服务，即将存储服务的位置变化、可用性等信息及时反馈给存储客户。

（4）FC 设备与 iSCSI 设备间的开放式映射服务。建立 FC 设备与 iSCSI 设备间的映射关系，开放给授权用户使用。

# 第四节　存储区域网的相关技术

## 一、基于光纤 SAN 的可靠容灾技术

随着信息存储需求的增长，NAS 和基于 FC 的 SAN（Storage Area Network）得到了广泛的应用，然而保持系统持续稳定的运行，有效地防范系统的突发事件，在尽可能低的运作成本和拥有成本的前提下，提高信息存储的可靠性和可用性是当今用户数据存储需要解决的内容和关键性问题。这就要求用户有统一的存储管理策略，建立安全、可靠、高效的数据复制和恢复机制，将日常数据的安全存储管理与灾难恢复系统建设相结合，因此，具有高可靠性、可扩展性以及数据 365×24×7 在线的高可用系统逐渐成为研究的重点。本节设计的基于光纤通道的

高可用存储系统是一种多级容错存储系统，即存储设备的逻辑卷级 RAID 容错、存储服务器间的故障屏蔽及数据中心的后备容错。该系统充分利用光纤通道协议既支持 SCSI 协议又支持 IP 协议的特点，采用统一的存储管理策略，共享访问存储设备，用软件的方式实现了存储服务器间的动态监测、故障情况下的快速切换，并且实现了主数据中心和远程备份存储中心的数据的同步复制与数据的快速恢复，是一种具有高可靠性、高可用性的存储系统。

1. 容灾系统硬件组成

在研究光纤通道存储区域网的特点和拓扑结构的基础上，本章采用 FC-AL 作为实现高可用容灾存储系统的网络拓扑结构，并以此系统为例进行 SAN 可靠性容灾相关技术的论述。系统由主数据中心和备份数据中心构成。

数据中心由以下几部分组成：

（1）网络子系统。由网络客户端、存储服务器、网络交换设备构成局域网。客户端可通过网络访问存储服务器管理的存储资源，因为主存储中心和备份存储中心的局域网互联，当主存储中心崩溃时网络客户端能及时访问备份存储中心的数据资源，从而实现存储服务的快速接管，保证服务的连续性。

（2）前端故障屏蔽服务器子系统。两台存储服务器实现故障屏蔽功能来对外提供存储服务（文件服务、DBMS 服务），统一管理 SAN 中的存储设备，即实现存储设备的共享访问，客户端通过以太网交换机访问存储服务器管理的存储资源。

（3）后端 SAN 存储子系统。两台 FC-HUB（存储通道冗余）交叉连接两台存储服务器和多台 FC 存储设备构成 FC-AL 的存储区域网。

主数据中心和备份数据中心通过光纤互连，根据光纤通道的特点，主数据中心和备份数据中心距离可达 10 千米，备份数据中心为主数据中心提供同步数据复制和快速数据恢复功能，当主数据中心出现意外灾难时，系统数据存储可以切换到备份数据中心，从而保证存储系统的高可用性。

2. 容灾系统软件组成

为实现存储系统的容灾性和高可用性，除在硬件上采用冗余设计，保障整个存储系统无单点失效设备外，还需要对系统的软件资源进行实时监控和有效管理，实现系统的快速切换和故障恢复，从而实现系统软件模块的高可用性。我们在 Linux 下实现了该存储系统的原型系统。系统软件模块主要有逻辑卷管理（Logical Volume Manager）、高可用性管理（HA Manager）、复制管理（Replication

Manager)、共享存储管理（Shared Storage Manager）。该原型系统在上层为应用程序提供访问接口，在底层则利用光纤通道设备驱动。

3. SAN 容灾的基本功能和技术

（1）逻辑卷管理。逻辑卷管理模块用于管理 SAN 中的大量存储设备，实现物理设备的虚拟化，以存储池逻辑设备的形式为文件系统提供一致的访问接口，同时集成 RAID 功能，实现不同级别的软件 RAID，实现存储设备的逻辑卷级容错，提高存储设备的可用性，并为用户提供管理和配置的接口。我们在实现卷管理模块时，是根据功能划分由配置管理、映射管理和自由空间管理三个子模块实现的。

（2）配置管理。逻辑卷管理给用户提供逻辑卷的配置信息，同时分配和回收磁盘分区，并在磁盘分区上创建不同 RAID 级别的逻辑卷，因此磁盘分区是逻辑卷管理存储层次的最低级别，由连续的磁盘空间组成且具有唯一的标识。逻辑卷管理支持 RAID0/1/5，而不同级别卷的配置信息存放在构成该卷的磁盘分区的头部，同时在系统启动逻辑卷设备时需要读出逻辑卷的配置信息。另外，配置管理要完成逻辑卷的创建、删除、大小的调整以及根据用户的需要实现数据在不同分区的迁移。

（3）映射管理。映射管理功能是把网络磁盘设备虚拟化，把物理空间映射为逻辑卷空间，为上层的文件系统所用。文件系统的所有 I/O 操作在逻辑卷空间上处理。

在实现映射管理功能时，我们通过引入卷分配单元来实现物理地址空间到逻辑地址空间的线性转换。卷分配单元是分配和回收物理存储的基本单位，它由多个物理块组成，并且在逻辑卷创建时指定，其默认大小为 64KB。在映射管理功能中，我们使用变量映射技术，即物理地址与对应逻辑地址关系的映射表，其对应关系为：索引值＝逻辑地址/卷分配单元大小。

（4）自由空间管理。自由空间管理需要保持物理地址和逻辑地址的独立性，因此本系统的自由空间管理子模块采用物理地址分配位图和逻辑地址分配位图分别来管理物理和逻辑地址空间。逻辑地址分配位图是上层文件系统的一部分，当文件系统请求新的存储空间时，文件系统先为所需的存储空间指定逻辑空间，并向卷管理模块请求分配自由空间，由映射管理子模块根据卷配置信息确定该自由空间所在的磁盘分区，而自由空间管理则在该磁盘分区中分配自由空间，并设置相应的分配位图，返回物理地址给映射管理，映射管理更新物理和逻辑地址的映射关系。

由于物理分配位图隶属于对应的分区，卷管理模块在每个分区的头部维护物理分配位图，通过复制存储来保证在位图所在的磁盘出现错误时仍能读出位图分配信息。

（5）高可用性（HA）管理。本系统存储中心的故障屏蔽通过 HA 管理模块来实现。HA 管理实现两台存储服务器间的主备方式故障屏蔽，即一台存储服务器作为主存储服务器对外提供存储服务，如果因软件或硬件原因无法提供服务时，另一台备用存储服务器能自动接管主存储服务器的工作，继续对外提供服务；当主存储服务器的故障消除后，备用存储服务器则停止工作，由主存储服务器来继续对外提供服务。HA 管理通过心跳线（Heartbeat）机制来监测每个存储服务器的状态，由任务接管、服务状态监测和服务管理模块组成，以维护数据的一致性，保证存储服务的连续性。设计时采用光纤通道设备提供的 IP 连接作为主心跳通道，串口连接作为备份心跳通道，当主心跳通道不可用时，备份心跳通道开始工作。其工作原理如下：主存储服务器状态监测进程通过心跳通道每隔一定时间发送一个心跳信息包给备用存储服务器，告诉对方它仍然在正常工作，如果在规定的时间间隔内备用存储服务器还没有接收到主存储服务器的心跳信息，先进行一系列的探测确定对方是否失效，若失效，就启动接管、恢复进程把主存储服务器的资源和任务全部接管过来，由备用存储服务器开始继续对外提供服务；当主存储服务器的故障消除后，状态监测进程又开始向备用存储服务器发送心跳信息包。备用存储服务器此时正在对外提供服务，它接收到了主存储服务器发送过来的心跳信息后，知道主存储服务器已经恢复，就立即释放占用的资源，把这些资源和还没有完成的服务一起转给主存储服务器，再次进入等待的状态，监测主存储服务器发过来的心跳信息包。服务管理模块用于确保在任意时刻只有一台存储服务器提供服务，允许存储服务器依据标准的脚本命令 starustop 来启动和停止某种存储服务，这些服务不是在系统启动的时候自动加载运行的，而是要由服务管理模块来负责加载运行。

（6）复制管理。本地存储的高可用性不能消除爆炸、火灾等原因导致的数据失效，因此需要采用远程数据存储以提高存储中心的可用性，本系统设计复制管理模块来保持本地和远程数据的一致性，提供远程数据复制和快速数据恢复能力，从而保障存储中心的高可靠性。目前，常用的数据复制方法根据复制的对象粒度可分为块级数据复制、卷级数据复制和文件级数据复制；根据复制的策略可以分为同步数据复制、准同步数据复制和异步数据复制。本系统的复制管理模块充分利用光纤通道高数据传输率的优点，采用同步或异步方式实现块级数据复制，而同步或异步方式的选择可根据存储服务对响应时间的需求动态选择。由于数据读仅需要向主存储中心发出请求，不需要访问备份存储中心，因此只需分析数据复制写流程。

同步数据复制写工作流程为：

①客户机向主数据中心存储服务器发出写 I/O 请求。

②主数据中心存储服务器通过块 I/O 写主数据中心存储设备。

③主数据中心存储服务器向备份数据中心存储服务器发出远程块写 I/O 请求。

④备份数据中心存储服务器解析块 I/O 请求，并向备份数据中心存储设备发出块写 I/O 命令。

⑤备份数据中心存储服务器应答主数据中心存储服务器。

⑥主数据中心存储服务器回应发出写 I/O 请求的客户机。

异步数据复制写工作流程为：

①客户机向主数据中心存储服务器发出写 I/O 请求。

②主数据中心存储服务器通过块 I/O 写主数据中心存储设备。

③主数据中心存储服务器直接回应发出写 I/O 请求的客户机（无须向备份数据中心存储服务器发出远程块写 I/O 请求）。

④主数据中心存储服务器向备份数据中心存储服务器发出远程块写 I/O 请求。

⑤备份数据中心存储服务器解析块 I/O 请求，并向备份数据中心存储设备发出块写 I/O 命令。

⑥备份数据中心存储服务器应答主数据中心存储服务器。

（7）共享存储管理。共享存储是本存储系统设计的基本目标，即文件系统应为数据中心存储服务器提供所有文件的单一一致视图。由于数据中心的两台存储服务器和存储设备通过 FC-HUB 连接，因此，连接到 FC-HUB 的存储设备对两台服务器而言都可见，这就为共享存储提供了基础。我们采用光纤通道存储设备作为启动设备的方式实现共享存储，即采用光纤通道存储设备作为根节点，每台存储服务器都从该根节点启动，这样一台存储服务器在这些存储设备上创建的文件也能被另一台存储服务器访问。

## 二、SAN 文件系统

数据流和控制流的分离传输是 SAN 文件系统的基本设计思想，也是与传统文件访问模型的根本区别。SAN 文件系统的数据访问模型可以称为客户/元数据服务器模型，即元数据服务器仅向客户提供元数据服务，客户进而可以直接访问存储设备获取所需的普通数据。这种访问模型的主要优点是：消除了服务器瓶颈，提高了数据访问速度，可以达到与本地文件系统同等的性能；集中式的元数据管理使得异构多平台数据共享成为可能，还可以提高存储空间的利用效率；通过分离文件元数据和数据，使得元数据服务器和存储设备都可以根据需要进行扩展，从而提高系统的可扩展能力。

SAN 文件系统一般由三个要素构成：元数据服务器、文件系统客户机和存储设备。

元数据是记录存储设备空间分配情况和目录/文件定位的信息的集合，它是保持文件系统完整性和一致性的依据。在 SAN 中，一个共享的存储资源往往并不是指单独的一个磁盘，甚至不仅仅限制在同一个网络节点上的磁盘，因此，元数据中也会含有网络地址信息。

元数据服务器的主要功能为：提供全局的单一命名空间、存储空间的分配和释放、并发访问控制、元数据的登记/提供（给文件系统客户）/更新、数据完整性保证等。

文件系统客户机的主要功能包括：接受文件访问请求、通过控制网络从元数据服务器获得元数据和通过光纤通道直接访问存储设备上的数据。SAN 文件系统各要素之间的物理连接方式包括：元数据服务器和文件系统客户通过 IP 控制网络互连；元数据服务器、客户机同存储设备通过 SAN（FC-SAN 或 IP-SAN）互连构成 SAN 系统。

SAN 文件系统各要素之间的逻辑连接通过块 I/O 协议（文件系统客户和存储设备之间）和 SAN File System 协议集（元数据服务器和文件系统客户之间）实现，它们分别对应了 SAN 文件系统的两类操作：数据 I/O 访问操作和元数据操作。数据 I/O 访问操作主要是读和写等；而元数据操作包括文件打开/关闭/创建/删除、目录创建/删除、文件空间分配/释放、文件属性设置/修改等。

1. 基于 SAN 的分布式文件系统

SAN 文件系统实际上是基于 SAN 的分布式文件系统。传统的分布式文件系统是基于计算机网络的，一般以提供接口的远程文件访问为目的，在受网络环境、本地磁盘、处理器速度等方面限制的情况下，更多地关注访问的性能和数据可靠性。网络文件系统（Network File System，NFS）是其中最主要的代表，它的出现是分布式文件系统逐渐发展并应用到各个领域。其他有代表性的分布式系统有 AFS（Andrew FileSystem）、Coda File Syetem、xFS 等。随着 SAN 技术的发展，基于 SAN 的分布式文件系统也逐渐发展并得到应用。

GFS（Global File System）吸取了对称多处理器（SMP）系统设计和实现的原理，将系统中的每一个客户机类比于 SMP 中的一个处理器。客户机间没有任何区别，可以平等地访问系统中的所有存储设备，就像处理器可以机会均等地访问主存一样。这样的设计可以更好地利用系统中的资源，消除单个服务器带来的性能瓶颈和单点失效问题。因为客户端之间无须通信，可以很好地消除客户机失效带来的威胁。GFS 采用特殊设计的 DLOCK 锁机制来同步进行多个客户机对同一设备的访问，具有很高的效率。

GPFS（General Parallel File System）是目前应用范围较广的一个系统。在系统设计中采用了多项先进技术。它是一个共享磁盘（Shared-Disk）的分布式并行文件系统，客户端采用光纤通道或者 iSCSI 与存储设备相连，也可以通过通用网络相连。GPFS 的磁盘数据结构可以支持大容量的文件系统和大文件，通过采用分片存储、较大的文件系统块、数据预读等方法获得了较高的数据吞吐率；采用扩展哈希技术来支持含有大量文件和子目录的大目录，提高了文件的查找和检索效率。GPFS 采用不同粒度的分布式锁解决系统中的并发访问和数据同步问题：字节范围的锁用于用户数据的同步，动态选择元数据节点进行元数据的集中管理；具有集中式线索的分布式锁管理整个系统空间分配等。GPFS 还有效地克服了系统中任意单个节点的失效、网络通信故障、磁盘失效等异常事件。

HP 公司的 DiFFS 和 SGI 公司的 CXFS 都是基于 SAN 的分布式文件系统。DiFFS 通过将存储系统划分成不同的区域，把对资源的共享访问冲突限制在各个区域内部，来解决机群文件系统的可扩展性问题。CXFS 是在 xFS 的基础上开发的，它实现了元数据服务器内置的失效接替和恢复功能；采用快速元数据算法，包括优秀的缓存机制、精心组织的存储结构和优化的搜索算法，来提高元数据访问性能。CXFS 采用令牌来管理和控制元数据及数据的访问，采用了多人读、一人写的策略保证数据和元数据的一致性。CXFS 客户机通过 SAN 直接访问文件数据，具有很好的传输效率。

数据容量、性能和共享的需求使得基于 SAN 的分布式文件系统管理的系统规模更大、系统更复杂，对物理设备的直接访问、磁盘布局和检索效率的优化、元数据的集中管理等都反映了对性能和容量的追求。规模的扩展使得系统的动态性如在线增减设备、缓存的一致性、系统的可靠性的需求逐渐增强，更多的先进技术应用到系统实现中，如分布式锁、缓存管理技术、文件级的负载平衡等。

2. SAN 文件系统体系架构

SAN 文件系统是基于 SAN 的分布式文件系统，所以它与传统的分布式文件系统的体系结构有相同之处，但是 SAN 文件系统因为充分利用了 SAN 存储网络直接访问存储设备的特性，更加关注于 SAN 的存储虚拟化目标，所以也有自己的不同之处。下面分析 SAN 文件系统设计的主要体系结构。

从数据访问上来说，在传统的分布式文件系统中，所有的数据和元数据都存放在一起，通过服务器提供，这种模式一般称为带内模式。随着客户端数目的增加，服务器就会成为整个系统的瓶颈。因为系统所有的数据传输和元数据处理都要通过服务器，不仅单个服务器的处理能力有限，而且存储能力受到磁盘容量的限制，吞吐能力也受到磁盘 I/O 和网络 I/O 的限制。

于是，一种新的分布式文件系统结构出现了，那就是利用 SAN 技术，将应用服务器直接和存储设备相连接，大大提高了数据的传输能力，减少了数据传输的延时。在这样的结构里，所有的应用服务器都可以直接访问存储在 SAN 中的数据，而只有关于文件信息的元数据才经过元数据服务器处理提供，减少了数据传输的中间环节，提高了传输效率，减轻了元数据服务器的负载，每个元数据服务器可以向更多的应用服务器提供文件系统元数据服务，这种模式称为带外模式。

在基于 SAN 的文件系统设计中，通常采用带外方式，由专用的元数据服务器（群）来处理客户机对元数据的操作。

从元数据服务器来说，分布式文件系统在结构上有两种方式：一种是无服务器结构（Serverless），另一种是专用服务器结构（Dedicated Server）。

无服务器结构指系统中没有专用的元数据服务器，所有的客户机都被当作元数据服务器来使用。基于这种系统结构，所有的客户机既是存储系统的用户，又是存储系统的元数据服务器。此时，一个客户机不仅要处理本系统的数据需求，而且要服务于其他系统的数据请求。这种系统结构可以提供很高的性能上的可扩展性，但系统复杂，而且造成系统的管理困难。这样的系统的典型例子是 xFS 文件系统。专用服务器结构采取专用元数据服务器（群），主要有以下两种形式：①单个元数据服务器，即所有的元数据集中在一个元数据服务器上处理。由于只有一个元数据服务器，数据的一致性问题得到了很大的缓解，但其可扩展性受到了很大限制。②多个元数据服务器，即元数据服务器按照一定的策略分布在多个元数据服务器上。这种系统一般具有较好的可扩展性，但由于有多个系统服务器的原因，数据一致性很难处理。

文件映射对于数据一致性有着很大的影响。文件到其相关的元数据服务器的映射可分为两种方式：

单一映射：在任意时刻，一个文件最多只能映射到一个元数据服务器。这种映射可以大大简化数据的一致性问题，这是由于每个文件只由一个元数据服务器负责。当需对文件进行锁或租约操作时，这些操作都只限于相关的某一个服务器，而不是分布式的操作。但它也带来了几个复杂的问题，其中最重要的就是可扩展性问题。当采取单一映射时，对于一个文件而言，SAN 存储系统所能支持的访问被相关的单一元数据服务器的性能所限制。

多维映射：在任意时刻，一个文件可以映射到多个系统服务器。这种映射会增加维护数据一致性的复杂性。这是由于每个文件是由多个系统服务器负责的，当需对文件进行锁或租约操作时，这些操作都必须通过所有相关服务器的协调。这样的操作就变成了分布式的操作，从而增加了系统的复杂度。但多维映射可以提供更高的系统可扩展性。

3. SAN 文件系统全局名字空间

在 SAN 文件系统中将所有的对象（文件、目录和符号链接）以树形结构组织成一个全局名字空间（Global Name Space），如图 6-7 所示。

结合示例图，对名字空间的相关概念解释如下：

对象（Object）：包括文件、目录和符号链接三类，和一般文件系统类似。

集群（Cluster）：多个元数据服务器组成服务器集群共同为 SAN 系统提供文件系统服务。

加载单元（Load Unit）：将所有的对象按照属性组织成一个集合，称之为加

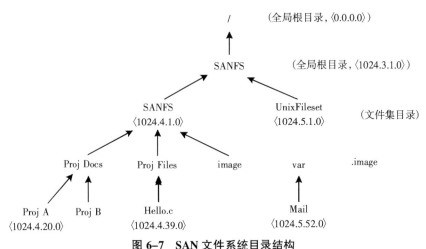

图 6-7　SAN 文件系统目录结构

载单元。它是客户机能看到和管理的最小单元。

文件集（Fileset）：类似于 Unix 中的挂载点。在 SAN 文件系统中，可以定义文件集用于挂载加载单元。可以将分件集理解为容器，可以将加载单元装入这个容器中，当然也可以把加载单元从一个容器移到另一个容器中。

一个对象 ID 在文件集群范围内有个唯一的本地 ID 组件，该 ID 有 64 位长（以每秒创建一个对象计算，可以表示的数目在 0.5 万亿年才会循环）。通过增加集群 ID，文件集 ID 和版本 ID 使对象在全局名字空间里有唯一标识符。它由如下四元组表示：<集群 ID，文件集 ID，对象 ID，版本 ID>。

在 6-7 图中，可以将全局根目录 ID（"/"）定义为<0.0.0.0>。SANFS 集群根目录 ID 为<1024.3.1.0>，表明集群 ID 为 1024，文件集 ID 为 3，对象 ID 为 1，版本 ID 为 0。这里集群 ID 由 SAN 系统管理员配置，对象 ID 在对象创建时自动生成，每生成一个文件自动加 1。图 6-7 中对象的版本 ID 都为 0，表示它们都属于原始镜像（每一次备份后版本号加 1）。

SAN 文件系统支持在一个对象上创建多个版本，其中只有一个版本是可变的，其他的都不可变（作为备份）。这一操作通过对文件集创建"快照"（Snapshot）来完成，创建的文件集备份称为快速拷贝镜像（Flash Copy Image），它是文件集在某一时刻的一个拷贝。SAN 对系统管理定义了三个函数来操作 Flash Copy Image：创建、删除和恢复（从备份镜像中恢复原始镜像）。

（1）创建 Flash Copy Image。这个操作需要指定原文件集名和镜像名字。在成功创建后，在文件集根目录下的 .image 子目录中会出现指定的镜像名。例如，文件系统名字空间的 WinFileset 文件集进行快速拷贝，指定 Flash Copy Image 文件名为 s1，那么，WinFileset 文件集下的所有对象都将出现在./image/s1 下，相应的对象全局唯一标识符 ID 的版本 ID 号为 1（如果第二次创建备份，则版本 ID 号增加到 2），如文件 hello.c 的全局唯一标识符 ID 为<1024.4.39.0>。

要注意，创建 Flash Copy Image 完成后，原始镜像的对象和快照镜像有同样的内容，它们共享数据块直到原始镜像中的文件被修改。在修改一个文件对象时，采取"写拷贝"（Copy-on-Write）技术进行实际文件备份，即只有在原始镜像被修改时才申请新的物理块储存修改后的文件数据，并更新原始镜像的元数据。

（2）删除 Flash Copy Image。管理员能对一个 Flash Copy Image 进行删除。删除前，元数据服务器必须撤回该镜像上对象的所有数据锁和会话锁。操作完成后，在名字空间的.image 目录下，代表该镜像的那一部分从文件系统树上消失。

（3）从 Flash Copy Image 中还原原始镜像。这个操作可以从一个 Flash Copy Image 中还原原始的文件集。同删除一个镜像类似，进行这个操作前，元数据服务器需要撤回原始服务器对象上的所有数据锁和会话锁。

## 三、SAN 的数据一致性与可用性技术

### 1. 数据一致性

数据一致性是指在各个应用服务器访问分布式文件系统时，它们所访问的文件和目录内容之间的一致性关系。为了提高客户机读/写数据的速度，客户端普遍使用了缓存元数据和数据的技术，缓存技术的应用极大地提高了系统的性能，但同时它也带来了数据一致性的问题。在 SAN 环境中，共享存储介质中的数据被多个客户端共享，一个文件数据可能在多个客户机上都有一个缓存副本，这样有可能导致多节点对数据的改动或删除不一致，破坏数据的完整性和一致性。为了解决缓存一致性问题采取了很多方法。

文件共享语义这种方法是设计并行/分布式系统时广泛采用的方法。要解决一致性的问题，首先要考虑的是简化会话语义。使用会话语义在对文件修改的同时，运行在这些文件所在节点上的进程能感知到文件的修改，而打开了这个文件但运行在其他节点上的进程却不能感知到文件的修改。只有修改文件的进程关闭文件时，所有对文件的修改才能被那些打开了该文件的应用程序所感知。Andrew

文件系统（AFS）就是采用这种语义最典型的例子。

对于面向数据库的文件系统还必须考虑事务语义。使用事务语义时，所有的I/O 操作都在两个控制指令 Begin Transaction 和 End Transaction 之间执行，在这两个控制指令间的所有修改在事务完成之前对其他的节点都是不可见的。而一旦事务执行完成，两个控制指令间的所有修改就以原子操作的方式在其余节点上传播。

修改共享语义是一种解决缓存一致性问题的有效方法，但它把保证更严格的语义的负担留给了应用程序员，因此，一些系统想办法在保留原有语义的前提下解决缓存一致性问题。

第一种方法是当一个文件共享时，不允许写操作的缓存。这种方法能在保留原有语义的情况下避免缓存一致性的问题，但它存在的问题是写操作的速度将会比它们能达到的速度要慢得多。

第二种方法是基于锁的方法。当客户端要写一个文件时，为了能修改这个文件，它需要有这个文件的写锁。而且只要客户端拥有了这个锁，它就可以在不需要获得进一步许可的情况下对这个文件进行任意修改，其他的客户端由于没有获得锁则不允许访问这个文件。当没有客户端获得写锁时，所有客户端都可以无限制地对这个文件执行读操作。当某个客户端要写文件时，服务器使保留的客户端缓存上的所有该文件的数据无效，并将写锁交给该客户端，该客户端就拥有了写锁，并且成为唯一的能对该文件进行操作的客户端，直到其他客户端要对该文件进行读操作或写操作为止。这时对文件的写许可被收回，客户端对文件所做的修改也就能被其他客户端看到。

使用锁的方法保证了缓存的一致性问题，但是它存在一个锁回收的问题。为了将锁交给新客户端，当前拥有锁的客户端必须释放它，并且停止对文件的修改。如果拥有锁的节点失败，或网络出现故障，锁管理器就无法知道当前锁的状态，锁的回收就无法进行，该锁对应的文件就无法再分配给别的客户端。

2. 可用性

分布式文件系统一般都是由多个节点组成的，需要集体协作才能对外提供服务。但是随着系统规模的逐渐扩大，系统中软硬件的失效概率也会大大增加，如磁盘损坏、节点失效、网络断开等。一般采用 RAID 技术保证磁盘的有效工作，提供比较稳定的数据源。对于节点的失效，一般针对不同的节点类型有不同的处理方法：对于元数据服务器，一般采用失效接替减少系统暂停服务的时间，采用日志技术进行文件系统的快速恢复；对于系统中的存储节点，采用数据复制技术，或者采用类似 RAID 在各个存储服务器之间做数据冗余存储等；对于网络失效，采取把网络划分成多个互相不能通信的几个部分。

另外，SAN 中还有其他一些关键技术。例如，异构适应性、基于策略和用户按需存储、文件系统的快照和备份技术、元数据集群的负载平衡技术、分布式文件系统的日志技术等都是设计 SAN 文件系统需要关注的技术难点。

# 本章小结

实现网络与存储的分离是当前存储领域进一步提高存储性能、存储效率的一种重要思路和方法，存储区域网的出现在很大程度上实现了这一要求。本章从存储区域网的基本概念、基本理论和基本构成开始，论述了存储区域网 SAN 的相关内容和理论知识。通过对当前主流的两种存储区域网——光纤存储区域网以及基于 IP 的存储区域网的深入浅出的分析和讲解，说明了隐藏在不同架构 SAN 之后的核心思想，同时也论述了不同 SAN 系统的具体搭建、实施方法和技术。最后，本章通过对与存储区域网应用紧密相关的安全、性能、可靠性等多个方面的论述，有助于进一步加深读者对 SAN 的全面理解，为 SAN 在实际中的应用和实践奠定基础。

# 习 题

## 一、简答题

1. 存储区域网主要包含哪些不同的架构和协议？
2. IP 存储区域网与光纤存储区域网的区别是什么？
3. 什么是 iSCSI？

## 二、选择题

1. 构建基于交换式拓扑结构的光纤交换网络的必要条件是（　　）。

A. FC-AL 　　　　 B. FC-SW 　　　　 C. FC-PH 　　　　 D. FC-FLA

2. 借助存储网络在高速备份设备与 SAN 硬盘设备之间建立的直接通信信道来缩小存储设备备份窗口，采用的技术是（　　）。

A. 克隆和快照 　　 B. RAID 　　　　 C. 联机热交换 　　 D. 数据复制

3. SAN 架构是专门用于其他设备与 SAN 连接的设备。典型的 SAN 架构是（　　）。

A. HBA 　　　　　 B. SAN 交换机 　　 C. 多层串级 　　　 D. 分区

4. 光纤集线器用来组织（　　）结构。

A. 总线式 　　　　 B. 点对点 　　　　 C. 仲裁环 　　　　 D. 交换式

5. SAN 互连包括的互连技术有（　　）。

A. 光纤通道、以太网和其他特殊的互连技术

B. 光纤通道、计算机网络

C. 特殊的互连技术

D. 以太网和特殊的互连技术

6. FCIP 协议实质上就是采用（　　）技术的 IP-SAN 方案。

A. FC-SAN 　　　 B. 本地 IP 存储 　　 C. iSCSI 　　　　 D. 存储隧道

7. 核心级光纤交换机支持的光纤信道数据率为（　　）Gb/s。

A. 1 　　　　　　 B. 2 　　　　　　 C. 3 　　　　　　 D. 4

8. 光纤通道连接点的设备有（　　）。

A. 网络集线器、交换机、桥或者路由器

B. 交换机、桥或者路由器

C. 网络集线器、桥或者路由器

D. 桥或者路由器

9. 关于 NAS 与 SAN 整合方案，下列说法正确的是（　　）。

A. 以 NAS 为中心，SAN 存储为"NAS 头"提供存储容量

B. 以 SAN 为中心，SAN 存储为"NAS 头"提供存储容量

C. 以 NAS 为中心，NAS 存储为"NAS 头"提供存储容量

D. 以 SAN 为中心，NAS 存储为"NAS 头"提供存储容量

10. 下列说法正确的是（    ）。

A. SAN 是基于文件系统的，通过主机实现与其他客户机的存储共享

B. SAN 是基于文件系统的，不需要主机即可实现与其他客户机的存储共享

C. SAN 是基于数据块的，通过主机实现与其他客户机的存储共享

D. SAN 是基于数据块的，不需要主机即可实现与其他客户机的存储共享

### 三、论述题

1. 结合所学知识，论述 SAN 与 NAS、RAID 的区别以及为什么在当前大型存储系统中往往采用 SAN 的存储结构。

2. 基于光纤的 SAN 具有诸多优点，那么为什么还要发展基于 IP 的 SAN？

# 第七章　数据保护

**【本章导读】**

本章介绍了存储领域中非常重要的数据保护相关的内容和知识。首先介绍了数据保护的基本概念以及现实存储系统中对数据保护的需求，其次根据数据保护的不同技术，分别论述了备份技术、镜像与快照技术以及连续数据保护技术，并对不同技术之间的关联和区别做了介绍。

**【本章要点】**

● 数据保护的基本概念和理论知识
● 存储领域中数据保护的相关技术及其知识
● 备份、镜像、快照等技术的基本原理和知识
● 连续数据保护技术的相关知识以及特点

## 第一节　数据保护基础

### 一、数据保护背景

从 20 世纪 50 年代开始，人类进入信息数字化时代。到今天，主要的信息形式如文字、语言、声音、图像、视频等都可以转化为数字形式进行存储。数据已经成为人类最宝贵的财富之一。在日常工作、生活以及学习中，人们越来越依赖信息技术，越来越多的数据被存储在计算机系统中，信息的数字化很大程度上促

进了信息处理的自动化，从而提高了工作效率。对于个人来说，典型的数据可能是撰写的文稿，也可能是从互联网上辛苦搜集的资料，还有可能是数年的珍贵摄影照片或视频录像。对于公司和企业用户来说，典型数据可能是业务数据、客户资料、管理信息以及生产信息等。这些数字化的信息使得企业提高了事务处理和业务运行的效率，从而更快捷地响应用户需求。在金融、电力、通信以及交通等行业中，计算机系统中保存的可能是非常重要的关键数据，系统的正常运行一天也离不开这些数据。因此，对于这些关键行业应用，其对信息数据的依赖性已经到了关系企业存亡的程度。

在信息化程度如此高的今天，数据变得非常宝贵，一旦发生数据丢失或损坏，将会给个人和企业都带来难以估量的损失。对于个人用户来说，数据丢失将会给个人带来精神上和物质上的双重损失；而对于企业和公司，一旦信息系统发生故障导致数据丢失，并且在限定时间内不能得到及时恢复，其带来的损失可能是毁灭性的。根据 IDC 的调查，美国在 1990~2000 年的十年间发生过数据灾难的公司中，有 55% 当即倒闭，29% 在两年内倒闭，生存下来的企业的比例仅占 16%。在大量的类似调查报告中也表明，大约有 40% 的企业在遭遇数据灾难之后没有恢复运营，由于缺少异地数据备份以及有效的数据恢复手段，剩下的 60% 的企业中也有 1/3 在两年内破产。据统计，每 500 个数据中心每年就有 1 个要经历一次数据灾难。

数据恢复的及时性成为企业成功与失败的关键因素之一。一项来自美国明尼苏达大学的研究报告显示，在数据灾难之后，如果在 14 天内无法恢复信息系统运作，有 75% 的公司业务将会完全停顿，有 43% 再也无法重新开业，从而导致有 20% 的企业在两年之内被迫宣告破产。另外，对于数据灾难所造成的冲击的分析显示，各行业可忍受的最长信息系统停机时间分别为：金融业 2 天、销售业 3.3 天、制造业 4.9 天、保险业 5.6 天。所以平均来看，一般行业可忍受的最长信息系统停机时间为 4.8 天。

## 二、数据保护技术分类

数据保护包含很多的具体技术，这些技术有的互为基础、有的针对不同领域、有的提供不同的数据保护等级等。总体来说，分为以下几类：

### 1. 备份技术

备份技术是容灾的基础，备份技术又分为离线备份和在线备份。采用离线备份通常是把数据备份到磁带库中，这种备份方式比在线的时间长，但优点是投资比较少。采用在线备份方式的优点是数据恢复的速度快，备份周期比离线备份的方式也短，缺点是成本比较高，一般主要关键的应用和业务系统才会采用这种备份方式。

### 2. 镜像技术

镜像是在两个或多个磁盘或磁盘子系统上生成同一个数据的镜像视图的信息存储过程，一个叫主镜像系统，另一个叫从镜像系统。按照镜像实现方式，根据数据写入磁盘镜像先返回还是后返回又可以把镜像技术分为同步远程镜像和异步远程镜像。镜像能够保证按数据最后的状态进行恢复，但不论是同步远程镜像还是异步远程镜像的实现方式都会带来高额的成本，因为系统需要至少两倍以上的主磁盘存储空间。另外，除了价格昂贵之外，远程镜像技术还有一个致命的缺陷，它无法阻止系统之前某个时刻数据丢失、损坏和误删除等灾难的发生。如果主站的数据出现因为误操作或者病毒导致数据删除的情况，镜像站点上的数据也将出现连锁反应，从而导致数据无法有效地恢复。

### 3. 快照技术

快照技术主要是在操作系统以及存储技术上实现的一种记录某一时间系统状态的技术。存储中使用快照技术是由于其广泛的实用性。SNIA 对于快照的定义是：关于指定数据集合的一个完全可用拷贝，该拷贝包括相应数据在某个时间点（拷贝开始的时间点）的映像。快照可以是其所表示的数据的一个副本，也可以是数据的一个复制品。

通过快照技术可以在不产生备份窗口的情况下，帮助客户创建一致性的磁盘快照，每个磁盘快照都可以认为是一次对数据的全备份，从而实现常规备份软件无法实现的分钟级别的 RPO。

### 4. 持续数据保护技术

持续数据保护技术（Continuous Data Protection，CDP）是目前最热门的数据保护技术，它可以捕捉到一切文件级或数据块级别的数据写改动，可以对备份对象进行更加细化的粒度的恢复，可以恢复到任意时间点。

CDP 技术目前是一个新兴的技术，但在很多传统的备份软件中都逐渐融入了

CDP 的技术。例如，BakBone NetVault Backup 8.0 追加了 True CDP 模块、Symantec Backup Exec 12.5 等。其他公司包括 EMC、Symantec 都并购了一些 CDP 的软件，并与传统备份软件进行整合。

CDP 技术包括 Near CDP 和 True CDP 两种。Near CDP，就是我们说的准 CDP，它的最大特点是只能恢复部分指定时间点的数据（Fixed Point In Time，FPIT），有点类似于存储系统的逻辑快照，它无法恢复任意一个时间点，目前 Symantec、CommVault 的 CDP 都属于这种类型。True CDP，我们称为真正的 CDP，它可以恢复指定时间段内的任何一个时间点（Any Point In Time，APIT）的数据，目前 BakBone True CDP 属于 True CDP 类型。

### 三、数据保护技术的比较

一般来说，数据保护技术是将数据通过复制、备份、快照等技术方式存放到不同的存储设备中。以常用的备份技术为例，一般的备份通常都会将数据备份到另外的存储设备中，此设备有可能是本地的也有可能是异地的，一旦系统出现异常、数据遭到破坏，可以将数据从备份的设备恢复到原来被保护的系统中，从而实现数据的保护。

随着应用越来越复杂，用户的数据也呈现海量的增长，现在需要保护的数据是以前的几倍甚至几十倍。因此，传统的通过复制、备份、快照等技术实现的数据保护技术完成一次备份往往需要更多的时间，有时候执行一次备份可能需要数十分钟，甚至数个小时。这样直接的后果是数据很难做到即时有效的备份，多次数据备份之间有一段时间的间隔。随着数据的增加，随之带来的间隔可能也越长。这样就带来一个问题，如果在两次备份数据时间点之间系统出现故障，那么在此备份点之前的数据没有即时备份，因此这段时间的数据就没有记录，从而导致数据永久地丢失了。另外一个问题是当系统出现故障，用户希望快速恢复系统时由于数据比较大，恢复的时间可能需要几十分钟甚至数个小时，这样将会在很长一段时间段内使用户的系统无法正常使用，因此可能给用户带来巨大的损失。

因此，衡量数据保护系统的好坏通常有两个比较重要的指标，即数据恢复点目标（RPO）和恢复时间目标（RTO）。数据恢复点目标指的是系统可以容忍的在灾难发生前数据可以丢失的时间段长度。恢复时间目标定义了灾难发生后，系统需要多少时间可以将数据从备份系统中恢复。也就是说，对于一个好的数据保

护系统，RPO 和 RTO 的时间越短越好。而传统的数据保护方式从技术上很难找
到合适的解决方案来降低 RPO 和 RTO 的时间，从而难以满足某些企业对数据保
护系统较高的 RPO 和 RTO 的性能要求。

数据保护备份软件包括备份、复制、镜像、快照和持续性数据保护几种类
型。过去 20 年来，数据保护备份技术有增量和差异备份、复用、更快的磁带技
术、基于磁盘的备份、快照和 VTL，但是它们没有改变以时间点（PIT）为导向
的备份方式。基于时间点的备份不可避免地导致恢复操作潜在的数据丢失，而数
据丢失的数量取决于备份频率。

基于时间点 PIT 方式的备份有四大问题：数据窗口、恢复点目标、恢复时间
目标和恢复可靠性。虽然数据保护技术的发展已经减轻了这些问题的影响，但仍
未解决根本问题。

持续数据保护技术是一项新兴的存储技术，自问世以来，在业界引起了广泛
重视。传统备份解决方案和准 CDP 具有周期性，只能将信息状态还原到启动备
份作业的时间点；而 CDP 则强调连续性，能通过持续的捕获、追踪系统 I/O 信息
流状态，复制每个 I/O 写入动作，完整地保存系统存取变动过程，并可将信息恢
复到任一时间点。

CDP 技术的优势使得它在众多数据保护技术中脱颖而出，对那些业务连续性
要求很高的企事业单位产生了很大的吸引力，目前已在政府、金融、电信等领域
得到了应用。未来随着信息化建设对数据保护要求的进一步提高，CDP 技术有望
在更多行业得到推广。

从技术的角度来看，持续数据保护并不是一项完全颠覆性的数据保护技术，
它更像是对以前传统数据保护技术的升级，或者说是功能的增强。虽然它实现的
技术与传统的快照、备份、复制不是很一样，但其技术实现的本质其实是一样
的。当然与传统的数据备份和恢复技术实现的最终效果比较，持续数据保护具有
保护连续性、更小的恢复点目标、更小的恢复时间目标的特点。

传统的数据保护技术如备份、快照通常是一天产生一份或者几份复本，数据
的恢复以天为计算单位，若被保护系统的数据发生损坏，需要使用备份的数据还
原时，用户只能选择以天为单位的还原点。也就是说，用户数据的损失可能是一
天甚至数天的数据量。而采用持续数据保护技术则能持续追踪与记录数据变化，
因此能提供无时间限制的数据恢复能力，用户可将数据还原到过去任何一个时间

点，选择的精细度甚至可以以秒为单位。持续数据保护是迄今出现过的还原点选择弹性最大的数据保护产品，能够提供更小的恢复点目标、更小的恢复时间目标，摆脱保护周期的既定概念。

传统数据保护技术的备份、快照就像是普通的照相机，保护的是数据在某个时间点下的状态，虽然可以采用多次的策略，但也只能保持数据在某几个时间点的状态，中间必然有大部分数据会丢失。而持续数据保护技术则像使用摄影机的录像，可记录数据在过去一段时间内的每一秒的变化历程，用户可以像录像倒带一样，任意将数据恢复到之前的任一个时间点。

综上所述，和传统的数据备份技术相比，CDP 技术在如下几个方面均有明显的特点：

（1）保护连续性：数据的改变受到连续的捕获和跟踪。无论 CDP 采用何种方式实现，均能够保证实时记录数据的改变。

（2）更小的 RPO：传统备份技术实现的数据保护间隔一般为 24 小时，因此用户会面临数据丢失多达 24 小时的风险，而 CDP 采用新的技术，能够完整记录磁盘数据的历史副本，实现的数据丢失量可以降低到几秒。

（3）更小的 RTO：传统备份技术在恢复数据时耗时较长，CDP 系统一般可以通过差异比较，采用快速的回滚技术缩短 RTO。

## 四、数据保护级别

根据目前具有数据恢复能力的存储架构的 RPO 和 RTO 的不同，可以将数据保护系统划分为四种级别来分别讨论。

1. TRAP-1

最传统的数据保护和恢复的方法就是采用定期的备份、镜像和快照。由于备份通常要消耗大量的系统资源，会影响正常业务的性能，而在夜晚数据存储系统的业务量通常没有或很小，因此备份放在夜间进行。为了节省空间，通常是每天做一次增量备份，每周或每个月做一次完全备份，有的系统还会对备份数据进行压缩保存。快照就是对数据集合的一个拷贝，它包含一个数据在开始拷贝的时刻的映像，使得用户可以在正常业务应用不受影响的情况下，实时提取当前在线业务数据。这意味着，用户在进行系统数据备份时使"备份窗口"接近零，从而大大增加了整个业务系统的连续性，为实现真正的 7 天×24 小时运转提供了保证。

快照技术已广泛应用于磁盘阵列、文件系统、附网存储系统（NAS）及备份软件中。快照根据工作原理的不同可分为分离镜像（Split Mirror）、写前拷贝（Copy-on-Write，CoW）和重定向写（Redirect-on-Write，RoW）等。在典型的应用中，可以每隔 2~3 个小时创建一次快照而不会对系统应用性能有明显的影响。

尽管近几十年来计算机的各方面技术得到飞速发展，但数据备份技术却 20 多年来没有任何明显改变。备份和快照仍然都需要消耗大量的时间和存储资源，过于频繁的备份和快照操作会严重影响系统正常数据业务的性能，因此备份的 RPO 和 RTO 通常都会非常长，而且需要巨大的存储空间开销。这里将备份和快照这种数据保护技术定义为 TRAP-1，由以上分析可知，TRAP-1 并不适合作为 CDP 的实现机制。

2. TRAP-2

文件版本控制提供了一个记录随时间变化的文件系统，它能将存储系统中的文件恢复到先前记录的某个版本状态，这里将文件版本控制归类为 TRAP-2。这些具有版本控制的文件系统具有可控的 RTO 和 RPO。然而，在一般情况下，由于这种机制依赖于某些特定的文件系统，因而不能直接应用于需要使用不同文件系统和数据库的企业数据中心。TRAP-2 与 TRAP-1 最主要的不同点是：TRAP-2 主要工作在文件系统级而不是块设备级。而块级存储通常能提供更好的性能和效率，如直接访问裸设备的数据库系统。

3. TRAP-3

为了能在块级提供对任意时间点的及时数据恢复，可以按时间顺序记录下每个数据块的改变记录。在存储工业界，这种类型的存储通常被称为 CDP 存储。CDP 使得每个写或更新操作被持续地记入磁盘设备，该磁盘设备可能和主设备相同，也可能是单独的设备。在任何需要的时候，可以恢复到任意时刻的数据状态。如果说快照副本是一系列静态的图像，那么 CDP 就如同一部电影。CDP 与镜像不同的是，它的副本是带有时间戳的写事件的连续历史。所有的写操作在从盘或日志设备中排成队列。典型的日志记录 2~4 天的连续历史，一般这段时间是需要恢复数据最可能发生的时段。日志对避免数据入侵及数据受损尤其有效果，它可以将数据恢复到数据损坏之前的时间点状态。在这类系统中，对同一个逻辑块地址（LBA）写操作前，旧数据将被写到另一个磁盘中存储，而不是直接用新数据覆盖它。这样，对同一个 LBA 的连续的写操作会生成一个不同数据块版本序列，并且每个版本都会记录该次写操作相对应的时间戳。这些被新数据替代的数据块存储在一个日志结构里，记录着该数据块的更改历史。由于数据块的每一次更改都会被保存，因此可以查看到存储卷上任意时刻的数据，因此可以极大地降低 RPO。RTO 的大小则取决于存储记录的大小、索引数据结构及一致性检查机制。现代文件系统和数据库都有专门的工具对文件系统和应用程序进行一致性检查和数据恢复。这里将这种通过连续数据拷贝的方式提供块级数据记录和恢复的系统定义为 TRAP-3。当前 TRAP-3 最主要的问题是需要巨大的存储空间，这也是迄今为止 CDP 机制没有被广泛采用的主要原因。举例来说，当需要管理的数据是一个 TB 的数据存储规模时，如果每天大约有 20% 的存储卷的数据发生了改变，平均每个数据块发生了 5~10 次改写，则 CDP 存储将每天都需要 1~2 个 TB 的空间来存储反映数据变化的记录。一个星期下来，光这种操作产生的数据将达到 5~10 TB 之巨，即使对数据进行压缩，也只能节省有限的存储空间。

4. TRAP-4 机制

TRAP-3 虽然具有很好的恢复效率，但其空间消耗过大，成为阻碍其广泛应用的瓶颈。下面首先简要阐明 TRAP-4 的工作原理。假设在时间点 T（m）时刻，数据块 B 有一次写操作，写之前 B 的数据内容是 BT（m-1），写之后数据内容改变为 BT（m），则该时刻写前后数据块的异或校验值为 PT（m）= BT（m）⊕BT（m-1），并记录时间戳为 T（m）。TRAP-4 按时间戳顺序保存这些写操作时间点的校验值，形成一个日志链 [PT（m），PT（mv-1），…，PT（1），PT（0）]，然后将这些日志链进行压缩保存。

当需要进行数据恢复时，如将 T（m）时刻的数据恢复到 T（m）以前时刻 T（n）（m>n）时的状态，对磁盘中任一数据块 B，首先将日志链进行解压缩，从日志链中读取 T（n）与 T（m）间该数据块所有的校验值，然后执行下面的计算操作就可完成该数据块的恢复：

$$BT(n) = BT(m) \oplus PT(m) \oplus PT(m-1) \oplus \cdots \oplus PT(n+1)$$

这是根据异或操作的对称性，如 BT（m）⊕PT（m）= BT（m）⊕BT（m）⊕ BT（m-1）= BT（m-1），由此可类推得到上式。同样，要将数据恢复到 T（m）以后时刻 T(k)（m<k）时的状态，则执行如下操作即可：

$$BT(k) = PT(k) \oplus PT(k-1) \oplus \cdots \oplus PT(m+1) \oplus BT(m)$$

因此，根据恢复时间窗口内的写操作日志进行简单的异或操作，可以将数据恢复到任意时间点的状态。TRAP-4 不仅能提供任意时间点的数据恢复，并且极大地减少了数据存储空间，是一个很好的连续数据保护实现方法。但由 TRAP-4 的工作原理及公式可以看出，当日志链条中某个中间结果出现了位操作错误或丢失，就会导致恢复的数据的不一致性，造成整个恢复链条的失效。并且随着时间的增加，链条会越来越长，链条失效的概率随之增加。另外，恢复时间会随着恢复时间跨度的增加而线性递增，即越久远的数据恢复耗时越多，需要大量的临时计算和空间开销。

# 第二节　备份技术

数据备份是存储系统最重要的应用之一，是保护用户数据的关键技术手段。虽然在线的镜像或者冗余技术能够有效地提高数据的可用性，但事实上，对于用户删除或者修改，这些在线冗余系统却无能为力。因此，如果说在线冗余技术在空间维度上能够保证系统数据的可用性，那么备份系统能够进一步在时间维度上保证数据的可靠性。

实际备份有多种实现形式，从不同的角度可以对备份进行不同的分类。

从备份策略来看，可以分为完全备份、增量备份、差量备份。其详细内容将在后续章节中进一步论述。

按照备份时间来划分，可以分为即时备份和计划备份。前者需要马上开始备份任务，而后者仅在制定的时间到达时启动备份任务。按照备份种类来划分，可以分为系统备份和用户备份。

从备份模式来看，可以分为物理备份和逻辑备份。物理备份又称为"基于块（Block-Based）的备份"或"基于设备（Device-Based）的备份"。它忽略文件的结构，把磁盘块直接拷贝到备份介质上，这避免了大量的寻址操作，直接提高了备份的性能。但为了恢复特定的文件，物理备份必须记录文件和目录在磁盘上的组织信息，因此它同样依赖于特定的文件系统。逻辑备份也可以称作"基于文件（File-Based）的备份"。它能够立即将文件目录结构通过遍历目录树拷贝整个文件到指定设备，它能够很方便地完成指定文件目录的恢复。

　　根据备份服务器在备份过程中是否可以接收用户响应和数据更新，又可以分为离线备份和在线备份。许多备份程序需要整个文件系统在备份过程中保持文件系统的只读性质，当备份完成时才能进行写或者更新操作，这是一种简单的备份策略，但由于备份窗口相对很大，会降低系统的可用性。相反在线备份运行系统备份数据时的更新操作，会带来数据一致性的问题。事实上，在线备份具有很多实现的困难之处，特别是在备份过程中目录的移动，或者文件的创建、增加、更新或者删除。对于在线备份，可以通过增加锁和检测修改机制避免一致性问题的产生，但是考虑到备份版本的问题，也经常使用快照技术。

　　为了减小备份任务的存储空间或者满足传输带宽的需要，许多备份系统可以在数据开始备份时进行压缩，与之相对应的是在恢复过程中需要解压备份数据。

## 一、数据复制

　　数据备份的关键技术是数据复制。根据实现方式的不同，数据复制可分为同步数据复制和异步数据复制。

　　同步数据复制是将本地生产数据以完全同步的方式复制到备份中心，每次在对本地存储设备进行数据 I/O 的同时，也对异地备份中心的数据进行 I/O 操作，只有在本地和异地的 I/O 请求都已完成的情况下，才认为本次 I/O 操作成功。

　　异步数据复制是将本地生产数据以后台异步的方式复制到异地备份中心。在对本地存储硬件发出 I/O 请求的同时，将请求信息记录在本地日志中，只要本地完成 I/O 操作即认为此次操作成功。本地的日志系统负责将本地日志复制到异地，并根据日志内容在异地完成同样的 I/O 操作。

　　与同步数据复制相比，异步数据复制对传输链路的带宽和时延要求大为降低，它只要求在某个时间段内能将数据全部复制到异地即可，但其最大的问题是本地数据和异地数据之间会有一个时间窗口，时间窗口内的数据可能会在灾难发生时丢失，不过这并不影响本地和异地之间的数据一致性，因为本地和异地之间的数据复制是严格按照 I/O 顺序来进行的，严格的 I/O 顺序则由系统中的日志技术来保证。

## 二、数据备份策略

　　数据备份往往是基于一次完整数据复制基础之上的若干增量和差量数据复

制。数据备份策略就是描述进行备份工作时所采取的不同数据复制方式的组合。实际中通常有以下三种数据备份策略：

**1. 完全备份**

完全备份是在某一个时间点上所有数据的一个完全拷贝。这种备份策略在备份数据中存在大量的重复数据，消耗了存储空间，同时进行完全备份的数据量较大，备份时间较长。

**2. 增量备份**

每次备份的数据只是相对于上一次备份后改变的数据。这种备份策略没有重复的备份数据，节省了备份数据的存储空间，缩短了备份时间，但当进行数据恢复时就会比较复杂。

**3. 差量备份**

每次备份的数据是相对于上一次完全备份之后所改变的数据。与完全备份相比，差量备份所需时间短，并节省存储空间；与增量备份相比，它的数据恢复更方便。

## 三、数据备份方式

随着数据备份技术的发展，数据的保存介质在不断地变化，数据备份方式也在不断地更新换代，主要有以下几种：

**1. 基于磁带的数据备份**

利用磁带拷贝进行数据备份和恢复是常见的传统备份方式。这些磁带拷贝通常是按天、按周或按月进行组合保存的。

**2. 基于 RAID 的数据备份**

RAID 是英文 Redundant Array of Inexpensive Disks 的缩写，中文简称为廉价磁盘冗余阵列。RAID 可以通过不同级别的冗余存储方式提供良好的容错能力，在任何一块硬盘出现物理故障的情况下都可以继续工作，不会受到硬盘损坏的影响。

**3. 基于快照的数据备份**

网络存储工业协会（Storage Networking Industry Association，SNIA）对快照的定义是关于指定数据集合的一个完全可用拷贝，该拷贝包括相应数据在某个时间点（拷贝开始的时间点）的映像。快照可以是其所表示的数据的一个副本，也可以是数据的一个复制品。快照的作用主要是能够进行在线数据恢复，即当存储设备发生应用故障或者文件损坏时，可以及时地将数据恢复成快照产生时间点的状态。快照技术在数据备份时被广泛采用，大致分为两种类型：一种叫做写时复制型（Copy on Write）快照，通常也叫做指针型快照；另一种叫做镜像型快照。指针型快照占用空间小，对系统性能影响较小；镜像型快照实际是当时数据的全镜像，会对系统性能造成一定负荷。

4. 基于远程数据复制的数据备份

远程数据复制通过广域网在远程服务器或存储平台之间复制数据来实现数据备份。它的实现方法主要有三种：远程数据库复制、基于逻辑磁盘卷的远程数据复制和基于存储系统的远程数据复制。远程数据库复制是由数据库系统软件来实现数据库的远程复制和同步。基于逻辑磁盘卷的远程数据复制是指根据需要将一个或多个卷进行远程同步或异步复制。基于存储系统的远程数据复制是由存储系统自身实现数据的远程复制和同步。前两种方法的数据复制是通过主机完成的，将在一定程度上影响主机性能。第三种方法通过阵列上的微处理器完成数据实时同步功能，不占用主机 CPU、内存和 I/O 资源，几乎不影响主机性能，但成本较高。

根据备份数据的数据形式划分，当前桌面用户经常使用的备份方式主要有两种：基于文件的备份和基于磁盘块的备份。基于文件的备份是指按照文件系统的组织结构，把一个个文件的内容打成数据包并存储到磁带上，典型的有 Unix 系统下的 tar 程序。这种方式的缺点是：如果文件正在被使用，它不一定能够保证文件的一致性，同时备份速度也较慢；文件备份的优点是：它根据文件来备份，当用户需要恢复某些文件时，它可以快速地找到并恢复相关文件。基于磁盘块的备份是指备份程序按照磁盘块来进行数据备份，典型的有 Unix 系统的 dump 程序。由于备份是按照磁盘块来顺序读取，它备份数据的速度会很快；但它的缺点是：若是需要恢复某些文件，那么查找这些文件的速度会比较慢。

# 第三节　镜像与快照技术

## 一、复制、镜像技术

镜像指在两个或者多个磁盘或磁盘子系统上产生同一数据的镜像视图的信息存储过程，其中一个称为主镜像系统，另一个称为从镜像系统。镜像技术按照主从镜像存储系统所处的位置可以分为本地镜像和远程镜像。本地镜像的主从镜像存储系统处于同一个存储系统（如 RAID 阵列）内，而远程镜像的主从镜像存储系统通常是分布在跨城域网或广域网的不同节点上。

远程镜像是进行容灾备份的核心技术，同时也是保持远程数据同步并实现灾难恢复的基础。远程镜像利用物理位置分离的存储设备所具有的远程数据连接功能，在远端维护一套数据镜像，当灾难发生时，主镜像系统失效，而分布在异地存储器上的数据备份并不会受到影响。远程镜像按照请求镜像的主机是否需要远程镜像站点的确认信息，又可以分为同步远程镜像和异步远程镜像。

同步远程镜像的数据恢复点目标和恢复时间目标性能是最高的，因为它是将本地数据通过远程镜像软件以完全同步的方式发送到异地，每一个本地的 I/O 事务必须等待远程复制的完成确认信息，才予以释放。同步远程镜像使远程备份总能与本地要求复制的数据相匹配。当主站点出现故障停机时，用户的应用程序切换到远程备份的替代站点后，被镜像的远程副本可以替代本地业务而继续执行，且没有数据的丢失。换句话说，同步远程镜像的数据恢复点目标值为零，恢复时间目标也是以秒或者分为单位计算。不过，因为往返传播会造成延时较长，而且本地系统的性能取决于远程备份设备的性能，所以，同步远程镜像仅仅局限于相对较近的距离上的应用。

异步远程镜像不同于同步远程镜像需等待远程 I/O 事务经确认后才释放，它是由本地存储系统提供给请求镜像主机的 I/O 操作完成确认信息，以保证在更新远程存储视图之前完成向本地存储系统输出/输入数据的基本操作，这也就意味着它的数据恢复点目标可能是以秒计算的，或者是以分或小时计算的。异步远程镜像采用了"Store-and-Forward"技术，所有的 I/O 操作都是在后台进行的，这使得本地系统性能受到较小的影响，并且大大缩短了数据处理时的等待时间。异步远程镜像具有"对网络带宽要求小，传输距离长"的优点。不过，由于许多远程的从镜像系统"写"操作并没有得到确认，当由于某种原因导致数据传输失败时，极有可能会破坏主从系统的数据一致性。

同步远程镜像和异步远程镜像最大的优点在于将因灾难引发的数据失效风险降到最低（异步）甚至为零（同步），并且灾难发生后，恢复进程所耗费的时间比较短。这主要是因为建立远程数据镜像不需要经过代理服务器，它可以支持异构服务器和应用程序。

但是，远程镜像软件和相关配套设备的成本普遍偏高，而且，至少需要两倍以上的主磁盘空间。另外，远程镜像技术还有一个致命的缺点，它无法阻止系统失败、数据丢失、损坏、恶意攻击和误删除等灾难的发生。因为当主镜像系统的数据丢失、损坏或者被误删除时，备份站点上的数据也将出现连锁反应。

因此，镜像技术通常采取其他一些必要的保护手段，或者与其他数据保护技术结合进行使用。

## 二、快照技术

随着存储应用的提高，用户需要以在线方式进行数据保护，快照就是在线存储设备防范数据丢失的有效方法之一。

存储网络工业协会对快照的定义是：快照为一个数据对象产生完全可用的副本，它包含该数据对象在某一时间点的映像。快照在快照时间点对数据对象进行逻辑复制操作，产生数据对象在该时间点的一致性数据副本，但实际的部分或全部物理复制过程可能在复制时间点之外的某些时间进行。

快照的作用主要是能够进行在线数据恢复，当设备发生应用故障或者文件损坏时，可以将数据及时恢复成快照产生时间点的状态。快照的另一个作用是为存储用户提供了另外一种数据访问通道，当原数据进行在线应用处理时，用户可以访问快照数据，还可以利用快照进行测试等工作。

快照技术的实现方法有很多，按照 SNIA 的定义，快照技术主要分为 Split Mirror、Changed Block、Concurrent 三种。

第一种快照是 Split Mirror（镜像分离）。在快照点到来之前，为源数据卷构建一个完整的可供复制的数据映像,快照点到来时,通过瞬间"分离"镜像来产生快照卷。镜像分离创建快照无须额外的操作,操作时间非常短,仅仅是断开镜像卷所需的时间;但是它缺乏灵活性,无法在任意时刻为任意的数据卷建立快照。另外,对于要同时保留多个连续时间点快照的源数据卷,它需要多个与原数据卷容量相同的镜像卷,连续的镜像数据变化影响存储系统的整体性能。

第二种快照是 Changed Block(改变块)。快照创建成功后,源卷和目标卷共享同一份物理数据拷贝,直到数据发生改动,此时源数据或目标数据将被写到新的存储空间。这里的实现方式主要有 Copy-on-Write(写时复制)技术和 Redirect-on-Write(写时重定向)技术。

写时复制技术使用预先分配的快照空间进行快照的创建,在快照时间点之后,没有物理数据复制发生,而是仅仅复制了原数据物理位置的元数据。然后,跟踪原始卷的数据变化,一旦原始卷数据块发生首次更新,先将原始卷数据块读出并写入快照卷,随后用更新数据覆盖原始卷数据。这种快照实现方式在快照时间点之前,不会占用任何的存储资源,也不会影响系统性能;创建快照时建立快照卷,只需分配相对少量的存储空间,用于保存快照时间点之后原始卷中被更新的数据。但是由于增加了一次读和一次写原始卷数据的过程,使得系统性能下降,而且快照卷只是保存了原始卷被更新的数据,无法得到完整的物理副本,如果碰到需要完整物理副本的应用就无能为力了,而且一旦更新数据量超过了保留空间,快照就将失效。

写时重定向实现方式与写时复制非常相似,区别在于对原始卷数据的写操作将被重定向到预留的快照空间。当数据要被写到原始卷时,捕获到此次更新操作,给更新数据选择一个新的位置,同时指向该数据的指针也被重新映射,指向更新后的数据。重定向写操作提升了快照 I/O 性能,只需一次写操作,直接将新数据写入快照卷,同时更新位图映射指针。相比于写时复制快照的一次读操作和两次写操作,写时重定向快照对于系统性能的影响降到了最小。不过,写时重定向快照在删除快照前需要将快照卷中的数据同步到原始卷,当创建多个快照后,原始数据的访问、快照卷和原始卷数据的跟踪以及快照的删除将变得很复杂。

第三种快照是 Concurrent(并发)。这种方式与 Changed Block 非常相似,但它需要物理地拷贝数据。当即时拷贝执行时,没有数据被复制,取而代之的是,它创建一个位图来记录数据的复制情况,并在后台进行真正的数据物理复制。

1. 快照存储类型

快照是关于指定数据集的一个完全可用的拷贝，该拷贝包括相应数据在某个时间点的映像。应用快照技术能够保留存储系统不同时刻的数据，一方面在发生故障时能将系统数据恢复到过去某个时间点，提高系统可靠性；另一方面可以实现在线数据备份。快照技术广泛应用在各种大规模存储系统中，以提供数据恢复和数据备份支持。

快照按其实现级别可以分为实现于文件级别的快照、实现于存储设备级别的快照和实现于逻辑卷级别的快照。在实现于文件级别的快照方面，比较有代表性的有 NetApp 的 WAFL 文件系统，能按照设定的时间自动创建和删除快照，使用 Copy-on-Write 减少快照占用的存储空间，可以通过快照来检查非正常关机情况下文件系统的一致性；EMC 的高端阵列和 HDS 通用存储平台则在存储设备级实现了快照。值得说明的是，实现于文件级别和存储设备级别的快照大多依赖于专门的应用或者专用的存储设备，而现有实现于逻辑卷级别的快照则难以满足存储系统高频度精确保留历史数据的需要。

现在有两种快照存储类型，一种叫做写时拷贝（Copy-on-Write），另一种叫做分割镜像。

基于写时拷贝的快照可以在生成快照后第一次向某个块中写入数据时，首先将这个块原来的数据拷贝到快照的历史数据存储区，然后再把要写入的数据写入到这个块中。这种快照的缺点是对写性能影响较大，因为每次写时拷贝操作要访问存储设备三次，尤其是当快照的数量较多时，对写性能的影响尤为明显，但这种方式的优点是快照数据的读取速度较快，恢复数据时所需的时间较短。

基于写时拷贝的快照相当于是某个时间点数据状态的"照片"。因此，也有人把此类快照称为"元数据"拷贝，即并不是所有被保护的数据都被拷贝到了另一个位置来用作备份，而是只保存指示各种数据访问地址所对应的实际数据存放位置的指针。这项技术的基本原理是，当生成快照后，如果发现有请求将要改写原始的 LUN 上的数据，快照监控系统将先把原始的数据块拷贝到快照历史数据存储区中的一个新位置，然后再进行写操作。以后当有请求要用到原始数据时，快照监控器可以将引用快照的指针映射到快照备份的位置。

基于分割镜像的快照将在镜像存储设备上保存所有源存储设备上的数据。每次进行快照时都是生成一个对整个卷的快照，而不只是更新的数据或新数据。基于这种机制，离线镜像访问有了实现的可能，操作一个存储设备上数据的过程，如恢复、复制或者存档，将得到很大程度的简化。但是，基于分割镜像的快照需要占用的存储空间也更多。

由于是某一文件系统或设备上的数据的物理拷贝，分割镜像快照也被称作原样复制，有的管理员甚至称之为克隆、映像等。分离镜像的过程可以由主机（如Windows 上的 MirrorSet、Veritas 的 Mirror 卷等）或在存储级上用硬件完成（Clone、BCV、ShadowImage 等）。

2. 快照使用方法

依据使用方式可以将快照分为三大类，即冷快照拷贝、暖快照拷贝和热快照拷贝。

（1）冷快照拷贝。使存储系统数据被完全恢复的最安全的方式是进行冷快照拷贝，进行冷快照拷贝的时机一般为在对系统进行大的维护或者做大的配置变化之前和之后，以保证系统在出现数据损坏后能够被顺利地恢复到一个完全可用的时间点。通常为了实现如扩展、制作生产系统复本等各种目的，还可以结合克隆技术来复制整个存储系统中的数据。

（2）暖快照拷贝。暖快照拷贝需要暂时冻结系统，进行冻结操作时，会保留程序计数器的内容，所有内存中被使用的数据都被写入主引导硬盘所属的文件系统中的临时文件（.vmss 文件），同时运行在服务器上的应用也会被冻结。在冻结操作完成后，将内存中的数据、所有的 LUN 和相关的活动文件系统中的数据进行快照拷贝。在快照拷贝的过程中，因为主机上的应用被冻结，所有数据维持在完成冻结操作时刻的状态。而完成快照拷贝后，恢复系统的运行状态，主机上被冻结的各项应用从之前被冻结的时间点上继续运行。从本地用户角度来看，进行一次快照期间的冻结时间相当于被按了暂停键；对于远端的网络客户机来说，进行快照期间的冻结时间如同网络短暂的中断时间；对于科学管理的存储系统来说，快照期间的冻结时间通常很短，不会对用户和应用造成很大的影响。

（3）热快照拷贝。这种方式下，进行快照拷贝期间系统中的应用仍处于运行状态，为了保证快照拷贝期间的数据一致性，所有对数据进行的写操作都会被重定向映射到一个预先设置好的临时存储区，主机以热备份模式对临时存储区进行使用和管理，在临时存储区添加 REDO 日志文件来保存系统中的正常写请求和其相关数据。一旦激活 REDO 日志，快照拷贝期间应用的系统中数据的访问和更改是安全的，因为在拷贝完成之后，可以查询 REDO 日志将保存在临时存储区的写请求应用到原存储设备中，之后可以删除 REDO 日志文件，释放临时存储区。采用热快照拷贝在执行快照操作期间，因为既要维持应用正常运转，又要保证数据一致性，系统的读写性能可能会有所下降，但是通常快照所需的时间非常短，只需要拷贝数据的映射关系或文件系统的目录信息，而且 REDO 日志的创建和提交之间只需要非常短的时间，所以快照执行过程中读写性能下降的幅度不会太大，下降持续的时间也非常短暂，在用户看来可能是发生了短暂的应用超载或者网络拥塞，当然也有可能用户感受不到性能有所下降。

### 三、镜像与快照的区别

虽然复制、镜像都能够保留某个时间点的数据状态，但是它们实现的功能和快照是不同的。

镜像是通过克隆访问请求来实现与被保护数据的相同数据镜像。磁盘镜像主要是在主机存储系统上由操作系统或者卷管理软件进行创建，它的实现和操作需要依赖平台和本地连接的特性。大多数存储系统架构如 DAS、NAS 和 SAN 都能够支持镜像功能，其中存储转发式镜像磁盘子系统，如 EMC 的 SRDF、IBM 的 PPRC、Hitachi 的 True Copy 等，主要用于 SAN 架构存储系统中。复制则是通过网络传输数据对象，这种传输是在一个系统和另一个系统之间进行的，而不是在同一个系统内部的子系统或者存储设备之间进行的。通常来说，复制也依赖于具体的平台，例如，用于 Unix/Linux 平台上的复制产品的运行方式与用于 Windows 平台上的复制产品的运行方式有着很大的差异。

## 第四节　连续数据保护技术

为了满足用户对业务进行连续保护的需求，目前国际上已经提出了连续数据保护（Continuous Data Protection，CDP）的概念，它是存储备份发展的最新阶段，已成为在线存储设备防范数据丢失的有效方法之一。存储网络工业协会 SNIA 针对 CDP 的定义是：连续数据保护是一种容灾方法，它可以捕获或跟踪数据的变化，并在生产数据之外将其独立存放，以确保数据可以恢复到过去的任意时间点。连续数据保护系统可以基于块、文件或应用实现，可以为恢复对象提供足够细的恢复粒度，实现几乎无限多的恢复时间点。这正是容灾技术发展的重要趋势之一。

根据 SNIA 对 CDP 的定义，所有 True CDP 系统应该具有以下三个属性：

（1）变化的数据被持续地跟踪和捕获。

（2）所有变化的数据独立于生产数据存放。

（3）不需要提前设定，数据可以恢复到过去的任意时间点。

CDP 为用户提供了新的数据保护手段，管理者无须关注数据的备份过程，因为 CDP 系统会不断地检测关键数据的变化，从而不断地自动实现数据的保护。当灾难发生后，简单地选择需要恢复的数据备份时间点即可实现数据的快速恢复。

目前，CDP 技术从实现平台上通常分为两种类型：一种是主机型的 CDP 技术，另一种是存储网络型的 CDP 技术。主机型的 CDP 技术，通过一个外置的 CDP 设备实时地抓取系统主机内各种变化的数据，并及时地映射到增量中心里面，实现一个独立的数据备份。主机型 CDP 技术需要在每台生产主机上安装 CDP 代理程序，会带来 2%~3% 的额外开销。存储网络型 CDP 技术，通过把 CDP 设备接入存储网络里面，捕捉存储网络上每一个磁盘的变化，以实现数据的实时备份。

## 一 、 基 于 文 件 级 的 连 续 数 据 保 护

目前，根据连续数据保护思想在文件系统级进行相关研究的公司不多，主要包括：Symantec、XOsoft、IBM 等公司，它们推出的相应产品主要有：Continuous Proteetion Server、XOsoft Engine、Tivoli Continuous Data Protection for File。此外，Subversion 改进了 CVS 的一套源代码管理系统，可以实现代码文件的版本管理。

基于文件级的 CDP，其功能是在文件系统上捕捉文件系统数据或者元数据的变化事件（如创建、修改、删除等），并及时将文件的变动进行记录，以便将来实现任意时间点的文件恢复。利用文件系统智能和索引存取的有效性，可以实现文件版本连续数据保护。它保护的单位是文件，用户可以访问一个特定文件的历史版本。

已有的关于文件级的研究大致如下：卡内基梅隆大学的 CVFS 系统针对每个

写操作创建一个文件版本，利用高效的数据结构存放元数据信息。MIT 的 LBFS 文件系统利用相同文件不同版本间的相似性来节省网络带宽，用于低带宽网络下的文件系统保护。Johns Hopkins 大学的 Peterson 和 Burns 提出的 ext3cow 文件系统实现了快照和文件级保护，并开放了源代码。Stony Brook 大学的 Muniswamy-Reddy 等提出一个名叫 VersionFS 的轻量级文件级保护系统，支持用户自己定义不同的存储保护策略。

产业界方面，IBM 公司的 vitalFile、Storactive 公司的 Live Backup for Desktop，Laptops、Timespring 公司的 TimeData 等产品，都能提供文件的 CDP 功能。

1. 文件级别连续数据保护的基本目标

基于文件级别的连续数据保护系统一般需要满足以下基本容灾目标：

（1）具有多级数据容灾能力，支持园区内、同城和异地数据容灾。

（2）数据的备份时间尽可能短，数据的丢失量尽可能少。

（3）支持 Windows 系统，能够以目录或文件类型为单位实现文件的备份恢复。

（4）具有数据一致性备份的保证和检测能力。

（5）具有文件操作回退能力，可以将文件恢复到之前的任何一个有效状态。

（6）具有多种数据恢复手段，包括多种恢复对象和多个恢复地点。

（7）具有较高的可靠性，能够适应不同的容灾环境和不同的传输网络。

（8）具有较高的安全性，能够提供数据的访问认证、传输加密和存储加密等机制。

（9）备份的代价应尽可能小，包括对主机系统的影响小、部署经济等。

为了实现尽快地备份、尽可能少的数据丢失，需要将数据的每一次变化及时地复制到备份中心。备份方法通常有以下几种：①快照。备份时间间隔较长，缩短间隔的代价较高，难以满足需求。②块级数据复制。主服务器数据块的每一次变化都要复制到备份服务器上，数据传输量较大，数据同步时间较长，也难以满足需求。③文件级数据复制。主服务器将对文件的每一次修改操作复制到备份服务器上，数据传输量较小，比较适合。

为了复制对文件的修改操作，需要在文件系统层次上截获文件的新建、删除、写更新、更改属性等操作。在 Windows 平台上，可以通过在文件系统上层插入过滤驱动模块来实现操作的截获。统计表明，数据一般都存在 2/8 规律，即80%的数据更新发生在 20%的数据之上，因此截获所有文件的修改操作是不必要的，只需要截获由用户指定的重要文件的修改操作即可。这就需要容灾系统提供相应的模块，由用户来选择设置保护文件的类型和范围。

为了把截获的操作传输到远端，需要制定可靠的传输协议；为了提高传输效率，节约带宽，需要对数据进行压缩处理；为了加强传输数据的安全，需要对数据进行加密处理；在 LAN 内可以利用同步数据复制实现数据的备份，为了解决 WAN 上带宽低、不稳定等问题并减轻应用服务器的压力，需要在应用服务器和备份服务器之间加入复制代理服务器来进行异步的数据复制；为了在网络故障时不丢失数据，需要使用日志来暂存操作信息。

为了实现数据的备份，在备份服务器上应该对接收的操作进行重放，即在备份服务器的相应文件上实施同样的修改操作。操作重放的前提是要实现应用服务器和备份服务器的文件初始同步。

数据一致性备份之后就可以在灾难发生后进行恢复，但为了解决人为误操作、病毒入侵等软错误带来的数据损失问题，需要支持文件操作的回退；为了实现回退，需要在备份服务器的日志中记录文件操作的回退信息。

2. 系统结构

从以上的数据容灾需求分析得知，数据容灾系统应该包含以下功能：备份恢复策略管理、文件初始同步、文件操作持续截获、操作传输、操作重放、操作回退、文件恢复等。在此，由于采用基于文件的 CDP 技术进行重要文件的备份恢复，因此该数据容灾系统可称为文件级 CDP 系统，系统的总体结构如图 7-1 所示。

文件级 CDP 系统包括数据的容灾管理、操作截获、数据传输、操作还原和文件恢复五个功能子系统。它们既各负其责又紧密合作，各个子系统的作用如下：

（1）容灾管理子系统是基础子系统，为操作截获子系统提供数据的备份策略，为文件恢复子系统提供数据的恢复策略。其中的文件同步模块请求数据传输子系统进行保护文件的初始同步。

（2）操作截获子系统的核心是备份代理，其根据备份策略进行文件操作的截获，同时为每条操作记录打上时间戳，之后直接交给数据传输子系统或按照一定格式暂存在日志文件中。

（3）数据传输子系统的关键点是引入了复制代理服务器，形成三点式的数据容灾模式。复制代理服务器的主要功能有：①转存功能：复制代理服务器相当于

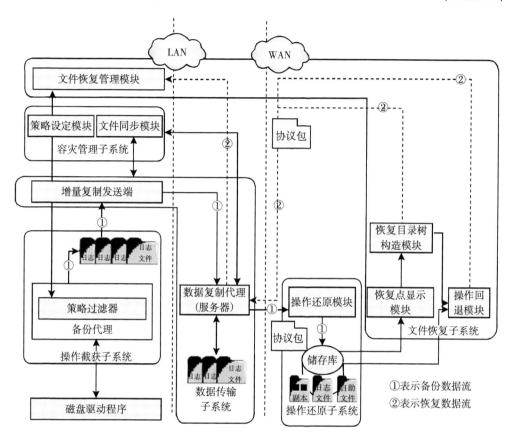

图 7-1 文件级别 CDP 系统结构

一个存储网关，可以将来自备份代理的操作请求转发到同城备份中心，实现本地数据备份；又可以转发到异地备份中心，甚至可以同时将其转发到多个备份中心，从而构造一体化的数据容灾体系。②存储虚拟化功能：复制代理服务器具有一定的虚拟化作用，可整合前端异构平台的服务器，并允许后台的存储设备不成对匹配出现，从而节省投资成本。③数据封装、压缩、加密功能：复制代理服务器可将在广域网上传输的数据按照协议进行封装，也可以对数据进行压缩，从而降低网络带宽需求；同时也可以对传输数据进行加密处理，满足用户在安全方面的需求。在复制代理服务器上完成以上工作，在一定程度上大大降低了应用服务器的工作负荷。

（4）操作还原子系统既在备份文件上进行文件操作的重放，形成一致的数据副本；又在日志中记录操作的相关信息，为文件恢复子系统提供必要的恢复点信息。

（5）文件恢复子系统根据文件恢复管理模块的请求，呈现给用户可视化的恢复目录树结构和精细的恢复点信息，并提供多种方式的数据恢复。

文件级 CDP 系统的基本功能是实现数据的备份和恢复。在数据备份时，操作截获子系统实时地获取文件的修改操作，并记录相应的时间信息，之后同步复制到复制代理服务器，然后由复制代理服务器进行数据的封装、压缩和加密，并异步复制到远程的备份中心，最后由操作还原子系统在相应文件上进行操作的重放，并记录逆向操作信息，此过程在系统中形成一条备份数据流，如图 7-1 中的数据流①所示。在数据恢复时，文件恢复管理模块首先发出数据恢复请求，文件恢复子系统将恢复目录树的结构信息传递给应用服务器并图形化显示给用户，用户选定文件以及恢复点之后将相应的信息再传递给文件恢复子系统，然后在备份中心进行文件操作的回退，最后进行文件的逆向同步以实现数据恢复，此过程在系统中形成一条恢复数据流，如图 7-1 中的数据流②所示。

3. 容灾子系统

容灾管理子系统为整个系统的运行提供基础服务，包括数据备份恢复策略的配置管理与生产中心和备份中心的数据初始同步。

在进行数据备份时，用户通常要考虑备份哪些数据、备份到哪里、恢复粒度如何、恢复回溯时间多少等问题，因此，需要容灾管理子系统中提供可配置的数据备份恢复策略。备份恢复策略包含的基本内容有：

（1）备份文件的范围，可以以目录或文件类型为单位。若以目录为单位，用 F 表示；若以文件类型为单位，用 T 表示。

（2）数据备份的时间间隔，即每隔多少时间进行备份，用 H 表示。若是持续备份，则 H 数值为 0。

（3）备份数据的存储位置，若是存储在 LAN 内的复制代理服务器上，用 L 表示；若是存储在 WAN 上的远端备份服务器上，用 W 表示。

（4）正向日志的管理方式，包括可以使用多少正向日志以及每个日志可以记录多少操作，用<M，N>表示。其中，M 表示正向日志的个数，N 表示每个日志中操作条数的最大值。

（5）逆向日志的管理方式，主要指文件对应的逆向日志中逆向操作记录的保留方式。若是保留最近 n 次操作，用 O 表示；若是保留最近 n 天操作，用 D 表示；若是用户自定义，用 U 表示。因此，其基本格式是<O，n>、<D，n>或是<U，0>。

上述内容的不同组合，可以形成对数据保护程度不同的备份恢复策略，用户应该根据需求合理设定。备份恢复策略的默认配置是以目录为单位的数据持续远程备份，正逆日志的管理方式分别为<10，100>和<D，30>，由此可以得知数据备份恢复策略的基本格式和默认形式。

数据的备份恢复策略动态地保存并维护在一张策略列表中，在每次设定后即可生成一份新的策略配置文件，并允许实时修改重置。容灾管理子系统采取主动通知的方式及时地将最新的备份恢复策略传递给其他子系统。

数据备份的目标是保证备份中心与生产中心数据的准实时同步，备份过程通常包括初始同步和增量同步两个阶段。数据初始同步是增量同步的前提，需要在进行文件操作截获之前完成。以生产中心的数据为基准数据，初始同步存在三种基本模式：

（1）完全同步模式。生产中心存在数据而备份中心没有，将所有数据同步到备份中心。

（2）零同步模式。生产中心没有数据而备份中心存在数据，传递删除命令将数据删除。

（3）差量同步模式。生产中心和备份中心均存在数据，进行分块差异比较同步。

数据容灾系统工作的初始阶段最常用的是完全同步模式，但完全同步在进行过程中很有可能因为网络故障而被迫中断，再重新建立同步时则进入差量同步模式。差量同步模式可以在卷或文件层次上实现，基本原理是进行分块差异比较并仅传输差异内容，从而减少了数据传输量，提升了数据同步速度。此外，在数据恢复时需要进行数据的逆向同步。以备份中心的数据为基准数据，数据的逆向同步仅有完全同步和差量同步两种基本模式。

在现有的网络环境下，数据传输量是影响文件同步时间的直接因素，为提高数据同步效率，需要尽可能地减少传输数据的大小。同时分析发现，在需要备份保护的数据文件中，存在着一定程度上的文件重复（如用户手动完成的文件复制备份），但数据备份应该只进行文件的单一实例保护，否则会带来存储空间的浪费，因此，需要对同步数据进行数据缩减。通过数据缩减，既可以加快数据备份的速度，又可以降低备份中心对存储空间的需求。

4. 文件同步前的数据缩减

数据备份是通过增加数据的冗余度来达到保护数据的目的，而数据缩减则是通过减少数据的冗余度来减少数据占用的存储空间。在保证数据完整性的前提下，以最小的存储空间进行可靠的数据备份是一个难题。

数据缩减的设计方法是：在保护数据的全局存储上，采用重复数据删除技术；在保护数据的单个存储上，采用无损数据压缩技术。

重复数据删除技术可以识别重复数据并消除冗余，减少在数据备份过程中需要转移的数据量。其原理是只保留新出现的数据并作为基本库，丢弃重复出现的数据并用指向基本库的指针替代。重复数据删除可减少备份窗口的占用时间，使网络可以去处理其他工作，传送更多的数据。

无损数据压缩技术是指采用重新编码的方法，通过降低信息表达中的冗余度，在保证不丢失有用信息的前提下，尽量减少数据量。数据备份与数据压缩通常结合起来使用，首先对需要备份的数据进行压缩处理，然后将压缩后的数据进行备份保护，当需要恢复数据时，将备份数据恢复之后再解压缩。

5. 操作截获子系统

操作截获子系统的核心是备份代理，其作用是基于某种备份策略，获得文件的 I/O 操作请求信息，并为每条 I/O 操作记录打上时间戳。此子系统主要关心三个问题：需要截获什么类型的操作、在哪个层次进行截获以及操作截获的基本流程。

文件操作存在多种类型，包括读、写等基本操作和复制、剪切、粘贴等复杂操作，而复制、剪切等则是基本操作的组合形式。文件的基本操作类型如表 7-1 所示。

表 7-1　备份代理截获的操作类型

| 文件基本操作类型 | 创建 | 写文件 | 重命名 | 设置属性 | 设置尾指针 | 删除 | 打开 | 关闭 | 读文件 |
|---|---|---|---|---|---|---|---|---|---|
| 操作作用 | 新建文件 | 更新文件 | 更换文件名字 | 修改、只读、隐藏、修改时间等 | 改变文件大小 | 删除文件 | 打开文件 | 关闭文件 | 获取文件内容 |
| 处理方式 | 进行拦截，并获得相关操作 | | | | | | 拦截 | | 透明 |

文件的数据状态指标主要包括文件存在与否、文件的内容、文件的大小、文

件的名字、文件的修改时间以及文件的基本属性。通过分析各种文件操作类型可以得知：①只有创建和打开操作以文件名作为文件的标识，而其他操作以文件对象或文件句柄作为文件标识；②只有创建、写文件、重命名、设置属性、设置尾指针和删除操作可以引起文件状态的变化，它们属于文件的修改操作，而打开和关闭则是其他操作的辅助操作，主要进行文件名到文件对象或文件句柄的转换。备份代理对这六种修改操作和两种辅助操作进行截获即可满足数据备份的需求，而文件读操作对于备份代理则是透明的。

备份代理主要是监控数据的变化事件并获得相关的更新信息，通常可以在以下三个层次上实现。

（1）函数调用层挂钩。在操作系统中，文件操作都是通过调用 CreateFile、WriteFile、DeleteFile 等相关函数来实现的。函数调用层挂钩是通过挂钩与文件操作相关的 API 函数来达到监视和拦截文件操作的目的。其基本原理是修改原有函数的入口地址，使其指向自己的处理函数，完成操作信息的获取之后再将函数转到真正的目标函数地址。这种备份代理需要处理的函数较多，任何一个遗漏都会造成操作截获的缺失，并且很多系统调用函数未公开，接口参数不明确。

（2）文件系统上层过滤驱动。这种代理是在被保护系统的文件系统层之上增加过滤驱动程序，用于截获用户的文件操作请求，如文件创建、删除、写操作等。当用户向某个需要备份的文件发出文件修改操作请求时，该请求首先被备份代理拦截，经过相应处理之后再交给文件系统驱动。这种方式可以仅对指定的重要文件进行备份，备份控制的粒度小；在广域网上传送的是文件的修改操作，数据通信量小；并且数据恢复的粒度较小，可以实现文件的独立恢复。

（3）文件系统下层过滤驱动。这种备份代理通常位于文件系统下层和卷管理器上层，实际上是卷过滤驱动程序。备份代理在文件系统下层截获相关信息，此时已经没有文件的概念，而是对数据块的操作。当被保护系统向存储设备写入数据时，备份代理对 I/O 请求进行截获。这种方式不受文件系统的影响，能够支持多个平台，但数据恢复粒度较粗。

6. 数据传输子系统

数据传输子系统的关键组件是复制代理，它按照自定义的协议对数据进行封装，经过压缩、加密之后再进行异步转发，也可在网络故障时暂存操作信息并保持操作序列之间的顺序性。

复制代理是数据传输子系统的核心，主要进行操作信息的异步远程复制。在WAN状况良好时，复制代理及时地进行数据转发；当WAN状况不好时，复制代理暂存操作信息到日志中。因此，复制代理主要负责对数据的封装、压缩和加密以及对正向日志的管理。

（1）数据的封装、压缩、加密。在广域网进行数据传输时，复制代理需要对数据进行封装、压缩和加密，以提升数据传输的效率和安全性。对于数据封装，按照制定的协议格式填充相应的头部控制信息，并根据操作类型来组织协议包数据部分的内容；对于数据压缩，采用现有的、易于集成的、压缩率较高的无损数据压缩算法；对于数据加密，采取开放式的安全机制集成策略，可以利用现有的安全通道，如Windows操作系统自带的VPN服务和客户端、VPN硬件设备、加密机等。

（2）正向日志的管理。一般情况下，复制代理接收LAN内的数据速度快，而在WAN上发送数据的速度慢，存在数据收发速度不匹配的问题，从而在数据转发时形成一个漏斗模型。为防止数据溢出，复制代理需要使用日志来暂存。此外，在WAN出现故障时，为保证未传输数据的可用性和完整性，复制代理也需要将操作信息记录在日志中。日志内容是由一组正向操作记录构成的序列，因此可称为正向日志。正向日志不可能无限地增长，需要一定的组织形式和操作记录的删除方法。正向日志文件的组织采取M个正向日志文件循环记录的方式，每个正向日志中记录N条操作信息。M和N的数值由数据的备份恢复策略确定，用户可根据生产中心的操作数据量大小和WAN情况对M、N进行动态调整。操作记录的删除采取以单个正向日志为单位的方式，即统计分析数据传输过程中已确认的操作序号，每当确认收到连续的N条操作时就将相应正向日志的全部内容一次性删除。

文件操作序列的顺序性是指备份中心接收并还原的操作序列与生产中心截获的操作序列在时间的前后关系上保持一致。文件操作序列的顺序性决定了能否准确地记录文件的操作过程，也直接影响了生产中心和备份中心的数据一致性。数据一致性是指备份中心在任意时刻的数据总能成为生产中心在某个时刻的一个快照。数据一致性的关键影响因素是操作的执行顺序，操作顺序的颠倒可能导致备份中心的数据状态出现生产中心从未出现过的状态。

复制代理进行文件操作序列的转发。由于WAN具有带宽低、不稳定等因素，很有可能出现传输中断，因此需要复制代理将来自 LAN 内的文件操作按序暂存起来，并在重新建立连接时协商文件操作的序号，查找相应的文件操作信息以实现断点续传。

数据传输子系统对操作序列顺序性的维护主要有两种方式：

①严格的顺序一致性。这种方式称为连续性操作复制，要求备份中心收到的操作序列要与生产中心所发生的操作序列中的某个前缀序列一致。对于生产中心在一段时间内发生的一系列操作，在用于本地文件的同时也会被严格按照时间顺序暂存下来，之后数据传输子系统利用自定义协议将操作序列有序地传输到备份中心，然后保证操作序列严格按照生产中心所发生的顺序在备份中心依次提交，而不允许有任何的顺序颠倒。

② 松散的顺序一致性。这种方式称为周期性操作复制，并不要求备份中心与生产中心的操作顺序严格一致。操作之间并不一定具有逻辑依赖关系，它们之间的相对顺序在某些时候即使发生了颠倒也不会影响到最终结果的正确性，在传输时可以根据实际的需要做一些顺序调整，以提高效率。因此，在一个操作序列中，即使相互间没有逻辑依赖关系的操作之间出现顺序颠倒，但只要保证所有这些操作的原子提交（操作的完整性），就能保证最终的正确性。

第一种方式的设计原理相对简单，只要严格保持操作顺序即可，但需要先进先出式的日志和可靠的传输协议来共同保证，效率较低。第二种方式传输效率较高，但需要分析操作之间的逻辑依赖关系，比较复杂。

7. 操作还原子系统

操作还原子系统为了实现数据的一致备份，需要进行文件操作的重放还原，同时为了实现文件恢复，需要在日志中记录文件操作的逆向信息，并组织日志的存储结构，从而为文件恢复子系统提供必要的恢复支持。

根据备份中心的数据副本与生产中心的原数据之间的同步性关系，操作还原子系统对于数据的处理存在三种基本模式：基准还原模式、复制还原模式以及合成还原模式。

（1）基准还原模式。基准还原模式的核心思想是：仅建立一次的基准数据副本，之后将接收的数据操作信息按照一定格式记录在日志中，并不修改数据副本而是维持初始状态。基准还原模式的原理简单，如图 7-2 所示。

（2）复制还原模式。复制还原模式的基本思想是：建立基准的数据副本，之

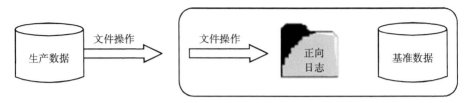

图 7-2　基准还原模式原理

后将接收到的数据操作信息在基准数据副本上进行重放，形成与生产中心一致的复制数据副本，同时需要将数据操作转化成对应的逆向操作记录在日志中。复制还原模式和基准还原模式在实现原理上恰好相反，如图 7-3 所示。相比于基准还原模式，复制还原模式在数据的保存过程中，需要同时进行数据同步和日志记录，需要较多的系统资源。

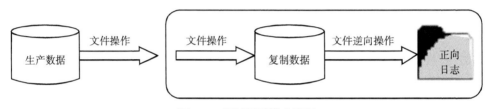

图 7-3　复制还原模式原理

日志记录的内容是操作的逆向信息，因此需要分析常见操作与逆向操作之间的对应关系。表 7-2 给出了关键的文件操作与其逆向操作之间的对应关系。

表 7-2　文件操作与逆向操作之间的对应关系

| 文件操作类型 | 操作还原时的动作 | 日志中的逆向操作 |
| --- | --- | --- |
| 创建 | 创建文件 | 删除文件 |
| 写文件 | 写时拷贝，之后写文件 | 将文件原内容写回文件 |
| 修改文件尾指针 | 若增大文件，保存原文件尾指针的位置；若截短文件，除保存原文件尾指针的位置外，还保存文件尾部的内容 | 移动文件尾指针至保存的位置 |
| 重命名 | 记录文件原名，重命名 | 重命名文件为原名字 |
| 修改属性 | 记录文件原属性，修改文件属性 | 修改文件为原属性 |
| 删除 | 在其他目录中保存文件内容副本，删除文件 | 将文件副本拷贝回原目录 |

（3）合成还原模式。合成还原模式是对以上两种模式的折中，如图 7-4 所示。该模式的核心思想是：建立基准的数据副本，之后将接收到的操作信息记录在日志中，并定期地将日志中的操作信息作用于基准数据副本，形成合成数据副

本，同时将已重放的操作信息转换成对应的逆向操作信息记录在逆向日志中。合成还原模式较好地实现了以上两种模式的妥协，因此可以得到较好的资源占用和恢复时间效果，但需要进行频繁的日志数据处理，实现起来比较复杂。

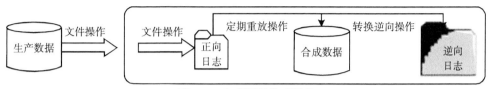

图7-4　合成还原模式原理

一般情况下，文件都恢复到最近的一个可用状态，因此基于操作回退的就近原则，操作还原子系统通常采取复制还原模式。操作还原子系统接收正向的文件操作序列，之后作用于各个文件，获得相应的逆向操作信息并分发记录在各自对应的逆向日志文件中。

逆向日志记录了文件操作的回退信息，是文件恢复子系统中恢复点的信息来源。对于逆向日志文件的组织，一般存在两种形式，即单一日志形式与独立日志形式。

单一日志形式是最简单的形式，它忽略操作信息的内容，将所有的操作信息统一记录在一个日志中。这种形式一方面会导致日志文件的急剧增长，另一方面会造成所有文件的操作信息交叉无序，无法进行文件的独立恢复，一个文件的恢复势必影响其他某些文件的状态。

独立日志形式以文件为单位，将不同文件的操作信息记录在各自对应的日志中，且日志文件的存储位置保留原文件之间的层次结构。这种形式需要具体分析操作记录的内容，以文件路径为过滤条件，将同一文件的操作整合到对应的日志中，将不同文件的操作分流到各自的日志中。采取独立的日志组织形式，文件恢复时可以轻松地从对应的日志中取得文件的恢复点信息，快速地进行操作的回退，并且恢复过程对其他文件没有影响。

逆向日志的管理既要考虑用户管理的方便性，又要考虑日志文件的存储空间占用量等因素。根据操作的就近保留原则，对逆向日志的文件内容通常存在以下三种处理方式：

（1）保存文件的最近 N 次操作，N 的数值在数据备份恢复策略中设定。这是比较可取的方式，用户一般只关心最近的 N 次操作。

（2）保存文件的最近 N 天操作，N 的数值在数据备份恢复策略中设定。通常保存一周、一个月或更长的时间，完全由用户的需求而定。

（3）与用户交互后自定义，用户在获得文件的恢复点信息时，可以选择文件恢复点的保留区间，从而进行逆向日志的管理。

无论采取何种管理方式，管理过程基本是一致的，都是把当前的恢复点作为起点，寻找满足条件的最后一个恢复点并将其作为终点。那么，在起点与终点之间的恢复点信息就是需要保留的日志内容。三种方式的区别在于寻找终点时的终止条件不同：对于保存最近 N 次操作的方式，终点位置的搜索原则是使用一个计数器，从起始记录开始寻找，找到一条记录计数器的数值就加 1，之后判断计数器大小与 N 的关系；对于保存最近 N 天操作的方式，终点位置的搜索原则是依次扫描操作记录，获得每条记录的操作时间与起始记录的操作时间的时间差（以 day 为计量单位），判断时间差与 N 的关系；对于自定义的方式，操作记录的起始和终止位置由用户选择设定。

在还原子系统中还涉及另一个概念——储存库。它是指容灾系统中备份中心处理的数据集合，包括数据副本和给定时间内的日志。文件级 CDP 系统的一个关键组件是 CDP 储存库，主要存储三种类型的数据，即所保护数据的副本、给定时间内的变更日志以及相关的操作附属信息。对于每一个文件或目录的逆向日志，均存在一个附属文件夹，二者之间采取隔离机制。逆向日志是控制信息区，相当于文件系统的元数据，记录监控操作的控制信息；而附属文件夹是数据区，由一系列数据单元组成，每一个数据单元用来存储写操作或删除操作的具体数据。由此，储存库就包括三个目录结构：第一个是备份数据的目录结构；第二个是存放相对应的逆向日志的目录结构；第三个是附属文件夹的目录结构，附属文件夹中暂存与写操作和删除操作相关的临时小文件。

8. 文件恢复子系统

文件恢复子系统负责扫描所有的逆向日志文件，根据其组织结构动态地构造恢复目录树，提供所有文件的恢复视图，并根据独立日志中的内容提供文件的恢复点信息，之后可进行文件的独立恢复且支持文件恢复的可逆与演练。

数据恢复能够以磁盘、卷、目录、文件、文件操作等为恢复单位，区别是恢复点粒度的精细化程度不同，其中磁盘的恢复粒度较粗，而文件操作的恢复粒度较细。文件级 CDP 系统截获的是文件操作，具有微粒度性，可以提供精细的、几乎无限多的操作恢复点。但并不是每一个文件操作的恢复点都是可用的，很有可能在某些恢复点进行恢复之后，文件是无效的或是无意义的，无法满足用户进行文件恢复的需求。

恢复点的有效性是文件恢复子系统的关键所在。恢复点的有效性是指在任意恢复点进行恢复之后，保证文件都是可以打开的。对于文件的写操作，一般存在两种情况：一是对文件元数据的写，如写 Word 文件的格式信息；二是对文件内容的写，这是真正的写文件数据。备份代理对文件的所有写操作都进行了截获，无法区分以上两种写操作形式。因此，在逆向日志中就存在一些写文件元数据的写操作记录。若是选择这样的恢复点进行文件恢复，很有可能回到文件的无效状态。恢复点的有效性还要求尽量保证恢复点的事务性。恢复点的事务性是指对于文件的事务性操作（如单一文件的拷贝等），只需保留操作开始和操作结束的恢复点。事务性操作的开始点、中间点和结束点，对于备份代理来说是透明的，无法进行有效的判断。确定事务性操作的开始点和结束点，通常需要结合相应的应用程序来进行深入的分析，但分析过程比较复杂。

在进行数据恢复时，通常存在三种方式，一种是全部恢复，另一种是个别文件恢复，还有一种是重定向恢复。全部恢复一般用在数据全部丢失的情况下；个别恢复用于单个文件损坏的情况下；而重定向恢复是将备份的文件恢复到另一个不同的位置或系统上去，而不是进行备份操作时它们所在的位置。

在桌面用户的应用环境中，个别文件恢复是最常见的恢复方式。这种恢复方式的重点是保证文件恢复的独立性。文件恢复的独立性是指任一文件在任一时间点的恢复对其他文件没有影响。对于文件的独立恢复，操作还原子系统中的独立日志组织形式提供了必要的支持。

个别文件的恢复过程一般分为两个阶段，即操作追溯和逆向同步。操作追溯是指根据用户选择的文件恢复点，从当前的文件状态执行操作到达所需文件状态的过程。逆向同步是指从备份中心到生产中心的文件同步，一般是采取差量同步的文件同步模式。

根据操作还原子系统的三种数据还原模式，个别文件恢复的操作追溯一般存在 Redo（向后追溯）和 Undo（向前追溯）两种方式。无论何种方式，恢复时间取决于操作追溯的时间。

（1）Redo 恢复方式。Redo 恢复方式与操作还原子系统中的基准还原模式相对应。在进行数据恢复时，需要从最原始的参考数据开始，逐步进行正向操作以实现恢复，因此恢复时间比较长，尤其是恢复时间点越靠近当前的时间，恢复所需要的时间就越长。

（2）Undo 恢复方式。Undo 恢复方式与操作还原子系统中的复制还原模式相对应。在进行数据恢复时，从当前的数据副本开始，逐步进行逆向操作以实现恢复。恢复的时间点越靠近当前，所需要的恢复时间越短。

## 二、基于块级别的连续数据保护

在块设备层实现连续数据保护，可以屏蔽具体文件系统技术细节，使得其功能适用于各种文件系统。

目前，针对块级的连续数据保护也有一些研究，有的是采用微软的 VSS 技术实现块级的数据保护；还有的采用 TRAP（Timely Recovery to Any Point-in-Time）的磁盘阵列架构，该系统提供了持续数据保护功能，但并不是保存更新数据块的所有历史版本，而是对更新数据块执行异或操作来提高性能和空间利用率。通常情况下，不同版本的数据块之间仅有很小的一部分不相同，因此异或操作后的结果中包含大量的 0，对这样的数据进行压缩能够获得较好的压缩效果。与目前的连续数据保护技术相比，TRAP 通过简单而快速的编码技术在磁盘空间占用方面节省了 1~2 个数量级，并且能够基于一个数据镜像实现两个方向的数据恢复，而目前的快照和增量备份技术只能够实现单向的数据恢复。这种方法的缺陷是获取某个数据块版本的时间与从当前版本到目标版本之间的版本数目成正比。

有研究基于 TRAP 系统框架实现了一个块设备层次的持续数据保护驱动，并对空间占用开销和恢复时间进行了深入分析。该研究通过一个数学模型来优化空间占用和恢复时间，并提出了在奇偶编码链中插入周期性快照的组织方法，来降低因为奇偶编码链打断而导致失效的可能。

此外，弗罗瑞斯（MiChail D. Flouris）和比拉斯（Angelos Bilas）针对目前存储架构中版本管理只能在高层或者应用层次实现，因而影响了系统的可扩展性的问题，提出了在块设备层次提供透明自动的数据版本管理的存储架构：Clotho，该系统记录所有的数据变化日志，并在预定的时刻将一段时间内的日志合并形成一个版本，数据版本会在离散的时间点上建立，并不是真正的持续数据保护；其中一个比较大的贡献是该系统通过二进制差异压缩技术提高了存储空间的利用率，该技术的思想就是仅保存与以前版本不同的数据。

与其他级别的连续数据保护不同，基于块级别的连续数据保护技术具有本身的特点，其核心技术包括以下内容：

1. 组副本管理技术

块数据不再存于服务器上，而是保存在本地。基于安全考虑，必须增加数据的备份。再考虑到效率和方便管理等因素，将物理上临近、相互可信、并共享高速网络带宽的用户划分为一个组，在组内实现数据的多个备份。将用户 ID hash 映射到环上，每个用户的数据副本将同步到相邻的下一个节点，多个副本则依次取后面的节点。如果某个节点剩余存储空间不足，则继续寻找下一个。出于公平性考虑，每台用户节点的存储空间最好一致。

组须具有可信性。组内成员之间必须是可信的，将本地数据存放在组内，其他成员不引起泄露问题。根据数据的重要程度，可以由用户选择做 n（n<=组员数）个备份，当然，代价就是相应的存储空间消耗增大。当该用户需要删除数据释放空间时，其所属备份都应该删掉。

单个用户机可能崩溃，如掉电、系统重启、硬盘坏掉。既然数据存在备份，应该支持客户在任意一台机器上通过用户名和密码登录服务器，从组内成员处获得检查点信息，从服务器获得恢复元数据，再根据元数据从组内成员获取目标块数据，在本地机器完成恢复，从而元数据必须在组内标识唯一的数据块。而用户为找到组内目标成员，不应该凭借任何可能丢失的信息，因为用户机已经崩溃。同时由于磁盘的不可靠性，元数据内还需存储相应块数据的校验值。

块数据必须实时同步到组员（备份节点）。为了保证数据的一致性，一个可行的方法是采用日志，即使断电重启，也能根据日志继续同步。另一个方法是和备份节点协商，备份节点回馈已经收到的数据，如文件序列号和文件内偏移，本地节点根据回馈信息完成同步。备份节点可能是暂时性离线，那么应该在下一次上线的时候继续同步。这时可能已经有另一个备份节点正在同步，则根据同步进度选择舍弃。也有可能是损坏了，那就要将该节点上的副本迁移。

2. 元数据组织技术

为了支持大量用户的 CDP 服务，服务器需要持续地保护多个主机，当用户使用 CDP 服务一段时间后，元数据量也会变得越来越庞大因此需要存储大量的元数据信息。元数据是用户端捕获的每次 I/O 操作的相关数据，包括操作的时间戳、源地址（数据在被保护主机上的扇区号）以及操作的字节数。此外，还需要知道目标块数据在用户组内的存储位置，因此需要为块数据分配目的存放地址 dstAddr。服务器端存储元数据以保存用户端的历史操作信息，从而可以将用户的状态恢复到历史任意时间点。为了减少元数据文件写操作，提高系统性能，系统先缓存元数据记录，当缓存满后才将元数据写入文件。为了保证元数据的安全性，即使缓存未写满，系统也会定时刷新缓存中的元数据到文件。对于元数据的存储，可以采用先写缓存然后提交磁盘来提高效率。但用户提出恢复请求时，元数据的检索与读取则至关重要。如何组织元数据以便恢复时高效地检索，直接影响恢复时间，关系到用户的恢复体验。

因为元数据量的庞大，将用户的元数据都存放到内存中是不现实的。从磁盘检索并读取元数据将产生频繁的读磁盘操作，当服务于大量用户的数据恢复请求时，恢复效率将严重降低。

为了提高恢复时元数据的检索效率，对元数据建立了索引，在服务器端为每个用户创建了索引文件。索引文件是为了快速查找到元数据而建立的元数据文件的索引文件。服务器端接收到用户每个元数据记录后经缓存顺序写入元数据文件中，而当写入记录达到一定数量时，则增加一条索引记录。系统往往对于每 n 条元数据或者更多（当第 n 条和其后的元数据属于同一个时间点时）用一个索引结构（INDEX）描述，索引结构的格式如下：

| 文件偏移 | 元数据数目 | 时间戳 |
| --- | --- | --- |

其中，文件偏移表示这若干条元数据在元数据文件中的起始位置；元数据数目表示 INDEX 索引的元数据个数；时间戳表示这若干条元数据中第一条的时间戳。考虑到所有的元数据都是按时间的先后顺序到达，因而其索引结构在索引文件中就按时间顺序线性地组织。

建立索引文件后，元数据的查找效率将提高不少。当内存足够的时候，可以将索引文件放到内存中，查找的时间复杂度为 O（n）。但随着元数据量的增长，索引文件也会变得越来越大，全部文件放到内存不仅不现实，而且内存利用率极低，因为恢复时所需的元数据只是很少的一部分。为此，块级别连续数据保护往往采用 B+树技术提高查询效率和内容利用率。

3. 恢复策略

当用户提出恢复请求时，CDP 服务器根据恢复时间点查找恢复分支文件得到时间区段。然后，从 B+树查找时间区段得到所有 INDEX，再通过 INDEX 找到恢复所需的全部元数据后，通过排序去重形成最终的恢复元数据集（即恢复视图）。用户得到恢复视图后，从本地或者组员处（本地已崩溃）获取相应的块数据写回本地块设备，从而完成恢复。

因为用户的恢复请求是任意并多次的，即可能往后回滚到某个历史时间点，又从该时间点往前恢复，如此反复。例如，有三个时间点先后是 $t_1$、$t_2$、$t_3$，用户先恢复到 $t_1$，然后恢复到 $t_3$，最后可能恢复到 $t_2$，则需要用分支文件来记录所有的恢复操作，才能确定当前状态与恢复点在历史中的位置，从而找到恢复路径并实现正确的恢复。如图 7-5 所示，用户在 $t_3$ 时刻恢复到 t' 时刻，恢复路径为 $t_0$~ t'。

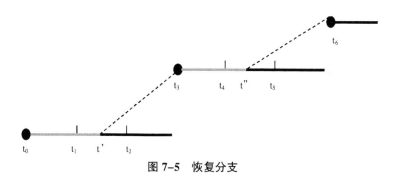

图 7-5　恢复分支

在图 7-5 中，从 $t_6$ 时刻恢复到 t'' 时刻，恢复路径为 $t_0$~ t'、$t_3$~ t''，其实还可以从 $t_6$ 往后回滚，则恢复路径为 t''~$t_6$。可见，恢复方向不同导致恢复路径也不一样。有了恢复分支文件，可以找到最短恢复路径，如初始时刻 $t_0$，当前时刻 $t_n$，要恢复到中间某个时刻 t。如果 t 靠近 $t_0$，则应该从 $t_0$ 出发检索元数据；相反，若 t 靠近 $t_n$，则应该从 $t_n$ 往后回滚。这样检索的元数据量才是最少的，当然，前提是元数据是均匀分布在时间区段上面的。这就引出了两种恢复算法，即增量与全量恢复。

每个用户从使用 CDP 服务开始都有一个初始镜像，如果每次从初始状态出发，查找到恢复时间点之间所做的所有修改，然后覆盖初始镜像完成恢复，就是全量恢复。如果每次从当前状态出发，查找到恢复点之间所有修改涉及的数据块，再查找这些数据块在恢复点的状态，从而还原当前状态中这些数据块完成恢复，则是增量恢复。增量恢复增加了服务器的检索时间，但可以大量减少恢复时的元数据，从而显著提高恢复速度，适合从当前状态回滚一小段时间的恢复操作。但增量恢复依赖于块设备的当前状态，在当前状态出错的情况下，增量恢复则会失效。全量恢复是最安全的恢复，因为每次都从初始状态出发，即使被保护的块设备损坏也能完成恢复。

通过增量或全量算法检索出元数据后，还需要排序去重形成最终的恢复视图。因为一段时间（甚至一秒）内，对同一个块可能有多次修改，需要比较序列号取最后一次修改的数据，而且对于虚拟恢复需要排序后的元数据集才能形成恢复视图，排序后的恢复视图也能显著提高恢复效率。大部分的恢复操作都是回滚到出错前一个正确的状态（检查点），涉及的元数据量并不大。对于 10 万条元数据以内的排序去重，可采用快速排序。每个元数据约 20B，只需 2MB 的内存，一台服务器即可支持上千用户的并发恢复，覆盖的数据量约 400MB，对于大部分的回滚操作都可以满足。

若超过 10 万条元数据，则需要使用外部排序。分两种情况，当用户块设备较小而元数据量较大时，采用 hash-map，即在服务器的辅助空间申请一块空间形成初始恢复视图，将所有元数据按扇区号 hash 映射到恢复视图，同一个扇区号的元数据则比较序列号进行覆盖，遍历一遍即可完成排序去重，形成最终的恢复视图；当用户块设备较大而元数据量相对较小时，按每 10 万条元数据划分多路，利用快速排序和败者树完成排序去重。

用户端向服务器提出恢复请求，服务器以增量或全量恢复的方式检索出相应的元数据集并形成恢复视图，然后把恢复视图发送给用户端。用户端则根据恢复视图中的元数据从本地或 LCopyHost 列表上的备份节点处（本地已崩溃）获取相应块数据写回本地块设备，从而完成恢复。

当本地已崩溃，数据丢失后，还有多个副本存在备份节点机器上，可以通过组员的协同传输进行高效的并发恢复。此时的恢复时间决定于传输速度最慢的那个备份节点，即木桶短板效应。造成的原因可能是与该组员的通信带宽较小、该组员处理能力较弱或正处于忙碌状态，还可能是数据出错等。此时需考虑负载均衡，一个简单的策略是为组员计算获取速率：

$$v = Q/T$$

其中，Q 为向备份节点请求的数据量，一般采用元数据的个数表示；T 为收到备份节点返回的所有块数据所需的时间；v 为对应该备份节点的获取速率。借鉴 TCP/IP 协议的慢启动模型，开始时可以发送少量元数据作为速率试探，然后逐次加大数据量。每次根据速率比向不同组员请求不等量数据，实时更新速率与相应获取数据量，从而尽可能快地完成恢复，又不增加负载重的组员的负担。

顺序写能最大限度地发挥磁盘的写性能。由于恢复视图有描述块设备在恢复时间点的全部元数据信息，并且按扇区号排序，恢复时可以利用这一点挖掘磁盘的写性能。按照恢复视图的顺序请求块数据，并将块数据顺序地写入磁盘，如图 7-6 所示。

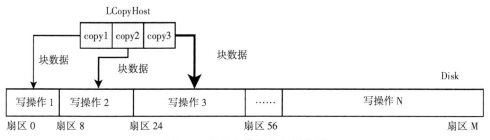

**图 7-6　块设备协同恢复示意图**

### 4. 资源分配

CDP 服务器的资源是有限的，特别是面对大量用户的并发恢复请求的时候。对于用户的小内存请求，如申请 2MB 内存用于元数据的快速排序，因为速度很快，所以影响还不大。但对于大内存、大辅助空间的请求，相应处理时间较长，则对于其他用户的影响就大了。

这就存在一个服务公平性的问题，即大数据量的恢复请求得到服务后需占用资源较长时间，可能导致很多小数据量恢复请求饥饿（Starvation）；而频繁的小数据量恢复请求可能导致大数据量恢复所需的资源无法满足，从而被活锁（Livelock）。

为了提供公平高效的 CDP 服务，提出了一种资源分配器对 CDP 服务器的资源进行有效的管理，以灵活的资源分配方式保障服务的公平高效。资源分配器维护两个资源链表：一个全局资源链表，将系统所有辅助空间以固定大小（如 100MB）为单位用链表组织起来，而用于 hash-map 的空间都已格式化，可直接使用；一个已分配资源链表，链接所有分配给用户的、正在使用的辅助空间，任务完成后归还全局资源列表回收。

资源分配器还需维护三个服务队列：一是请求服务队列（ReqServQue），所有的用户请求以 FIFO 的形式依次插入队列，等待资源分配和服务调度；二是当前服务队列（CurServQue），进入此队列即可获得资源以及服务；三是继续服务队列（MoreServQue），当用户的资源请求超过分配单位时，分配用户固定大小的空间，将请求差额插入继续服务队列，用户得到部分资源后即可开始工作，或者用户的恢复请求只完成了一部分，还需继续服务完成此次数据恢复，也将其插入继续服务队列。分配完当前服务队列的所有资源请求后，或者完成当前服务队列的服务请求后，优先将 MoreServQue 中的请求插入 CurServQue。如果 CurServQue 队列未满，然后才插入 ReqServQue 中的请求。

服务队列主要应用于影响系统性能的两大模块，一是元数据的读取，因为涉及读磁盘操作、效率较低；二是形成恢复视图，根据恢复数据量的大小，所需的时间相差较大。从理论方面来看，有了 B+树和索引页元数据的检索非常快，则开销主要在读元数据上。通过查找恢复分支文件得到一个个恢复时间区段，然后查找索引文件构建的 B+树得到区段对应的多个 INDEX。按时间区段划分单个结构，每个结构由时间区段和相应 INDEX 组成，用于元数据的读取。每个用户的全部时间区段用链表组织，并将该链表作为服务队列的调度单位。每次服务完链表中的一个时间区段，则删除该时间区段并将剩余的链表插入 MoreServQue，直到所有时间区段都服务完。形成恢复视图也类似，根据数据量划分得到任务链表，再加入服务队列进行调度。固定大小的资源分配以及任务划分避免了小数据量恢复请求的饥饿以及大数据量恢复请求被活锁的情况，而 FIFO 队列则保证了服务的公平性，MoreServQue 的引入，使得大数据量恢复请求的恢复时间不会过分延长，而且当系统空闲时可以充分利用资源。

## 三、基于应用级的连续数据保护

在基于应用的连续数据保护技术研究中，目前主要通过应用软件提供的接口如微软的 Exchange、IBM 的 DB2 以及 Oracle 数据库接口来实现。

实现应用级持续数据保护技术时，需要在受保护的应用程序中直接插入和运行持续数据保护功能程序代码。持续数据保护程序代码可以由应用程序开发商将其直接嵌入在软件产品中，也可以由应用程序软件开发商提供相关的应用程序接口（API），然后由第三方持续数据保护软件开发商来完成持续数据保护的功能。在应用程序中实现持续数据保护的最大优势是能和应用程序无缝整合，确保应用程序的数据在持续保护过程中的一致性，同时管理也比较灵活，用户容易部署和实施。目前，在应用程序级实现的连续数据保护解决方案大多是针对成熟的应用开发的。已经有一些公司的持续数据保护软件可以支持微软公司的 Office、Exchange、IBM 公司的 DB2 以及 Oracle 公司的数据库等。

对于以上三种类别的持续数据保护技术，数据块级和文件级的持续数据保护技术是一种通用方法，可以支持多种不同的应用。而应用级的持续数据保护技术则只为某种特定应用提供连续数据保护功能，其通常的表现形式是与应用程序的一种更为深入的集成。

## 本章小结

数据是存储系统的基本处理对象，数据的安全与否直接决定了存储系统在应用中的可用性。为此，数据保护技术在存储系统中变得日益重要和普及。本章首先介绍了数据保护在存储系统中的基本需求及其相关的基础知识和理论，然后针对当前数据保护涉及的主流技术如备份、复制、镜像、连续数据保护等进行了深入浅出的论述和讲解，并给出了相关技术的特点和基本原理，为存储系统的实施和搭建提供了数据安全方面的借鉴。

## 习 题

### 一、简答题

1. 简述数据保护的概念。
2. 简述数据保护的基本思路和方法。
3. 简述连续数据保护与其他数据保护的主要区别。

## 二、论述题

1. 论述数据保护在存储系统中的意义。

2. 论述数据保护技术中数据安全、存储容量与存储性能三者的关系。

# 第八章　大规模存储中的重复数据删除

## 【本章导读】

本章介绍了大规模存储中重复数据删除的相关概念和方法，对于当前数据增长趋势、重复数据界定、删除效率以及技术发展现状进行了有针对性的论述。另外，本章通过一个重复数据删除实例，详细论述了重复数据删除系统的基本架构和实现方法，并就其中的一些关键技术及其优化进行了说明。

## 【本章要点】

● 大规模数据增长

● 重复数据界定方法和技术

● 重复数据删除的效率衡量方法

● 重复数据删除系统构建和实现的关键技术与步骤

## 第一节　重复数据删除概述

### 一、海量数据

人类社会产生的数据信息一方面来自于互联网，另一方面来自于日常生产及各种科学试验，例如，科学计算和仿真、飞行动力学、核爆炸仿真、太空探测、虚拟现实以及医疗影像数据等每天所产生的数据信息更是大到惊人的程度。IDC（International Data Corporation）研究显示，2007 年全世界共生成了 281EB（2820

亿 GB）的数据，相当于全球每个人拥有 45GB 的数据。同时数据正以每年接近 60%的速度增长。数据的快速增长刺激着存储技术的进步，反过来存储技术的进步又加速了数字化进程，促进了数据的进一步增长。虽然技术进步和生产发展提供了更大的可用存储容量，但是存储市场的增长步伐还是远远落后于数据量的增长。2007 年，全球市场上供应的存储容量，包括磁盘、磁带、CDs（Compact Disc）、DVDs（Digital Versatile Disc）和半导体存储器，达到了 264EB，非常接近当年生成的数据总量。但随后两者之间的增长曲线开始明显分离，目前，将有近 50%的数据游离于存储之外。虽然相当一部分信息表现为瞬态数据，并不需要持久存储，但如何提高存储利用率，利用有限的存储空间满足不断增长的存储需求，已经成为数据保护领域亟待解决的关键问题之一。

随着网络技术的发展和成熟，各种海量数据的应用，如高性能计算、流媒体、数字博物馆、地理信息系统、气象服务、石油勘探等，促使存储需求呈指数增长。信息系统正在从以计算为核心转向以数据为核心，企业数据中心建设方兴未艾，海量存储系统迅猛发展，存储规模已经跨越 TB 级，并向 PB 级甚至 EB 级迈进。早在 2004 年，Google 公司的外存储容量就达到 5PB。美国国家大气研究中心（NCAR）的海量存储系统在 2003 年 2 月首次跨入 PB 级行列，到 2004 年 7月就达到了 2PB 的规模，2008 年初更是超过了 5PB 并以 80~100TB/月的速度继续增长。

为了满足不断增长的存储需求，海量存储系统一方面必须具有高度可扩展性，同时更重要的是必须具有高度的鲁棒性，以保障数据安全。因此，海量存储系统设计的一个重要环节就是配套的备份系统的设计。备份系统通过网络把重要数据备份到一个或数个异地的数据中心，在灾难发生时又通过网络恢复数据，以保证应用系统的连续性。海量数据的备份需求已经达到几个 PB，并将很快达到数十甚至数百 PB 的规模。美国国立能源研究计算中心（NERSC）的高性能存储系统 HPSS 自 1998 年起承担归档存储任务，到 2009 年 1 月拥有 3.9PB 超过 6600万个文件的数据量，同时其备份系统拥有 2.5PB 超过 1200 万个文件的数据量，并且其存储规模以大约每年翻一番的速度增长。目前，多数企业需要进行全天候不间断的业务运营，每年 30%~50%的持续数据增长使备份流程面临着前所未有的挑战，可用网络带宽在多数情况下已无法满足数据增长的需求。

数据的爆炸性增长迫使网络备份系统的存储容量不断扩张，使企业面临巨大的成本压力和数据管理难题。最近的研究表明，存储开销占企业信息系统资源规划的比例不断上升，已经达到 50%以上。同时随着系统容量的扩大，消耗在存储管理上的开销会成倍增长，其至数倍于存储硬件设备开销。另外，由于应用对数据保护的要求越来越苛刻，备份窗口逐渐缩短，大量数据需要在线备份和故障即时恢复，这对系统吞吐率和网络带宽提出了极高的要求。

虽然数据呈爆炸性增长，但研究表明，重复数据大量存在于信息处理和存储的各个环节，如文件系统、文件同步、邮件附件、HTML（Hyper Text Markup Language）文档和 Web 对象，以及操作系统和应用软件中。研究发现，22%的 HTML 文档是相同的，而 48%的 HTML 文档内容是相似的。传统的数据保护技术如周期性备份、快照、连续数据保护和版本文件系统更是产生了大量重复数据，导致网络带宽和存储空间资源紧缺以及数据管理成本的快速上升。为了抑制数据过快增长，提高资源利用率，降低成本，重复数据删除技术已经成为一个热门的研究课题。

## 二、重复数据的界定

如何界定重复内容是数据去重技术需要考虑的首要问题，随着计算机存储介质访问效率和计算部件处理性能的持续提升，重复数据的筛查粒度和标识方法也在不断演进，本节梳理界定和识别重复数据的各种现有技术。

如前所述，传统基于磁带的备份软件通常采用基于文件系统元数据的重复数据界定方法。例如，若某文件的修改时间戳早于上次备份任务，则其在下次执行增量备份时会被视为重复文件而直接跳过。由于文件的时间戳可能被病毒或特殊用户命令（如"Touch"）所修改，而系统时钟也有被恶意篡改的风险，所以依据文件系统元数据识别重复文件的简单方法缺乏可靠性。

随着计算机性能的提升，新型存储解决方案引入基于内容的重复数据界定方法，此类方法可工作在字节、块或文件这三种不同的粒度级别。

字节级重复数据界定方法主要采用 Delta 编码算法。该算法将文件看成一系列符号组成的有序串，通过计算并编码待处理文件 Fnew 与既有基准文件 Fbase 之间的差量数据形成 Delta（Fnew, Fbase）文件。若 Fnew 与 Fbase 之间具有很高的相似度，则仅存储 Delta（Fnew, Fbase）能够达到节约存储空间的效果。实际应用中，筛查相似文件和计算字节级差量数据需要大量的时间开销，因此

Delta 编码算法的典型吞吐率在几到几十 MB/s 之间。

文件级重复数据界定方法通常采用高可靠性哈希算法（如 MD5 和 SHA-1）为给定文件生成具有极低冲突概率的标识符（也称指纹），并通过筛查相同标识符来识别重复文件。文件是管理非结构化数据所普遍使用的数据组织单元，常见文件如文档、图片、音频和视频等都具有特定的数据结构且容易作为整体在不同的存储区域（如文件夹或主机）之间复制，因此文件是检测和消除重复数据的重要粒度级别。

块级重复数据界定方法主要用于在相似而不相同的文件之间检测重复数据，其通常采用基于哈希的内容标识技术，以达到比字节级去重更高的重复数据筛查速度和更广的重复内容检测范围。确定分块边界的主要方法可分为两类，即固定长度分块和可变长度分块。

固定长度分块方法通常将目标文件划分为具有相同尺寸 $L_{fixed}$ 的分块（Block），然后去重过程计算每个分块的指纹，并从中筛查出重复的数据对象。该方法简单高效，但当文件因插入数据而形成新版本时，原有分块的边界可能漂移到无法用既定算法捕获的位置，从而导致重复数据无法被检测。

基于滑动窗口的固定长度分块方法采用长度为 $W=L_{fixed}$ 的窗口分析文件数据。该方法首先计算窗口内数据的哈希值，然后查询系统中是否已存在重复哈希记录。若存在，则确定当前窗口内的数据为重复分块，并直接将窗口滑动到未处理的数据区；反之，则将窗口向前滑动一个字节，重新计算窗口内数据的哈希值并查询其重复性。若窗口向前滑动 $L_{fixed}$ 字节仍未捕捉到重复分块，则划分之前的数据为一个长度为 $L_{fixed}$ 的非重复分块。此类方法能够解决因插入数据导致的边界漂移问题，但其需要频繁计算候选分块指纹和查询指纹重复性，具有很高的时间开销，因此缺乏实用性。

基于内容的分块（Content Defined Chunking，CDC）算法是最常用的可变长度分块方法，其通常利用长度 $W \ll$（远小于）$L_{fixed}$ 的滑动窗口分析文件数据，并采用具有较低计算复杂度的哈希算法快速计算窗口内数据的指纹，若发现某个指纹匹配预定义的模式，则选择该滑动窗口所在位置为一个块边界。由于滑动窗口中数据的指纹仅依赖于其内容和既定的哈希函数，文件中数据块的边界能够被高效地重新捕获，此类方法通常选用 Rabin 指纹算法计算窗口内数据的指纹，其计算效率远高于用于生成块指纹的高可靠性哈希算法（如 MD5 和 SHA-1），具有很强的实用性且被广泛应用到各种去重解决方案中。

## 三、重复数据删除效率衡量

在基于网络的分布式存储环境中，数据去重可以选择性部署在源端（客户端）或宿端（服务端）。源端去重（Source Deduplication）首先在客户端计算待传输数据的指纹，并通过与服务端进行指纹比对发现和消除重复内容，然后仅向服务端发送非重复数据内容，从而达到同时节约网络带宽和存储资源的目标。宿端去重（Destination Deduplication）直接将客户端的数据传输到服务端，并在服务端内部检测和消除重复内容。两种部署方式都能够提高存储空间效率，其主要区别在于源端去重通过消耗客户端计算资源换取网络传输效率的提升。

数据去重的效率可从时间和空间两个维度进行评估。从时效性方面，可将数据去重方法划分为在线去重（Inline Deduplication）和后处理去重（Post Processing Deduplication）。在线去重在数据写入存储系统之前完成重复内容的界定、检测和删除过程。为了保障实时性，在线去重通常在内存中维护全部的数据索引（如哈希表），且需要消耗大量的计算资源。后处理去重将数据写入存储系统之后再适时检测和消除重复内容，其对计算和内存资源的占用率较低，但具有较大的硬盘空间开销且无法保障去重过程的完成时间。

去重时间效率（去重性能）的量化评价指标为吞吐率（Throughput）。宿端去重的吞吐率通常以网卡吞吐能力为上限，如千兆（Gigabit）网卡的有效吞吐率约为 100MB/s。对于源端去重，由于网络上仅传输非重复数据内容，其逻辑吞吐率可能远超过网络带宽。例如，若原始数据量为 $C_{source}$，去重数据量为 $C_{deduplicated}$，去重系统的物理吞吐率为 $T_{physical}$，则源端去重的逻辑吞吐率为：

$$T_{logical} = T_{physical} \cdot \frac{C_{source}}{C_{deduplicated}} \tag{8-1}$$

由于当前主流去重方案均采用基于指纹（哈希）的重复数据识别，去重系统鉴别重复指纹的效率（Fingerprints/Second）也可作为评价去重性能的重要指标。若指纹对应的数据对象（文件或块）的平均长度为 $L_{object}$，则指纹去重吞吐率 $T_{fingerprint}$ 在理论上所能支持的数据去重的逻辑吞吐率为：

$$T_{logical} = T_{fingerprint} \cdot L_{object} \tag{8-2}$$

从空间效率方面，可将数据去重方法区分为精确去重（Exact Deduplication）

和近似去重（Approximate/Fuzzy/Near-Exact Deduplication），前者在其作用域内对每个数据对象仅保留一份存储实例，而后者在其作用域内允许部分数据对象存在多个实例。在相同的重复数据界定方法下，精确去重能够获得比近似去重更好的空间效率，而现有的近似去重方法则通常以牺牲少量空间效率为代价减少计算/内存资源开销和换取性能提升。

去重空间效率的量化评价指标为重复删除比率（Duplicate Elimination Ratio，DER），简称重删率。仍以 $C_{source}$ 和 $C_{deduplicated}$ 分别代表原始数据量和去重数据量，则重删率的定义为：

$$DER = \frac{C_{source}}{C_{deduplicated}} \tag{8-3}$$

重删率的主要影响因素包括数据冗余度、重复数据的界定方法和重复消除程度（精确/近似）等。值得注意的是，较小的重删率就能够节约大部分的存储空间，设空间节省百分比（Space Saving Percentage）为 SSP，则：

$$SSP = \left(1 - \left(\frac{1}{DER}\right)\right) \cdot 100\% \tag{8-4}$$

## 四、重复数据删除技术的发展

重复数据删除是一种无损的数据压缩技术，也被称为智能压缩或单一实例压缩。ESG 将重复数据删除定义为删除或消除重复的文件、数据块或字节，确保在存储系统中只有唯一的存储实例的过程。利用重复数据删除技术可以自动搜索发现系统中的重复数据，将相同的数据只保留唯一的一个副本，并使用指向该副本的指针代替其他的数据副本，可以有效地删除后端存储系统的冗余数据，达到节省存储空间的目的。同时由于避免了重复数据的多次传输，可以降低网络带宽开销。

重复数据删除的原理是利用重复数据检测方法找出文件之间或者文件内部数据的相同部分，对于相同数据只保存一份，用指针替换其他数据副本。按照重复数据检测的粒度可将重复数据删除分为文件级、块级或字节级重复数据删除。检测粒度越细，去除的重复数据量就越大，但实现也就越复杂，所需的系统开销也就越大。常用的重复数据删除技术一般都是基于文件级或者块级的。

使用重复数据删除技术可以避免重复数据的多次传输和存储，有效地节省存储空间，降低网络开销，减少成本，是现代备份系统中必不可少的技术，因此，重复数据删除技术近来也成为存储领域研究的热点。现阶段研究的领域主要集中在以下几个方面：相同数据检测、提高数据指纹比对速度、提高去重存储系统读性能、重复数据删除系统的可扩展性、重复数据删除系统的可靠性和重复数据删除系统的安全性。

相同数据检测技术是利用数据指纹判断数据是否相同，包括相同文件及相同数据块两个层次。其中研究的重点是对文件如何分块。相同数据检测技术主要包括：整文件检测技术（WFD）、固定长度分块检测技术（FSC）、基于内容的可就长度分块检测技术（CDC）、滑动窗口分块检测技术（SWC）等。WFD 将整个文件作为粒度来检测重复数据，数据量小，比对速度快，但不能检测出文件内部的相同数据块。为了检测出文件内相同数据块，研究者提出了 FSC，FSC 是对文件进行定长划分，从而可以对文件内数据块进行检测，由于是定长划分，块大小固定，实现简单，系统处理快，缺点是当文件插入或删除少量数据时，会出现数据块边界偏移问题，严重影响文件内重复数据删除效果。为了解决该问题，出现了 CDC，CDC 是基于文件内容将文件划分成长度不等的数据块，由于是根据内容划分的，可以有效避免数据块边界偏移问题。常见的 CDC 方法有 OriginalCDC、BaseCDC 和 TTTD 等。如何平衡 CDC 分块粒度和元数据开销之间的矛盾，是研究 CDC 的重点和难点。为了进一步提高重复数据的检测精度，研究者又提出 SWC，SWC 是一种有状态的检测方法，该方法用一个固定大小的滑动窗口在文件中滑动，确定重复分块的偏移量变化，并以此确定分块边界。SWC 检测精度高，在分块方法中可以取得最佳的压缩比，但由于在分程中需要进行大量的分块存在性查询，且不能并行操作，导致时间开销非常大，因此在实际中很少使用。

在重复数据删除的处理过程中，需要在存储数据指纹集中查询进入系统的文件指纹或数据块指纹，以确定该文件或数据块是否是重复的。在小规模存储系统中，可以将所有数据指纹完全放到内存中，但在大规模存储系统中，由于存储系统数据指纹数量巨大，不可能全部保存在内存中，必须保存在磁盘上，在进行指纹匹配时必须进行磁盘访问，而大量的随机磁盘访问必然造成磁盘瓶颈，提高数据指纹比对速度就是为了避免磁盘瓶颈。提高数据指纹比对速度的技术主要包括摘要向量（Bloom Filter）、基于流的块排列（SISL）、局部性保持缓存（LPC）、稀疏索引（Sparse Indexing）、Extreme Binning、分布式哈希表（DHT）等，Data Domain 公司于 2008 年提出了 Data Domain File System（DDFS），综合使用了

Bloom Filter、SISL 和 LPC 三种技术，有效地缓解了指纹比对造成的磁盘瓶颈。Bloom Filter 技术通过在内存中用几个位代表一个分块索引，可以确定一个块肯定不在系统中，从而保证不存在块不会引起磁盘查询。SISL 技术通过将新块按存储的顺序保存在一起，保护了数据的局部性。LPC 技术利用 SISL 技术保护的数据局部性在内存建立缓存，将具有局部性的指纹一起预取到内存中，减少磁盘访问，从而加快指纹比对速度。Sparse Indexing 通过对连续的数据块指纹片段进行采样构建索引，并利用数据局部性降低采样率，使索引可以完全加载到内存中，只有在片段相似度很高的时候，才在片段内进行指纹比对，从而降低磁盘访问。Sparse Indexing 比 DDFS 使用更少的内存，与 DDFS 一样在处理具有显著数据局部性的传统备份负载时，可以取得很好的效果，但在处理缺乏数据局部性的非传统备份任务时，取得的效果就非常有限。为了解决该问题，惠普实验室提出了 Extreme Binning。Extreme Binning 主要利用了文件相似性，查找指纹索引表以文件为单位，每个文件的数据块最多只需一次磁盘访问，并且具有优秀的可扩展性和并行性。另外，结合数据局部性和文件相似性的特点，华中科技大学也提出了一个有效减少磁盘访问的方案 SiLo，SiLo 在提高吞吐率的同时还可以取得较高的重复数据删除率。

基于块级的重复数据删除技术会删除不同文件或数据流中的相同块，导致同一个文件或数据流的数据块被存储在不同地方，产生很多数据碎片，随着存储的数据量的增加，碎片会越来越多，严重影响存储系统的读性能。为此，研究者提出了一些算法来衡量去重系统的碎片程度，并基于这些算法提出了一种碎片的解决方案，当发现数据流的碎片情况比较严重，就开启选择去重组件，只对空间局部性很好的块进行去重；当碎片情况缓解后，才恢复对所有块进行去重。提高读性能的另一种思路是对某些块进行重写，以保证文件或数据流的空间局部性。基于这种思想，对每个重复块删除会引起的系统碎片程度进行计算，当到达一个阈值，就对这个块进行重写，降低存储系统的碎片程度，通过牺牲部分的重复数据删除率来提高存储系统的读性能。

随着数据存储要求的不断提高以及重复数据删除技术应用的普及，重复数据删除系统的扩展性变得越来越重要。NEC 公司提出的 HYDRAstor 就考虑了系统的可扩展性问题，HYDRAstor 将数据块指纹按照指纹的前缀进行了分类，并将指纹表均匀地分配到各个存储节点上，以提高系统的并行性和可扩展性。

重复数据删除技术导致存储系统中重复数据只保存唯一的单一实例，该单一实例被多个文件共享，如果出现错误或丢失，就会导致共享该单一实例的多个文件不可用，因而重复数据删除技术提高了存储空间利用率，却降低了系统的可靠性。研究者提出了两种方法来解决该问题，一是副本策略，二是纠删码技术。副本策略是根据每个数据块的共享度在存储设备上保存不等数目的副本以提高系统的可靠性，但由于每个数据块至少有两个副本，会产生数据量两倍以上的冗余数据，另外，由于数据块数量不等，会引起通信开销大、I/O 性能低、管理困难等问题。将 RAID、ECC 等纠删码应用于去重存储系统中，可以使用更少的存储空间来提高系统可靠性，但在纠错过程中需要大量的计算。

用户有时需要使用加密技术来保证备份数据的机密性，但传统加密通常是以文件为单位进行的，但这却给重复数据删除带来了问题，一是因为不同的密钥会导致相同的文件加密后完全不同；二是好的加密算法具有雪崩效应，对文件极小的改动会影响整个密文。目前，对加密的数据进行备份的研究比较少，仅有 Farsite 系统引入了加密机制，Farsite 中设计了一种会聚性加密技术，一定程度上缓解了数据加密和重复数据消除之间的矛盾，但是，Farsite 的缺点是不能检测出相似文件中的重复数据。

# 第二节 重复数据删除系统实现——实例

随着数据存储需求的迅猛增长以及网络数据中心的普及，网络备份和恢复系统面临的两个主要挑战是如何有效提高空间和时间效率。在空间上，网络备份系统必须具有高可扩展性和存储利用率，有效管理 TB 到 PB 级规模的备份数据。在时间上，备份过程应当避免对上层应用的影响，同时必须保障足够快的数据恢复过程。传统的数据备份技术备份了大量重复数据，降低了时间和空间效率，使其性能和可扩展性受到严重限制，难以满足日益提高的数据保护要求。目前，主流的高性能重复数据删除技术如 DDFS 和稀疏索引，采用单服务器架构，可扩展性较差，难以应用到大规模、高性能网络备份环境中。为此，本章以课题组提出的 DEBAR 系 统 为 例 （DE -duplication storage architecturer or Backup and

ARchiving），它是一个基于集中式管理、网络备份的层次化重复数据删除系统架构。DEBAR 采用一台主服务器对整个系统进行管理，支持多台备份服务器并行作业，将数据存储在多个存储节点上。层次化重复数据删除技术有效消除了重复数据，节省了网络带宽和存储空间；多层索引技术保证了数据备份/恢复的高性能和可扩展性。本章将从介绍系统设计的背景出发，阐述 DEBAR 的总体框架、层次化重复数据删除和多层数据索引技术、文件分块、元数据管理和逻辑数据删除等。

## 一、重复数据删除系统设计原则

随着信息化建设的不断完善和普及，越来越多的政府、行业和企业的关键业务系统已经全部信息化，保持业务运行的连续性和数据安全更是成为人们的首要考虑因素。网络数据备份作为提高数据安全性的基本方法，其目的是为了当本地系统数据崩溃时能够快速通过远程备份进行恢复。当今大型企业或机构往往拥有大量应用服务器或数据中心分布在不同的地理位置，数据保护需要分布式并行备份系统的支持，同时为了简化数据管理，为企业的高层决策提供支持，一个统一集中式的系统管理平台显得尤为重要。

DEBAR 的设计目标是为大规模分布式数据存储或应用提供并行的、低成本的、高性能的数据备份服务。DEBAR 系统的低成本性体现在其重复数据删除技术对网络和存储资源的节省上。然而，重复数据删除技术的实现必须对上层应用透明，不影响上层数据保护策略的实施与整个备份系统的性能和可扩展性。具体来说，DEBAR 系统的设计至少应当满足以下几方面的要求：

（1）可扩展性。信息系统是一个不断发展的系统，新的应用将不断引入、数据容量将不断增加，所以其存储备份系统必须具有良好的可扩展性，能够根据业务发展的需要，方便灵活地扩展备份容量和系统性能。由于新数据的备份必须和系统中已有的所有数据进行比较以消除重复数据，系统容量的扩大不应当影响备份性能，这需要高效可扩展的数据索引技术的支持。同时随着新的存储节点的加入，后台数据迁移和负载平衡也是保证系统性能随容量同步增长的关键。

（2）分布式并行备份。分布式备份把处于不同地理位置的应用数据备份到不同地理位置的多个存储节点上。为了保证快速、自动、及时地保护数据，通常多台应用服务器的备份作业需要并行运行。系统必须保证在分布式并行备份环境下仍然能够高效地消除全局范围内的重复数据，保证每个数据块在物理上只存储一次，在逻辑上能被多个数据对象所共享。

（3）可管理性。网络数据备份是一项复杂的工作，涉及分布式环境下众多资源的调度协调，以及备份数据的有效管理。备份系统应当为企业数据保护提供简单友好的管理界面，方便企业实施灵活的数据保护策略。数据生命周期管理是企业数据管理的内涵之一。数据和任何其他事物一样也有一个产生、发展和死亡的过程，超过生命期的数据必须从系统中删除以回收其占用的资源。但是在重复数据删除系统中删除数据对象具有其特定的复杂性，因为一个物理数据块可能被多个逻辑数据对象所共享，逻辑数据对象的删除不能通过简单地删除其所包含的所有物理数据块的方式来实现。只有当一个物理数据块没有任何逻辑数据对象引用时，才能被系统删除以回收空间，这需要系统维护物理数据块的引用计数，并在数据备份以及删除过程中加以更新。

## 二、相关系统的架构

关于存储领域中的重复数据系统已经有很多成熟的产品，本节首先简单介绍这些相关产品的架构及其特点。

NetBackup 采用四层体系结构以满足大型数据中心的需求。第一层的主服务器用于进行规划和跟踪客户机备份。第二层的介质服务器提供大型应用的本地备份。介质服务器可以与主服务器或另一个介质服务器共享磁带库，或者使用自己的磁带设备/库。第三层为客户端，主要对服务器和工作站进行备份。针对要求集中管理多个主服务器或分布式环境的企业，可通过第四层的全局数据管理器对企业内部的所有存储域进行集中的管理与控制，以利于保持一贯的管理策略。独特的四层结构使 NetBackup 具有良好的可扩展性，但是 NetBackup 并没有实现全局范围内的重复数据删除功能。

蓝鲸备份系统通过对文件级备份协议 NDMP（Network Data Management Protocol）进行扩展，提出并实现了基于 NDMP 的块级备份方法，企图通过块级增量备份实现对不同应用的统一备份，并使用版本融合技术对备份数据进行整合来提高数据恢复性能。为了实现上述策略并提高系统的可扩展能力，蓝鲸备份系统使用层次化系统结构，系统分为 Web 控制台、主服务器、客户代理、介质服务器和磁带服务器几个部分，从上到下依次实现管理层、调度层、执行层和操作层的功能。下层对上层的任务进行分解以降低操作的复杂度并提高运行的并行性。与文件级备份相比，块级备份在备份性能和空间利用率上都得到了较大的提高。但是块级增量备份也仅仅是消除了相邻备份会话之间的重复数据，故其重复数据删除的效果有限。

Deepstore 是一个大型归档存储系统，由分布式存储节点组成一个可扩展的磁盘存储集群，支持客户端并行存储和读取数据。数据存储时，数据对象被输入内容分析器以确定最佳的数据压缩方案，压缩后的数据对象采用内容寻址存储（Content Addressable Storage，CAS）。在 CAS 中，传统的文件名被一个根据文件内容通过某种特定算法计算出来的字符串所取代。它是一个表征该数据对象的全局唯一的数字标识符，或称为内容地址（Content Address，CA）。由于相同内容的数据对象的内容地址是一致的，因此在同一 CAS 系统中，相同内容的文件只允许存在一个非策略性的存储实例，这种单实例存储达到了较好的重复数据删除效果。但由于内容分析是一件比较耗时的工作，Deepstore 比较适合于对数据存取速度要求不高的归档存储。

DDFS 和稀疏索引是最近出现的两个高性能网络备份系统，它们都支持全局范围内的重复数据删除，因而具有较高的存储空间效率。但是这两个系统都采用的是单服务器架构，其系统规模受服务器内存空间限制，可扩展性较差，难以应用到大规模、高性能网络备份环境中。

## 三、重复数据删除系统架构

在综合考虑网络备份当前所面临的问题与挑战，并参考目前流行的分布式备份系统设计的基础上，设计了 DEBAR 的总体结构。

DEBAR 包括四个主要组件，即主服务器、备份客户端、备份服务器集群和存储集群。主服务器对整个系统进行集中式管理，负责作业创建、调度、安全认证以及全局元数据管理。备份客户端作为后台守护进程运行在需要数据备份和恢复服务的客户机上，它执行主服务器的命令，和相应的备份服务器协作完成数据备份或恢复任务。备份服务器集群由一台或多台备份服务器组成，备份服务器主要由四大模块构成，即作业接口、Phase-1 模块、Phase-2 模块和作业恢复模块，负责执行主服务器发来的管理、备份以及恢复命令，根据命令，备份服务器和相应的备份客户端通信，完成数据备份或恢复任务。存储集群由一个或多个存储节点（Storage Node，SN）组成，它组成了一个分布式存储网络，负责存储管理经过重复数据删除处理后全局唯一的数据块。

### 1. 数据备份和恢复流程

DEBAR 使用双层重复数据删除技术，以提高系统性能。该技术将数据备份过程分成两个阶段，在备份的第一阶段，备份客户端读取文件、对文件进行分块、计算数据块指纹，然后把指纹和数据块传送到备份服务器。备份服务器的 Phase-1 模块对接收到的数据进行处理，构造文件索引，并把文件元数据和文件索引发送到主服务器，同时把数据块缓存到本地磁盘中。文件索引是由文件包含的所有数据块的指纹按照其在文件中出现的逻辑顺序排成的序列。为了节省网络带宽资源并减少缓存到本地磁盘中的数据量，第一阶段使用一种基于小范围检测的指纹过滤器对数据流进行初步过滤，消除周期性备份产生的重复数据，节省网络带宽，提高备份效率。该技术把指纹查询的范围限定在作业链内，实现与规模的无关性。服务器备份的第一阶段结束后，备份客户端即可退出，备份的内存开销和系统备份的第二阶段由备份 Phase-2 模块在后台完成，因而对客户端的应用系统不产生影响。第二阶段使用后处理重复数据删除技术对缓存在磁盘上的数据进行集中处理，通过指纹排序顺序扫描数据块索引进行批处理指纹查询或更新，按照查询结果把重复数据块丢弃、把新数据块按其逻辑顺序存储在固定大小的容器（Container）中，并把盛满的容器发送到后台相应的存储节点。

一个容器一般设定为数 MB 到数十 MB 大小，以便于能存储上千到数千个 KB 级大小的数据块。容器在头部存储本容器包含的所有数据块的元数据，一个数据块的元数据至少包含一个三元组<fingerprint，offset，size>，分别记录了数据块的指纹、在容器中的位置偏移量以及数据块的大小。数据块则按照其在信息流中出现的逻辑顺序连续存储在容器的数据区中。容器的这种结构保护了数据块的空间局部性，为提高数据恢复性能创造了条件。因为同一个容器中的数据块具有逻辑关联性，一次读入一个容器的数据到 cache 中有助于提高读 cache 的命中率。

作业恢复时，主服务器把作业所包含的文件的元数据和文件索引发送到备份服务器，由备份服务器的作业恢复模块完成文件的恢复过程。其文件恢复过程如下：

（1）读取文件索引，取得要恢复文件所包含的指纹。

（2）查找数据块索引，找到该指纹所对应的容器标识符。

（3）通过容器标识符从相应的存储节点中读取容器。

（4）从容器中提取数据块组成文件。

（5）把重构成的文件发送到相应的备份客户端，以恢复到指定的目录下。

作业恢复模块使用 cache 技术以提高数据读性能。读取一个指纹时，程序首先在 cache 中查询此指纹，如果命中，则直接在 cache 中读取该指纹对应的数据块；如果未命中，则查询数据块索引，找到相应的容器标识符，从存储节点中把容器读入到 cache 中。这样一次磁盘 I/O 就可以读出上千个逻辑上相关的指纹，以维持较高的 cache 命中率，有效地消除了读操作所引起的数据块索引查询开销。

支持数据读操作的 cache 由两部分组成，分别是指纹缓冲区和容器缓冲区。容器缓冲区是一个容器链表。链表节点由计数器（Counter）和容器（Container）组成，计数器用于 cache 替换算法用。恢复作业运行时，系统用一个总计数器以计数程序当前处理的总指纹数，当把一个容器插入链表中时，用当前的总计数值初始化其计数器，当此容器中的指纹被命中时，把当前的总计数值赋给它的计数器。当容器缓冲区满时，其计数值最小的容器被选中丢弃，同时其所包含的指纹从指纹缓冲区中被清除。

指纹缓冲区设计为一个内存哈希表，以便于快速查询容器缓冲区中包含的指纹。它用一根容器指针（Container Pointer）来指向包含该指纹的容器缓冲区中的相应节点。向容器缓冲区中加入一个容器时，其所包含的所有指纹被插入指纹缓冲区中；从容器缓冲区中删除一个容器时，其所包含的所有指纹从指纹缓冲区中被清除；当指纹缓冲区中的一个指纹被读命中时，根据其容器指针可以从容器缓冲区中找到包含此指纹的容器。

数据恢复过程的这种设计使得备份服务器能够以较小的内存开销维持较高的读性能，并且读性能和系统的总体规模无关。DEBAR 在数据备份或恢复过程中的基本信息流向为：DEBAR 通过主服务器控制备份客户端和备份服务器，由备份客户端和备份服务器之间传送数据流，从而实现控制流和数据流的分离。由于控制流仅包含一些命令和元数据，所占用资源非常少，所以主服务器可以支持多个备份服务器并行作业。在多作业并发运行环境下，主服务器根据备份服务器的负载情况进行作业分配，以保持备份服务器的负载平衡。

2. 多层索引结构

DEBAR 使用多层数据索引技术以提高系统性能和可扩展性。文件索引（File

Index）通过数据块指纹建立了文件到数据块的映射，这层索引包括作业到文件的索引，由主服务器进行维护，存储在专用的目录数据库和元数据存储池中，给用户提供了全局逻辑数据的统一视图和数据维护界面，方便用户实现数据查找、恢复以及删除等操作。这种文件索引技术有效地把文件存储和底层的数据块存储分离开来，使得底层能够集中统一处理全局数据块，而不用考虑上层文件系统的结构。

数据块索引（Chunk Index）以<Fingerprint，ContainerID，Counter>的形式建立了数据块到存储它的容器之间的映射。这层索引的作用主要有三点：

（1）保护了数据块的逻辑顺序，提高了系统数据读性能。

（2）计数器记录了数据块的引用次数，为高层逻辑数据删除提供了支持。

（3）支持高性能全局重复数据删除。数据块索引由备份服务器维护，存储在本地磁盘上，方便备份服务器实行批处理指纹查询和更新。随着系统规模的扩大，数据块索引可以分裂到多个备份服务器中，支持分布式并行操作，因而具有良好的可扩展性。

容器索引（Container Index）建立了容器到其磁盘存储地址之间的映射。在存储容器时，备份服务器使用一种无状态路由算法把容器分发到相应的存储节点上并生成一个全局唯一的容器标识符（Container ID）。该算法根据容器的内容计算出一个哈希键（Hash Key）作为容器标识符的前半部分，并使用前缀映射技术从 Hash Key 的前缀中提取存储节点号把容器路由到相应的存储节点（SN）上。存储节点接收到容器后以 Hash Key 为关键字查找本地容器索引，给新容器分配一个索引号（Index）以保证拥有相同 Hash Key 的容器具有不同的索引号，并把分配的索引号返回给备份服务器。Hash Key 和 Index 便组成了本容器的一个全局唯一的容器标识符。然后存储节点把容器的磁盘存储位置写到本地容器索引中。所以容器索引包含两级，第一级由容器标识符的 Hash Key 映射到相应的存储节点；第二级维护在各个存储节点中，由容器标识符映射到具体的磁盘存储位置。由于一个容器路由到哪一个存储节点是由它自己的内容决定的，所以称这种路由算法为容器无状态路由算法（Container Stateless Routing Algorithm）。

容器索引的这种设计支持后台存储节点的动态负载平衡和数据迁移。根据存储节点的容量和性能的不同，可以分配不同大小的前缀空间给不同的节点，那么在选择一种均匀哈希函数生成 Hash Key 的前提下，存储节点之间前缀空间的大小比例就决定了它们之间数据流量的比例。当一个新的存储节点要加入系统时，可以选择一个负载较重的节点，把它的前缀空间分裂成两个子空间，并把属于其中一个子空间的所有容器迁移到新节点中。这种数据迁移的影响被限制在局部范围内，并且丝毫不会影响到上层索引的稳定，因而具有较高的效率。

和已有的高性能重复数据删除系统相比，DEBAR 的上述多层索引结构可扩展性更好，它支持系统在备份服务器层和存储节点层的动态扩展，保证了系统在性能和容量方面的双重可扩展性。例如，DDFS 也是采用的多层索引结构，自上而下分别包括文件索引、数据块索引和容器索引，但是 DDFS 的容器索引仅包含一级，也就是由底层的存储系统为存储容器生成一个全局唯一的容器标识符，并建立容器标识符到容器磁盘存储地址之间的映射，而不包括容器无状态路由这一级。这是因为 DDFS 采用单服务器架构，其容器存储在和备份服务器相连的本地存储系统中，或者存储在预先指定的单个存储节点上，不需要对容器进行路由。DDFS 的这种单服务器架构限制了其性能和容量的可扩展性。

DEBAR 的文件索引和数据块索引建立在数据块指纹的基础上，数据块指纹是数据块内容的哈希值，也就是说选定一个哈希函数 H，则一个数据块 D 的指纹为 H（D）。由于相对于任意长度的数据块 D，H（D）是一个较短的定长的数字串，所以通过比较数据块指纹而不是比较数据块本身来判定两个数据块的异同具有较高的效率。这也是 DEBAR 采用基于指纹索引技术的理由。但是这种做法也存在一定的危险性，因为对于哈希函数来说，我们有 $H(A) \neq H(B) \Rightarrow A \neq B$，但是反过来 $H(A) = H(B) ! \Rightarrow A = B$。如果前后两个不同的数据块哈希成相同的指纹，后来的那个数据块会被误认为是重复数据而被删除掉，从而引起系统数据错误。鉴于此，目前学界对于把信息安全领域的数据指纹技术引入存储系统的可行性还存在争议。本书认为，在基于指纹索引的存储系统设计中，需要评价对于期望规模的存储系统发生指纹碰撞的概率。如果发生指纹碰撞的概率足够小，远小于底层磁盘出现难以检测的比特错误的概率，则基于指纹索引的存储技术是完全可行的。目前，磁盘出现难以检测的比特错误的概率为 $10^{-12} \sim 10^{-15}$。如果指纹碰撞的概率远小于这个数量级，则一旦发现系统数据错误时，完全有理由相信这不是由于发生了指纹碰撞，而是由于潜在的硬件故障等其他原因引起的。

目前的安全性哈希函数如 MD4、MD5、SHA-1、SHA-256、SHA-384 和 SHA-512 等具有良好的抗碰撞性，能够把不同的数据块均匀地映射到指纹空间中。

### 3. 基于内容的数据分块

重复数据删除首先要将数据分割成块。最简单的办法是采用定长块的切分方法，每个数据块的长度都是相同的。定长块的切分方法的不足是无法有效解决比特偏移问题，即如果文件的某个点发生变化，之后的所有数据块也将随之发生变化，如果变化的部分发生在文件的前面，那么重复的数据块将大大减少。

为了解决比特偏移问题，提出了基于内容的分块算法 CDC（Content Defined Chunking），通过罗宾指纹在文件中确定具有一定特征的锚，以锚为边界把文件分成大小不一的数据块。经过分析比较，DEBAR 采用 CDC 分块算法对文件进行分块。在具体实现中，应当保证 CDC 算法具有较高的计算效率，避免其成为备份过程中的性能瓶颈。下面研究 CDC 算法在 DEBAR 系统中的实现问题。

给定一个罗宾指纹函数 f，一个窗口长度 l，一个整数 D 和 r（其中 r < D），则对于任一字符系列 $S = S_1, S_2, \cdots, S_n$，如果 S 的长度为 l 的某一子串 $W = S_K$，$S_{K+1}, \cdots, S_{K+l-1}$，满足 $f(W) \bmod D = r$，则 W 为字符系列 S 中的一个锚。

文件的 CDC 分块算法以长度为 l 的窗口在文件上以一个字节的步距向前滑动以寻找组成数据块边界的锚。两个相邻锚之间的字符串（从上一个锚结尾的下一个字节到这个锚的结尾）便组成了一个数据块 C，算法输出数据块 C 以及 C 的 SHA-1 哈希值作为其指纹。整数 D 决定了数据块的平均大小。为了避免出现过大和过小的数据块，DEBAR 在 CDC 算法的实现中加入了如下三个限定：①如果文件小于 l 字节，则退出分块算法，整个文件为一个数据块；②如果某一段字节流中包含过多的锚，则舍弃一些锚使得最小的数据块不小于 mKB（文件末尾的一个数据块是唯一可能小于 mKB 的数据块），即规定数据块大小的下限为 mKB；③如果在连续 mKB 的字节流中都没有锚，则取此 mKB 为一个数据块，即规定数据块大小的上限为 mKB。

CDC 算法具有修改稳定性，也就是说，对一个文件的修改仅仅影响修改区域内相邻的数据块，其他数据块的边界不会发生移动。这样保证了文件内部以及文件之间的数据相似性不因比特偏移而被遗漏，从而最大限度地检测出文件中的重复数据。

### 4. 元数据管理

DEBAR 通过作业对象进行资源管理，支持实现灵活的备份、恢复以及存储管理策略。一个作业对象至少包括三个属性：Client 属性指明作业运行的备份客户端；Fileset 属性指明备份客户端上需要备份或恢复的文件目录；Schedule 属性详细描述作业的执行优先级和调度策略，让系统按指定的计划自动调度作业运行。

当一个作业被调度执行时，主服务器选择一个负载较小的备份服务器来执行作业以维持全局负载平衡。此外，用户还可以定义作业的 Storage Pool 属性来指定存储作业元数据（包括文件元数据和文件索引）的存储池，定义作业的 Message 属性让系统自动把作业的运行信息发送到指定的地方（如用户邮箱、日志文件、Web 界面等），以及定义作业的 BRT（Backup Retention Time）属性以便于系统自动删除过期的逻辑数据对象等。

DEBAR 使用目录数据库对作业元数据进行快速索引。每个已定义的作业都在主服务器的目录数据库中存在一条作业记录，具有一个唯一的作业标识符（JobID）。作业的每一次调度运行都在目录数据库中生成一条会话（Session）记录，记录作业的运行信息以及作业元数据在存储池中的存储位置。作业元数据包括文件元数据和文件索引存储在用户定义的存储池中，给用户提供了全局逻辑数据的统一视图和数据维护界面，方便用户实现数据查找、恢复以及删除等操作。文件的数据块存储在后台存储节点上，使得所有的数据块对系统来说具有统一视图，可以被不同文件共享。

用户可以在自己定义的存储池中标识一个或多个存储卷用以存储作业元数据。系统为用户标识的每个存储卷在目录数据库中生成一个卷记录以提供对存储卷的快速索引。作业的元数据可以存储在存储池中的多个存储卷上，甚至作业中的一个文件也可以跨存储卷存储，反之，一个存储卷也可以包含多个作业的元数据。由于存储卷是由用户事先标识的，它的容量在标识时已经确定，而一个作业所包含的数据量是动态变化的（是由应用服务器对文件集的在线更新引起的），用户事先无从得知，所以系统采用上述方式组织作业的元数据存储是合乎逻辑的。

卷标记录了卷的名称、卷所属的存储池名称、卷所包含的总块数、已使用的块数、卷标识时间以及卷状态等信息。紧接卷标的部分是一个个大小一致的数据块（Block）。

每个数据块由块头（Blockhead）和块体（Blockbody）组成，而块体由一个个大小不一的记录（Record）组成。块头中各字段的意义如下：

Checksum：块的所有数据（包括块头，但不包括 Checksum 自身）的 32 位校验和。

Blocksize：块的大小（字节），包括块头。

BlockNum1：块在存储卷中的编号（存储卷的块编号从 0 开始递增）。

BlockNum2：块在会话（Session）中的编号。

SessionID：块所属的会话标识符。

JobID：块所属的作业标识符。

Endsession：布尔值，指明此块是否为会话中的最后一块。

一个作业会话包含一个或多个数据块，每个数据块只能属于一个会话。一个会话的数据块可能分布在存储池中的多个存储卷中。

记录（Record）由记录头（Recordhead）和记录体（Recordbody）组成，记录头不能跨块存储，但是记录体可以跨块存储，甚至可以跨越不同的存储卷存储。不管记录体在哪里存储，记录体的前面必须有记录头，也就是说，无记录头的记录体不能在一个数据块中存在。一个记录总是属于某个作业会话，作业会话中的文件元数据和文件索引存储在记录体中。一个文件占用相邻的两个记录，第一个记录存放文件元数据和管理信息，第二个记录存放文件索引。记录头字段意义如下：

Magic：记录头标志。

FileNum：如果是正数，就表明此记录体中存储的是文件，FileNum 指明了文件在作业会话中的序号（一个作业会话中包含的文件按处理顺序从 0 开始编号）；如果是负数，就表明此记录是一个会话头（Sessionhead），或者会话尾（Sessionend）。

Stream：如果 FileNum 是正数，Stream 就是文件流的类型，文件流的类型有 Unix 文件元数据 + 管理信息、WindowS 文件元数据 + 管理信息、文件索引等。Stream 一般是正数，如果是负数，就表明此记录体是另一个数据块（和本数据块具有相同的 SessionID）上某个记录体（和本记录具有相同的 FileNum）的延续。如果 FileNum 是负数，Stream 就用来存储作业会话对应的作业标识符。

Datasize：记录体所包含的字节数。记录体可能跨多个数据块存储，这里的 Datasize 记录的是整个记录体的大小，包括跨多个数据块的部分。如果存储服务器读记录时读到了数据块的结尾，发觉并没有读够 Datasize 的大小，它就会在其他具有相同会话标识符且 BlockNum2 递增 1 的数据块上寻找具有相同 FileNum

和|Stream|的记录，且 Stream 为负数，把它作为原记录的延续继续读取，如此进行下去直到读够 Datasize 字节为止。

FileIndex 为−1 时，表明此记录是一个会话头，会话头存储在作业会话的第一个数据块的第一个记录中，会话头中记录了此作业会话所属的存储池名称、作业标识符、备份客户端、文件集、作业类型、作业级别等信息。

FileIndex 为−2 时，表明此记录是一个会话尾，会话尾存储在作业会话的最后一个数据块的最后一个记录中，会话尾不跨块存储，如果数据块的最后部分不够存放一个会话尾，则此数据块的 Endsession 标志为 0，另取一数据块存放会话尾，并设置其 Endsession 标志为 1。会话尾中记录了作业会话所包含的文件数、字节数，作业会话的起始块号、结束块号，作业会话完成状态等信息。

作业运行时，其元数据和文件索引信息被写入存储卷的一段连续的空间内，这样保证通过目录数据库和存储卷，系统能够快速读取文件索引信息。

5. 逻辑数据删除

理想的重复数据删除系统应当支持逻辑数据删除，便于用户清除超过保留期限的数据，提高资源利用率。然而在重复数据删除系统中，由于逻辑对象之间存在数据依赖关系（由物理数据块在不同逻辑对象之间共享而引起），逻辑数据删除具有特定的复杂性。已有的一些重复数据删除系统如 Venti、Deep Store 等采用写一次策略，数据一旦写入系统后就不再删除。最新的高性能重复数据删除系统如 Sparse Indexing 和 DDFS 也没有实现逻辑数据删除功能，要在这些系统中实现逻辑数据删除还面临一些额外的系统开销。

要实现逻辑数据删除，必须维护物理数据块的引用计数并在备份过程中加以更新。但是稀疏索引技术取消了全局数据块索引，要维护物理数据块引用计数并消除引用计数更新引起的磁盘 I/O 瓶颈，对于 Sparse Index 来说是一个需要解决的难题。

DDFS 采用标准布隆过滤器实现摘要向量。标准布隆过滤器只支持插入和查找两种操作，不支持删除操作，这使得系统难以删除物理数据块，因而无法支持逻辑数据删除。要支持逻辑数据删除功能，DDFS 可以采用下列两种方案：①使用计数布隆过滤器代替标准布隆过滤器以实现摘要向量。②计数布隆过滤器对于 DDFS 来说过于昂贵，为了支持逻辑数据删除，可以采用第二种方案。这种方案仍然使用标准布隆过滤器实现摘要向量，但每次实行物理数据块删除后需要重建摘要向量，这需要扫描磁盘索引读取系统中存储的所有数据块指纹并插入到摘要向量中。显然，这是一种以时间换内存的办法，这种方法不但增加了数据删除的时间开销，而且使得系统在数据删除过程中无法进行数据备份作业。

相较于 Sparse Indexing，DEBAR 维持了全局数据块索引，可以使用高性能批处理算法对数据块引用计数进行更新，有效消除引用计数更新的磁盘瓶颈；相较于 DDFS，DEBAR 不用为实现逻辑数据删除承受额外的内存开销。尽管如此，在重复数据删除系统中删除逻辑数据涉及底层数据块索引维护以及物理数据块删除和空间回收等操作，这些操作开销较大，如果频繁执行势必严重影响系统性能。

因此，DEBAR 采用一种分步延迟删除技术，分三步来执行数据删除操作。分步延迟删除操作由高层到低层执行的频率越来越低，低层对高层的请求进行聚集，以便于在系统空闲的时候集中处理较多的高层数据删除请求。

第一步对需要删除的逻辑数据对象进行标识，并生成一份需要删除的逻辑数据对象索引清单。这一步由主服务器完成，用户的数据删除请求被这一步及时响应执行。

第二步首先根据逻辑数据对象索引清单从存储卷中读取文件索引，对相应数据块索引的引用计数进行减"1"操作，然后从目录数据库和存储卷中删除相应的逻辑数据对象。第二步由主服务器和备份服务器协同完成，只有当第一步积累了较多的删除请求时才触发第二步的操作，同时这一步延迟也使得用户有机会在一定期限内撤销删除请求。

第三步扫描数据块索引，删除引用计数为零的数据块索引项，并从容器中删除其数据块，回收空间。第三步由主服务器、备份服务器和存储节点协同完成，这一步被系统尽量延期执行，执行频率较第二步更低。第三步延期的必要性为：①减少数据删除对系统性能的影响；②由于数据块的共享特性，第二步执行后极有可能只有少量数据块的引用计数为零，故需要延期以积累较多的待删除数据块；③某些数据块的引用计数虽然暂时为零，但极有可能在后续的备份中被引用，第三步延期有利于避免删除这样的数据块。

# 本章小结

人类已经进入大数据时代，海量的数据通过不同的途径迅速增加，这为存储、处理这些数据的现代存储系统提出了更高的挑战。为了更加高效地利用存储系统的存储空间，重复数据删除技术得以普及和大范围应用。本章针对重复数据删除技术的特点，论述了重复数据删除技术的基本原理、概念和相关理论知识。更为重要的是，本章还以实例的方式，详细介绍了在构建和实现一个重复数据删除系统的过程中，需要涉及哪些技术，并进一步说明了这些技术的具体内容。在此基础之上，本章给出了重复数据删除系统的基本构建方法和思路。

# 习　题

**一、简答题**

1. 简述重复数据删除的基本概念。

2. 简述可以从哪几个大的方面衡量重复数据删除的效率。

3. 简述重复数据删除过程中元数据管理的基本内容。

4. 简述重复数据删除中基于内容分块的基本思想。

**二、论述题**

1. 论述重复数据删除与数据压缩之间的联系和区别。

2. 论述重复数据删除系统的基本系统架构及其组成部分之间的关系。

# 参考文献

［1］Patterson, D., Keeton, K.. Hardware Technology Trends and Database Opportunities ［R］. Keynote Address at SIGMOD 98, 1998.

［2］Grochowski, E., Halem, R. D.. Technological Impact of Magnetic Hard Disk Drives on Storage Systems ［J］. IBM Systems Journal, 2003, 42 (2).

［3］Matthews, J., Trika, S., Hensgen, D., et al.. Intel Turbo Memory: Nonvolatile Disk Caches in the Storage Hierarchy of Mainstream Computer Systems ［J］. Trans. Storage, 2008, 4 (2).

［4］Zhu, Q., Chen, Z., Tan, L., et al.. Hibernator: Helping Disk Arrays Sleep Through the Winter ［C］. In Proceedings of the Twentieth ACM Symposium on Operating Systems Principles, Brighton, United Kingdom, 2005.

［5］Patterson, D. A., Gibson, G., Katz, R. H.. A Case for Redundant Arrays of Inexpensive Disks (RAID) ［M］. ACM, 1988.

［6］Chen, P. M., Lee, E. K., Gibson, G. A., et al.. RAID: High-Performance, Reliable Secondary Storage ［J］. ACM Computing Surveys, 1994, 26 (2).

［7］Jiang, S., Ding, X., Chen, F., et al.. DULO: An Effective Buffer Cache Management Scheme to Exploit Both Temporal and Spatial Locality ［C］. In Proceedings of the 4th Conference on USENIX Conference on File and Storage Technologies, San Francisco, CA, December, 2005.

［8］Yadgar, G., Factor, M., Schuster, A. Karma.Know-It-All Replacement for a Multilevel Cache ［C］. In Proceedings of the 5th USENIX Conference on File and Storage Technologies, San Jose, CA, 2007.

［9］Zhu, Q., David, F. M., Devaraj, C. F., et al.. Reducing Energy Consumption of Disk Storage Using Power-Aware Cache Management ［C］. In Proceedings of the 10th International Symposium on High Performance Computer Architecture, 2004.

[10] McKusick M. K., Joy W. N., Leffler S. J., et al.. A Fast File System for UNIX [J]. ACM Transactions on Computer Systems (TOCS), 1984, 2 (3).

[11] Rosenblum M., Ousterhout J. K.. The Design and Implementation of a Log-Structured File System [J]. ACM Transactions on Computer Systems (TOCS), 1992, 10 (1).

[12] Ding, X., Jiang, S., Chen, F., et al.. DiskSeen: Exploiting Disk Layout and Access History to Enhance I/O Prefetch [C]. In 2007 USENIX Annual Technical Conference on Proceedings of the USENIX Annual Technical Conference, Santa Clara, CA, 2007.

[13] Son, S.W., Chen, G., Kandemir, M..Disk Layout Optimization for Reducing Energy Consumption [C]. In Proceedings of the 19th Annual International Conference on Supercomputing, Cambridge, Massachusetts, 2005.

[14] Bruno, J., Brustoloni, J., Gabber, E., et al..Disk Scheduling with Quality of Service Guarantees [C]. In Proceedings of the IEEE International Conference on Multimedia Computing and Systems, July, 1999.

[15] Uysal, M., Merchant, A., Alvarez, G. A.. Using MEMS-based Storage in Disk Arrays [C]. In Proceedings of the 2nd USENIX Conference on File and Storage Technologies, San Francisco, CA, 2003.

[16] Caulfield, A.M., De, A., Coburn, J., et al..Moneta: A High-Performance Storage Array Architecture for Next-Generation, Non-volatile Memories [C]. In Proceedings of the 2010 43rd Annual IEEE/ACM International Symposium on Microarchitecture, 2010.

[17] Akel, A., Caulfield, A. M., Mollov, T. I., et al.. Onyx: A Protoype Phase Change Memory Storage Array [C]. In Proceedings of the 3rd USENIX Conference on Hot Topics in Storage and File Systems, Portland, 2011.

[18] Bisson, T., Brandt, S. A.. Reducing Hybrid Disk Write Latency with Flash-Backed I/O Requests [C]. In Proceedings of the 15th International Symposium on Modeling, Analysis, and Simulation of Computer and Telecommunication Sys-

tems, October, 2007.

[19] Caulfield, A.M., Grupp, L.M., Swanson, S.Gordon.Using Flash Memory to Build Fast, Power−Efficient Clusters for Data−Intensive Applications [J]. SIG−PLAN Not., 2009, 44 (3).

[20] Narayanan, D., Thereska, E., Donnelly, A., et al.. Migrating Server Storage to SSDs: Analysis of Tradeoffs [C]. In 4th ACM European Conference on Computer Systems, Nuremberg, Germany, April, 2009.

[21] Dave Tanis, N. P., Paul Updike. Boost Performance Without Adding Disk Drives The NetApp Performance Acceleration Module, 2008.

[22] Josephson, W. K., Bongo, L. A., Li, K., et al.. DFS: A File System for Virtualized Flash Storage. Trans. Storage [J], 2010, 6 (3).

[23] Soundararajan, G., Prabhakaran, V., Balakrishnan, M., et al.. Extending SSD Lifetimes with Disk−Based Write Caches [C]. In Proceedings of the 8th USENIX Conference on File and Storage Technologies, San Jose, California, 2010.

[24] Mao, B., Jiang, H., Wu, S., et al.. HPDA: A Hybrid Parity−Based Disk Array for Enhanced Performance and Reliability. Trans. Storage [J], 2012, 8 (1).

[25] Yang, Q., Ren, J. I−CASH. Intelligently Coupled Array of SSD and HDD [C]. In Proceedings of the 2011 IEEE 17th International Symposium on High Performance Computer Architecture, 2011.

[26] Useche, L., Guerra, J., Bhadkamkar, M., et al.. EXCES: External Caching in Energy Saving Storage Systems [C]. In Proceedings of the IEEE 14th International Symposium on High Performance Computer Architecture, 2008. HPCA 2008., February, 2008.

[27] Pritchett, T., Thottethodi, M. SieveStore: A Highly−Selective, Ensemble−Level Disk Cache for Cost−Performance [C]. In Proceedings of the 37th Annual International Symposium on Computer Architecture, Saint−Malo, France, 2010.

[28] Makatos, T., Klonatos, Y., Marazakis, M., et al.. Using Transparent Compression to Improve SSD−Based I/O Caches [C]. In Proceedings of the 5th European Conference on Computer Systems, Paris, France, 2010.

[29] Byan, S., Lentini, J., Madan, A., et al.. Mercury: Host-Side Flash Caching for the Data Center [C]. In Mass Storage Systems and Technologies (MSST), 2012 IEEE 28th Symposium on, April, 2012.

[30] Oh, Y., Choi, J., Lee, D., et al.. Caching Less for Better Performance: Balancing Cache Size and Update Cost of Flash Memory Cache in Hybrid Storage Systems [C]. In Proceedings of the 10th USENIX Conference on File and Storage Technologies, San Jose, CA, 2012.

[31] Seon-yeong, P., Dawoon, J., Jeong-uk, K., et al.. CFLRU: A Replacement Algorithm for Flash Memory [C]. In Proceedings of the 2006 International Conference on Compilers, Architecture and Synthesis for Embedded Systems, ACM: Seoul, Korea, 2006.

[32] Kgil, T., Roberts, D., Mudge, T.. Improving NAND Flash Based Disk Caches [C]. In Proceedings of the 35th Annual International Symposium on Computer Architecture, 2008.

[33] Lee, H.J., Lee, K.H., Noh, S. H..Augmenting RAID with an SSD for Energy Relief [C]. In Proceedings of the 2008 Conference on Power Aware Computing and Systems, San Diego, California, 2008.

[34] Kim, H., Ahn, S.. BPLRU: A Buffer Management Scheme for Improving Random Writes in Flash Storage [C]. In Proceedings of the 6th USENIX Conference on File and Storage Technologies, San Jose, California, 2008.

[35] Jo, H., Kang, J.-U., Park, S.-Y., et al.. FAB: Flash-Aware Buffer Management Policy for Portable Media Players [J]. IEEE Trans. on Consum. Electron., 2006, 52 (2).

[36] Kim, J., Kim, J. M., Noh, S. H., et al..A Space-Efficient Flash Translation Layer for Compact Flash Systems [J]. IEEE Trans. on Consum. Electron., 2002, 48 (2).

[37] Chen, F., Luo, T., Zhang, X..CAFTL: A Content-Aware Flash Translation Layer Enhancing the Lifespan of Flash Memory Based Solid State Drives [C]. In Proceedings of the 9th USENIX Conference on File and Stroage Technologies, San Jose, California, 2011.

［38］ Gupta, A., Pisolkar, R., Urgaonkar, B., et al.. Leveraging Value Locality in Optimizing NAND Flash –Based SSDs［C］. In Proceedings of the 9th USENIX Conference on File and Stroage Technologies, San Jose, California, 2011.

［39］ Min, C., Kim, K., Cho, H., et al.. SFS: Random Write Considered Harmful in Solid State Drives［C］. In Proceedings of the 10th USENIX Conference on File and Storage Technologies, San Jose, CA, 2012.

［40］ Ouyang, X., Nellans, D., Wipfel, R., et al..Beyond Block I/O: Rethinking Traditional Storage Primitives［C］. In Proceedings of the 2011 IEEE 17th International Symposium on High Performance Computer Architecture, 2011.

［41］ Frankie, T., Hughes, G., Kreutz–Delgado, K.. A Mathematical Model of the Trim Command in NAND–Flash SSDs［C］. In Proceedings of the 50th Annual Southeast Regional Conference, Tuscaloosa, Alabama, 2012.

［42］ Sunhwa, P., Ji Hyun, Y., Seong–Yong, O.. Atomic Write FTL for Robust Flash File System［C］. In Consumer Electronics, 2005. (ISCE 2005). Proceedings of the Ninth International Symposium on, 14–16 June, 2005.

［43］封仲淹. NAS 集群文件系统元数据管理的设计与实现［D］. 华中科技大学硕士学位论文，2006.

［44］刘金柱. NAS 网络存储技术研究［D］. 华中科技大学硕士学位论文，2009.

［45］吴振宇. 高可用性附网存储集群的研究与实现［D］. 华中科技大学硕士学位论文，2007.

［46］刘勇. 基于 FCSAN 的存储虚拟化研究和设计［D］. 华中科技大学硕士学位论文，2006.

［47］高静. 基于 iSCSI 的 IPSAN 的研究与实现［D］. 哈尔滨工业大学硕士学位论文，2007.

［48］程延锋. 基于 Linux 的 NAS 系统设计［D］. 西安电子科技大学硕士学位论文，2006.

［49］张帆. 基于 NAS 的光盘库系统嵌入式控制器的设计与实现［D］. 华中科技大学硕士学位论文，2004.

［50］孔华锋. 基于主动网络技术的存储网络关键技术的研究［D］. 华中科技

大学博士学位论文，2004.

[51] 肖庆华. 几种典型网络存储系统的存储管理技术研究 [D]. 华中科技大学硕士学位论文，2004.

[52] 吴敬莲. 模块式附网存储系统的研究与实现 [D]. 清华大学硕士学位论文，2002.

[53] 高琨. 企业存储区域网 SAN 的方案分析与研究 [D]. 北京邮电大学硕士学位论文，2008.

[54] 吴涛. 虚拟化存储技术研究 [D]. 华中科技大学博士学位论文，2004.

[55] 刘朝斌. 虚拟网络存储系统关键技术研究及其性能评价 [D]. 华中科技大学博士学位论文，2003.

[56] 向东. iSCSI_SAN 网络异构存储系统管理策略的研究 [D]. 华中科技大学博士学位论文，2004.

[57] 姜国松. RAID 控制器 APoRC 软件架构研究 [D]. 华中科技大学博士学位论文，2009.

[58] 刘军平. 磁盘存储系统可靠性技术研究 [D]. 华中科技大学博士学位论文，2011.

[59] 李明强. 磁盘阵列的纠删码技术研究 [D]. 清华大学博士学位论文，2011.

[60] 吴素贞. 磁盘阵列高可用技术研究 [D]. 华中科技大学博士学位，2010.

[61] 万胜刚. 磁盘阵列高容错模式及重构技术研究 [D]. 华中科技大学博士学位论文，2010.

[62] 何水兵. 对象存储控制器关键技术研究 [D]. 华中科技大学博士学位论文，2009.

[63] 赵铁柱. 分布式文件系统性能建模及应用研究 [D]. 华南理工大学博士学位论文，2011.

[64] 郇丹丹. 高性能存储系统研究 [D]. 中国科学院计算技术研究所博士学位论文，2006.

[65] 刘劲松. 关于存储系统性能的测试、仿真与评价的研究 [D]. 华中科技大学博士学位论文，2004.

[66] 侯昉. 海量网络存储系统中的多级缓存技术研究 [D]. 华南理工大学博

士学位论文，2011.

[67] 张晓. 基于存储区域网络的数据可靠性技术研究 [D]. 西北工业大学博士学位论文，2005.

[68] 邓玉辉. 基于网络磁盘阵列的海量信息存储系统 [D]. 华中科技大学博士学位论文，2004.

[69] 葛雄资. 基于预取的磁盘存储系统节能技术研究 [D]. 华中科技大学博士学位论文，2012.

[70] 李琼. 面向高性能计算的可扩展 I/O 体系结构研究与实现 [D]. 国防科技大学博士学位论文，2009.

[71] 毛波. 盘阵列的数据布局技术研究 [D]. 华中科技大学博士学位论文，2011.

[72] 金超. 容错存储系统的结构优化技术研究 [D]. 华中科技大学博士学位论文，2003.

[73] 王刚. 网络磁盘阵列结构和数据布局研究 [D]. 南开大学博士学位论文，2002.

[74] 刘卫平. 网络存储中的数据容错与容灾技术研究 [D]. 西北工业大学博士学位论文，2006.

[75] 夏鹏. 文件系统语义分析技术研究 [D]. 华中科技大学博士学位论文，2011.

[76] 吴涛. 虚拟化存储技术研究 [D]. 华中科技大学博士学位论文，2004.

[77] 姚杰. 分布式存储系统文件级连续数据保护技术研究 [D]. 华中科技大学博士学位论文，2004.

[78] 陈金莲. 分布式连续数据保护方案 [D]. 中国地质大学硕士学位论文，2008.

[79] 曾敬勇. 高可靠海量存储系统远程镜像模块的设计与实现 [D]. 电子科技大学硕士学位论文，2006.

[80] 刘正伟. 海量数据持续数据保护技术研究与实现 [D]. 山东大学硕士学位论文，2011.

[81] 喻强. 基于 ISCSI 连续数据保护系统的研究和实现 [D]. 清华大学硕士学位论文，2004.

[82] 王娟，赵政文. 基于 SAN 的镜像与快照技术结合应用研究［J］. 微处理机，2008（3）.

[83] 周炜. 基于存储虚拟化的快照与 CDP 设计［D］. 湖南大学硕士学位论文，2011.

[84] 王欣兴. 基于群组的块级连续数据保护服务研究与实现［D］. 华中科技大学硕士学位论文，2012.

[85] 赵瑞君. 基于网络的连续数据保护系统设计与实现［D］. 华中科技大学硕士学位论文，2012.

[86] 刘婷婷. 面向云计算的数据安全保护关键技术研究［D］. 解放军信息工程大学博士学位论文，2013.

[87] 徐维江. 网络计算中的私有数据保护问题及其应用研究［D］. 中国科学技术大学博士学位论文，2008.

[88] 杨宗博. 文件级持续数据保护系统的设计与实现［D］. 解放军信息工程大学硕士学位论文，2009.

[89] 李旭. 系统级数据保护技术研究［D］. 华中科技大学博士学位论文，2008.

[90] 李亮. 一种基于持续数据保护的镜像系统的研究与实现［D］. 国防科学技术大学硕士学位论文，2010.

[91] 任敏敏. 一种快照技术的研究与实现［D］. 华中科技大学硕士学位论文，2011.

[92] 傅先进. 支持持续数据保护的快照系统研究［D］. 国防科学技术大学硕士学位论文，2009.

[93] 魏建生. 高性能重复数据检测与删除技术研究［D］. 华中科技大学博士学位论文，2012.

[94] 彭飞. 光盘库备份系统中重复数据删除技术的研究与实现［D］. 华中科技大学硕士学位论文，2013.

[95] 黄莉. 基于语义关联的重复数据清理技术研究［D］. 华中科技大学博士学位论文，2011.

[96] 王灿. 基于在线重复数据消除的海量数据处理关键技术研究［D］. 电子科技大学博士学位论文，2012.

［97］谭玉娟. 数据备份系统中数据去重技术研究［D］. 华中科技大学博士学位论文，2012.

［98］郑寰. 数据备份中基于相似性的重复数据删除的研究［D］. 华中科技大学硕士学位论文，2012.

［99］杨天明. 网络备份中重复数据删除技术研究［D］. 华中科技大学博士学位论文，2010.

［100］周正达. 信息存储系统中重复数据删除技术的研究［D］. 华中科技大学博士学位论文，2012.

［101］胡盼盼. 在线重复数据删除技术的研究与实现［D］. 华中科技大学硕士学位论文，2011.

［102］黎天翔. 智能网络存储系统中的重复数据删除技术研究［D］. 华南理工大学硕士学位论文，2008.

［103］曾涛. 重复数据删除技术的研究与实现［D］. 华中科技大学硕士学位论文，2011.

［104］张甲燃. 重复数据删除技术研究［D］. 山东大学硕士学位论文，2013.

［105］王重韬. 重复数据删除系统的存储管理及其可靠性研究［D］. 华中科技大学硕士学位论文，2012.

［106］王兴. 重复数据删除系统的性能优化研究［D］. 华中科技大学硕士学位论文，2013.

［107］周敬利，余胜生. 网络存储原理与技术［M］. 北京：清华大学出版社，2005.

［108］G. Somasundaram, Alok Shrivastava. 信息存储与管理——数字信息的存储、管理和保护［M］. 罗英伟等译. 北京：人民邮电出版社，2009.

［109］亨尼西. 计算机系统结构——量化研究方法（第四版）［M］. 白跃彬译. 北京：电子工业出版社，2010.

［110］李艳静. MEMS 存储设备在计算机系统中应用的关键技术研究［D］. 国防科学技术大学硕士学位论文，2007.

［111］曹强，黄建忠，万继光，谢长生. 海量网络存储系统原理与设计［M］. 武汉：华中科技大学出版社，2010.

［112］温学鑫. 非对称相变存储器单元制备工艺及性能研究［D］. 华中科技

大学硕士学位论文，2012.

　　［113］薛寅颖. 基于光盘库的云存储系统研究与实现［D］. 南京航空航天大学硕士学位论文，2013.

　　［114］何统洲，黄浩，吴彬. MEMS 存储设备的伺服设计［J］. 小型微型计算机系统，2007，28（10）.